エキゾチック臨床

Vol. 0

エキゾチック動物の飼養管理と看護

［爬虫類編］

監修 三輪恭嗣
著 西村政晃
釣田奈菜恵

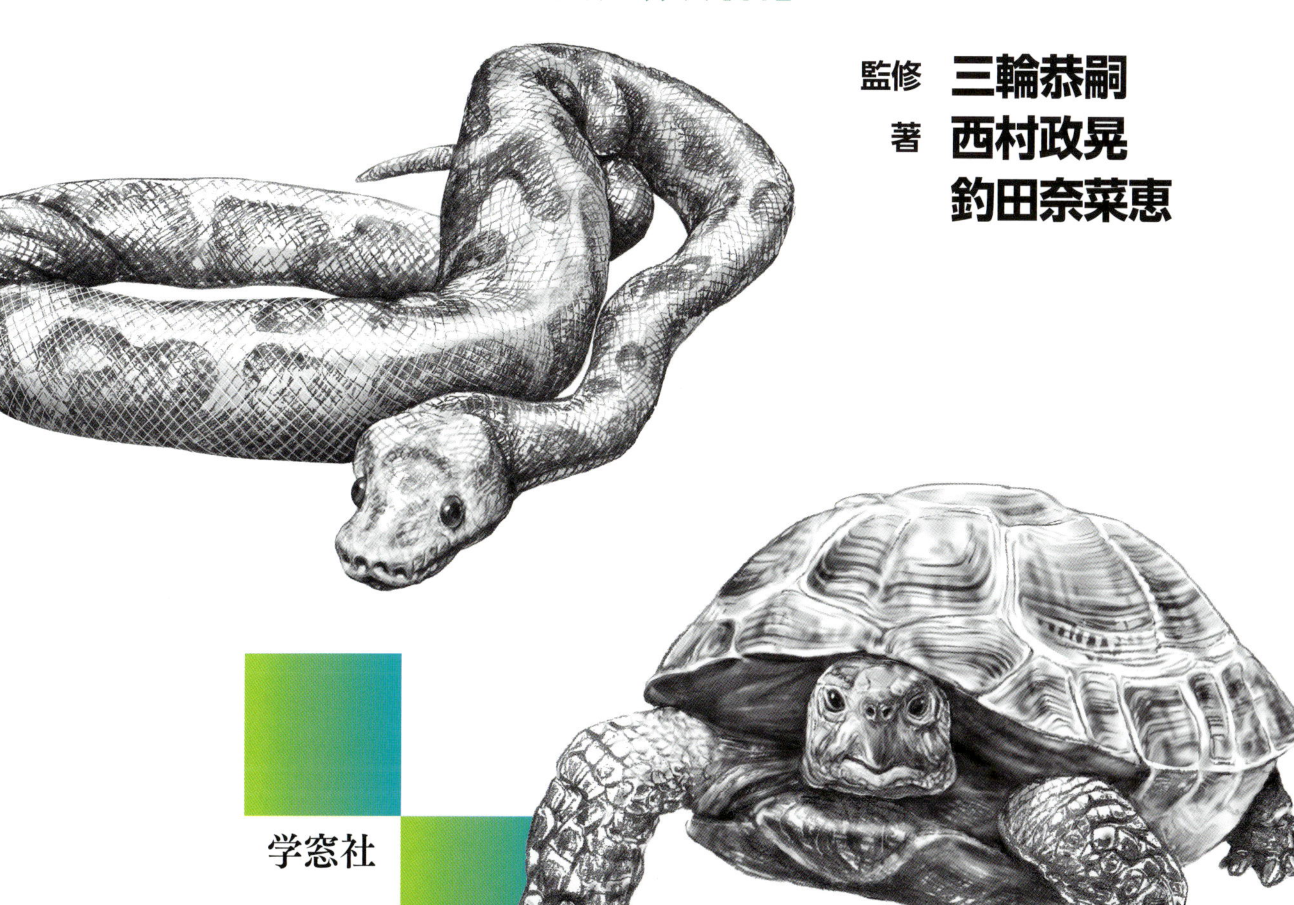

学窓社

三輪恭嗣(みわ やすつぐ)

日本エキゾチック動物医療センター(みわエキゾチック動物病院)院長
東京大学附属動物医療センターエキゾチック動物診療科

2000年3月宮崎大学農学部獣医学科卒業，2000年4月東京大学大学院農学生命科学研究科研究生(獣医外科)，2002年4月同研究員(エキゾチック動物)を経て2005年4月から同大学附属動物医療センターエキゾチック動物診療科教員(現，特任准教授)となり，2006年10月みわエキゾチック動物病院開業．2011年9月東京大学大学院にて獣医学博士号取得．2021年から宮崎大学農学部獣医臨床教授を併任し，2022年病院を増改築し，名称を日本エキゾチック動物医療センターと改める．

西村政晃(にしむら まさあき) **第1章，第3章〜6章担当**

日本エキゾチック動物医療センター(みわエキゾチック動物病院)副院長

2008年3月北里大学獣医畜産学部獣医学科卒業，同年4月より埼玉県内動物病院勤務．2012年11月より東京都内外科二次診療施設にて勤務，日本小動物外科専門医に師事．2016年4月よりみわエキゾチック動物病院(現，日本エキゾチック動物医療センター)勤務

釣田奈菜恵(つりた ななえ) **第2章担当**

日本エキゾチック動物医療センター(みわエキゾチック動物病院)

2018年3月日本獣医生命科学大学獣医学部獣医学科卒業．同年4月よりみわエキゾチック動物病院勤務

序文

2010年に始めた本シリーズも15年近く経過し，前号Vol.20のウサギまでで国内で比較的遭遇することの多い動物種の獣医学，臨床医学的な内容の大半は書籍としてまとめることができた．しかし，近年の情報更新は以前とは比べものにならないほど早く，そろそろ情報を更新した改訂版の作成を出版社から依頼されていた．

内容を検討していく中で，犬猫では当然であるはずの診療対象動物の解剖や生理，さらにはその飼養管理や看護などについて国内では学ぶ場も限られており情報も少ないことに気づいた．そこで，今回，改訂版を作成する前に，診療の根幹を支える解剖学や生理学，さらには飼養管理や看護といった基本事項に焦点を当てた号を作成することにした．

当初は，爬虫類，鳥類，哺乳類を一冊にまとめる構想で各執筆者に執筆を依頼したが，その内容の多様性と深さから，それぞれを別冊として発行することになった．これらの知識は本来であれば診療行為を行う前に知っておくべき知識である．そのため，本書を「Vol.0」として，動物種ごとの基本的な知識を再認識するための号として位置付けた．

以上のような背景のもと，まずは本書「爬虫類編」が完成した．本書では，爬虫類の解剖学・生理学，飼養管理，看護に関する基本的な知識の情報源として国内外の書籍や論文を中心に散らばった情報をまとめ，さらにそれらに執筆者らの知見を加えて体系的にまとめるとともに写真や図などもできるだけ多く載せられるように心がけた．英語での情報が多く，解剖学用語など適切な日本語が明確ではないものは原文の英語表記を括弧内に併記した．

エキゾチック動物の診療においては，動物自体を理解し，適切に飼育し，取り扱えることが犬猫以上に重要であることは容易に想像できる．本書の内容は，これまでのシリーズの延長線上にありながらも，内容的には獣医師はもちろん，動物看護士や飼育者にとっても有用な情報を含んだ内容になっていると思っている．また，今後，同様の内容を「哺乳類編」や「鳥類編」として発行を予定している．

監修者として，本書が爬虫類診療の現場で役立つものとなることを心より願うとともに，獣医学の進歩は日進月歩であり，情報は常に更新されていることを忘れず，引き続き最新の情報に触れることを忘れないで頂ければと思っている．

最後に，診療業務の合間を縫いながら膨大な文献や書籍にあたり，体系的な情報整理や写真・資料の整理を行った執筆者やそれをサポートして頂いた当院スタッフ，本書の出版に当たり多大な御尽力を頂いた学窓社の山口勝士社長にこの場を借りて厚く御礼申し上げます．

令和6年9月吉日

三輪恭嗣

エキゾチック臨床 Vol.0

エキゾチック動物の飼養管理と看護 [爬虫類編]

目次

第6章 主な疾患

第1章　生物学的な分類

はじめに

爬虫類は約3億1,200万年前の石炭紀に両棲類から進化して誕生し，中生代には恐竜や翼竜が繁栄していたが白亜紀には多くの爬虫類が絶滅し，現代では4目（有鱗目，カメ目，ワニ目，ムカシトカゲ目）が存続するに過ぎない．しかしながら，哺乳類と鳥類が異なる動物であるのと同様に，その4目も各々全く異なる動物であり，その4目を「爬虫類」としてひとまとめにすることは無理があると思われる．系統図（図1-1）を見ていただくとわかるように，「爬虫類」という分類群は鳥類や哺乳類と対等の一つの群として考えるには，多様すぎる集まりである．

爬虫類とは脊椎動物のうち，爬虫鋼に含まれる動物を呼ぶ1つの分類群であり，爬虫類全種類で共通しているのは皮膚が鱗で覆われていることである．爬虫類は下位分類である有鱗目（*Squamata*），カメ目（*Testudines*），ワニ目（*Crocodilia*），ムカシトカゲ目（*Sphenodontia*）の4つの「目（もく）」に分けることができである．

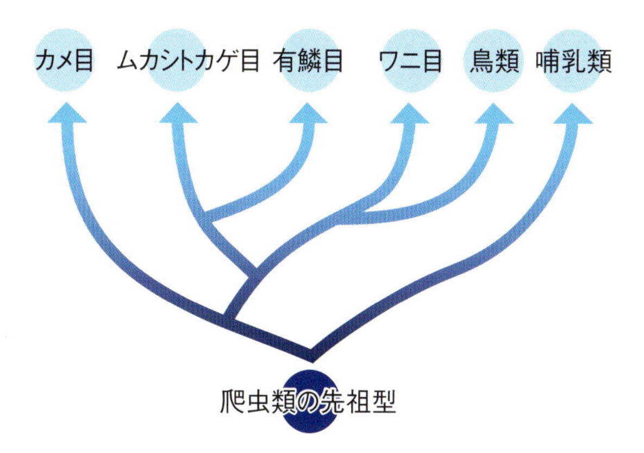

図1-1　爬虫類，鳥類，哺乳類の関係を示した系統図

有鱗目

有鱗目（トカゲ，ヘビ）は最も多くの種類を含むグループで約1万種が含まれ，全爬虫類の95%を占める．従来の分類では有隣目はさらにトカゲ亜目（*Lacertilia*），ヘビ亜目（*Serpentes*）とミミズトカゲ亜目（*Amphisbaenia*）の3つに分けられているが，最近の分子系統解析によりミミズトカゲ類はトカゲ亜目のカナヘビ上科（*Lacertoidea*）に分類されることもある[1]．名前の通り鱗に覆われた皮膚を持つ他に，オスはヘミペニス（半陰茎）と呼ばれる対になった独自の生殖器を持つ（**図1-2**）．カメ目，ワニ目のオスは1本のペニス（陰茎）を持つ（**図1-3**）．本目の爬虫類は様々な棲息環境に適応しており，高山から砂漠，海岸，海中にまで棲息範囲を拡大している．特にトカゲ亜目は形態が多様で，滑空するために体側に翼を持つ種類や四肢が退化あるは欠損した種類も存在する．外観で四肢のない種でも骨格に足の骨は残っている．また，カメレオンは樹上生活に適した形態に分化しており，様々な種類がそれぞれの生活に適した形態に分化している．

図1-2　イグアナのヘミペニス（半陰茎）
この症例はヘミペニス脱のためヘミペニスが2本とも乾燥壊死している．

トカゲ亜目は有鱗目の祖先的なグループであり，約20科と約7,400種類を含む大きなグループである[2,3]．ヤモリ下目（*Gekkota*），イグアナ下目（*Iguania*），トカゲ下目（*Scincomorpha*），オオトカ

図1-3　ギリシャリクガメのペニス(陰茎)
カメ目のオスは1本のペニスを持つ.

図1-4　シュトンプフヒメカメレオン
ヒメカメレオン属のカメレオンは爬虫類の中で最も小型の種類である.

ゲ下目(*Anguiomorpha*)の4つの下目があり，それぞれの下目は複数の科を含む[2]．トカゲ類は南極大陸を除く世界中に分布し，砂漠地帯から熱帯雨林までその棲息域は幅広い．トカゲ類の解剖および生理は科や種によってもかなり差異があり，大きさも数cmの小型種から全長4 mを超す大型種まで非常に幅がある(**図1-4**).

ヘビ亜目は爬虫類の中では最も新しく分化したグループで，トカゲ亜目から分岐したと考えられている．ヘビ亜目は約4,100種で構成されており，全長数cmのメクラヘビから10 mを超えるニシキヘビのような巨大種まで様々である[3]．メクラヘビ下目(*Scolecophidia*)と真蛇下目(*Alethinophidia*)の2つに分けられ，それぞれが複数の上科および科で構成される[2]．ほぼ世界中に広がり，生息環境も4,000 mの高山から水中(淡水および海水の両方)や地中にまで多岐に渡る．ヘビ類の最も顕著な特徴は，非常に細長い体型と四肢の欠損である．しかしながら，この特徴を持つ種はトカゲ亜目やミミズトカゲ類にもみられる．原始的なパイプヘビ科(*Cylindrophiidae*)やボア科(*Boidae*)などでは痕跡的に爪状の1対の後肢(蹴爪)が残っているが，より進歩的なナミヘビ上科(*Colubroidea*)では後肢は完全に消失している(**図1-5**)．他に，左右の下顎は靭帯だけで繋がっているため大きく開口することができ，胸骨や肩帯がなく柔軟性のある皮膚と肋骨が拡張するため，大きな獲物でも噛みちぎることなく一口で飲み込むことができる．獲物を見つけるには視覚と嗅覚などが必要だが，一部の種類を除いて視力は弱い．これはヘビの眼は一度退化した後に再び発達したためであり，

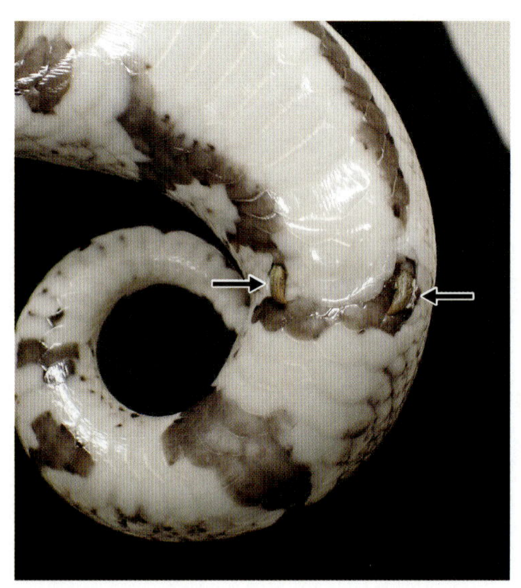

図1-5　オスのボールパイソンの蹴爪
総排泄孔両端の爪状の突起が蹴爪(矢印)であり，オスの方が発達している.

それを補うように嗅覚はよく発達している．ヘビでは匂いを感知するヤコブソン器官が口内の上顎に一対存在し，二股に分かれた舌により空気中の匂い成分をヤコブソン器官へ伝達して，周辺の状況を伺っている(**図1-6**)．このように，ヘビの舌は味覚だけではなく嗅覚器官の役割も担っている[4,5]．また，ピット器官(マムシ亜科(*Crotalinae*)とボア科(*Boidae*)が持っている温感を感知する器官)の発達も弱い視力を補うためと考えられる(**図1-7**)．ヘビ類はトカゲ類と異なり完全な肉食であるため，このように捕食に特化した特徴を獲得している.

ミミズトカゲ亜目は約200種類存在する[3]．地中生活に特化した種類で，ヘビ亜目同様に細長い体を持つが，体表は鱗が環状に配列されており，それに

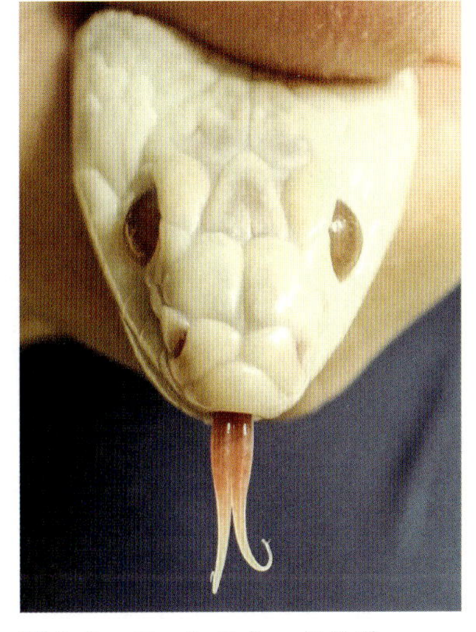

図1-6　コーンスネークの舌
ヘビは舌が二股に別れている．

図1-7　カーペットパイソンのピット器官
下顎に存在する多数の穴（矢印）がピット器官である．ヘビの種類によりピット器官の位置は異なる．

図1-8　パンケーキガメ
パンケーキガメの甲羅は扁平であり，押すと弾性がある．

図1-9　フロリダスッポン
スッポンでは鱗板が完全に退化して甲羅表面は皮膚で覆われているため，甲羅は柔らかい．

よってできた環節が前後に並んでいる．環節を伸縮させた蠕動運動で地中を移動する．眼は退化し鱗に覆われており，基本的に四肢はないがフタアシミミズトカゲ科（*Bipedidae*）のみ前肢が存在する[2]．ヘビとは逆で右肺が退化して左肺のみであり，フトミミズトカゲ科（*Trogonophiidae*）以外は尾を自切するが，トカゲのように再生はしない．

カメ目

カメ目は甲羅を持つことが特徴的であるが，甲羅の硬度や柔軟性は種類により様々である．多くの種類は硬い甲羅をしているが，パンケーキガメ（*Malacochercus tonerii*）は扁平で弾力性のある甲羅をしており，スッポン科（*Trionychidae*）のカメは甲羅表面は角質化しておらず柔らかく，オサガメ（*Dermochelys coriacea*）の甲羅は薄い滑らかな皮膚で覆われておりゴムのような感触である（**図1-8, 9**）．カメ目はすべて卵生で，発達した四肢や肺を備えており，極めて均一な形態を持ったグループである一方で，南極を除くすべての大陸に分布し，広域な生態系にしっかりと適応している．棲息環境は陸棲，水棲，半水棲，海洋棲であるが，多くのウミガメのオスは孵化後には一度も上陸することがなかったり，オサガメは熱帯から温帯の海洋に広く分布しているが，北極海にも回遊することがあるように種類により様々である．食性も草食性，肉食性あるいは雑食性と多岐に及ぶ．

カメ目は約360種類とその数は少なく，潜頸亜目（*Cryptodira*）と曲頸亜目（*Pleurodira*）に分類される[3]．潜頸亜目は甲らに対して垂直方向に首をS字状に曲げることで頭部を収納し（ウミガメ上科（*Chelonioidea*）とカミツキガメ上科（*Chelydridea*）は頸を引っ込めることはできない），曲頸亜目は頭

図1-10　ジーベンロックナガクビガメ
長い頭頸部を持つ曲頸亜目である.

図1-11　ミシシッピニオイガメ
ミシシッピニオイガメも来院することが多い種類である.

頸部を引っ込めることができず，長い頭頸部を体の横に折りたたみ甲羅の縁に隠す(**図1-10**).

ワニ目

ワニ目は背面が角質化した丈夫な鱗で覆われ，頑丈な四肢と長い口吻と側扁した尾を持つ．大型で，最小種でも全長1 m を超える．肉食性で水中生活に適しており，水中に潜んでいても眼と鼻は水面に出るような解剖学的構造になっている．ワニ類の特徴として咬筋が発達しており，噛む力が非常に強い．また，体温が上昇していれば陸上でも比較的素早く動くことができるほか，遊泳力も高く長時間の潜水も可能である．種によってはかなり高度な社会性を持ち，集団で獲物を捕食する行動や，メスまたは両親が巣や子どもを守る行動がみられる．ワニ類は通常ではオスよりメスの方が大型になる．

ワニ目は熱帯性のグループで，東南アジアとオーストラリア北部，中南米とアメリカ合衆国のフロリダ半島などに分布し，寒冷な地域にはいない．ワニ目はアリゲーター科(*Alligatoridae*)とクロコダイル科(*Crocodylidae*)に分けられ2科23種である[2].

アリゲーター科は吻の長さに対して歯の数が多く，趾行性である．背面を広く大型鱗板が覆い，腹面の鱗板には濾胞(感熱器官)がない．4属8種がアメリカ大陸から南アメリカ大陸にかけてと中国に分布する[2]．クロコダイル科は，吻の長さに対して歯の数が少なく，蹠行性の傾向があり，立ち上がることもある．背面を大型鱗板が覆うが幅が狭い．腹面の各鱗板の後部に濾胞がある．5属15種が熱帯から亜熱帯に分布する[2]．アリゲーター科は下顎の第4歯が上顎の窩に収まるようになっているため，口を閉じると外から下顎の第4歯が見えないことが多い．クロコダイル科は下顎の第4歯は上顎の外側のくぼみに収まるため，口を閉じても外から見える．だが，この外見による区別法は絶対的ではなく，鑑別点の一つである．

ムカシトカゲ目

ムカシトカゲ目(*Sphenodontia*)は現在では1種類がニュージーランドに生息しているのみである[3]．この仲間は古代から基本的な身体構造が進化しておらず，原始的な爬虫類の生き残りである．外観はトカゲ類に似ているが，解剖学的に異なる特徴を持っている．トカゲ類とは異なり生殖のための交接器を持たず，総排泄孔同士を合わせることにより交尾を行う．頭蓋骨も有鱗目とは異なり，双弓類型頭蓋骨である[2].

これらの爬虫類の中で動物病院に多く来院するものは，有鱗目ではグリーンイグアナ，フトアゴヒゲトカゲ，ヤモリ類のヒョウモントカゲモドキ，ヘビ類のボールパイソンやコーンスネーク，カメ目ではヌマガメ科のミシシッピアカミミガメやクサガメ，ドロガメ科のミシシッピニオイガメ，陸ガメと呼ばれるリクガメ科のヨツユビリクガメ，ギリシャリクガメ，ケヅメリクガメなどである(**図1-11**)．ミミズトカゲ亜目，ムカシトカゲ目，ワニ目はペットとして飼育されることは稀である．ワニ類は1970年代には一般向けに販売されていたが，動物愛護管理法改正で2020年以降，愛玩動物として新たな飼育はできない．

参考文献

1. Wiens J.J., Hutter C.R., Reeder T.W. et al (2012): Resolving the phylogeny of lizards and snakes (*Squamata*) with extensive sampling of genes and species. *Biol Lett*, 8: 1043-104
2. 疋田努 (2002): 多様な爬虫類 . In: 爬虫類の進化 , 58-109, 東京大学出版会
3. Uetz P., Hošek J. (2024): The Reptile Datebase. http://www.reptile-database.org
4. O'Malley B. (2005): Snakes. In: Clinical Anatomy and Physiology of Exotic Species, 77-93, Elsevier
5. 疋田努 (2002): 爬虫類の生理 . In: 爬虫類の進化 , 32-40, 東京大学出版会

第2章　知っておくべき爬虫類の解剖と生理

はじめに

診療対象とする動物種の解剖や生理を理解しておくことが非常に重要なのは言うまでもない．犬猫や家畜，家禽などは獣医大学でもこれらの知識を学ぶが，爬虫類ではこれらの基礎的な知識を獣医師が学ぶ場が国内ではほとんどない．一方，獣医学以外の書籍や海外の書籍ではこれらの情報が多数記載されている．本章では，これらの情報をもとに動物病院に来院するカメ目，有鱗目トカゲ亜目およびヘビ亜目に属する動物の基礎的な解剖生理をまとめて紹介する．なお，本章では適切な日本語が確認できなかった用語に関しては原文内での表記を併用した．

筋骨格系

カメ目

カメ目の最も大きな特徴は甲羅である(**図2-1**)．甲羅は，骨性の橋によって接続された背甲と腹甲で構成されている．背甲は肋骨，椎骨，骨甲板に由来する約50個の骨で構成されており，腹甲は鎖骨，烏口骨，間鎖骨，腹部肋骨から進化した9つの骨で構成される[1]．

甲羅は脊椎や肋骨と一体の甲板(骨甲板)(**図2-2, 3**)と，ケラチン由来の鱗からなる甲板(角質甲板，鱗甲)(**図2-4, 5**)の2層の甲板で構成される．骨甲板と角質甲板の継ぎ目がずれることで甲羅の強度を上げている．カメは主要な成長期ごとに新しい角質甲板を生成し，前の成長期からの角質甲板を保持するか(陸棲カメ目)，または古い角質甲板を脱皮する(水棲から半水棲カメ目)．角質甲板は，中心部から外側に成長し，毎年，前年の角質甲板の下に新しい角質甲板が形成され，それが大きい場合には，その外縁が年輪として古い角質甲板の周囲に現れる．栄養が損なわれると年輪の外側がめくれ上がる．これらの異常は慢性的な栄養失調を確認するための良い指標となる．一部の種では，木の年輪と同様に，年輪を数えることで年齢を推定できる．ただし，これにはかなりの専門的知識が必要であり，野生下の温帯棲カメのように明確な成長期が存在する場合にのみ推測が可能で，ほとんどのカメの年齢は年輪を数えるこ

図2-1　ギリシャリクガメの甲羅
A：背甲　B：腹甲

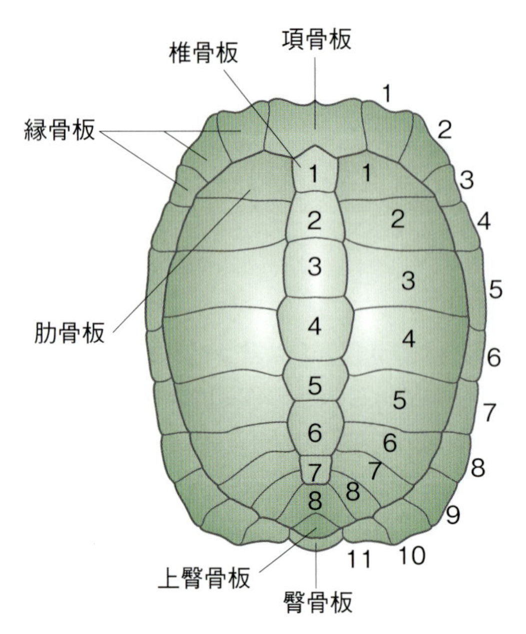

図2-2　背甲の骨甲板の背側面（参考文献2引用・改変）
胸骨はなく，8個の頸椎と10個の胴椎が甲羅と一体となっている．

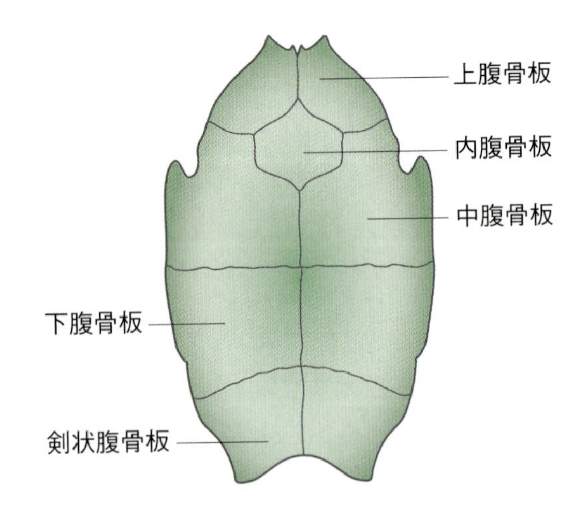

図2-3　腹甲の骨甲板の腹側面（参考文献2引用・改変）
一部の曲頸亜目やパンケーキガメ属などでは中腹骨板と下腹骨板の間に間腹骨板を持つ種もいる．

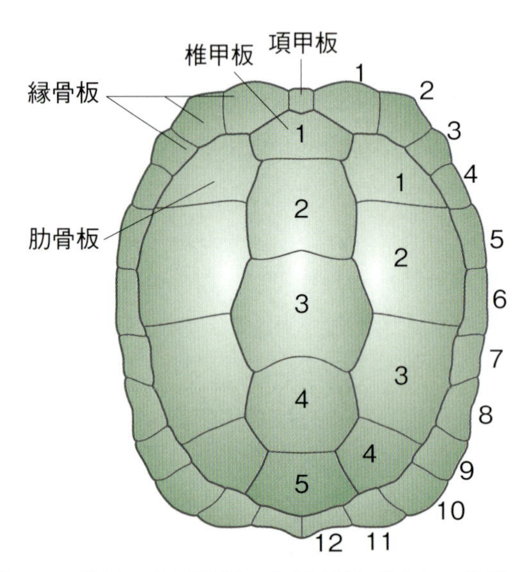

図2-4　背甲の角質甲板の背側面（参考文献2引用・改変）

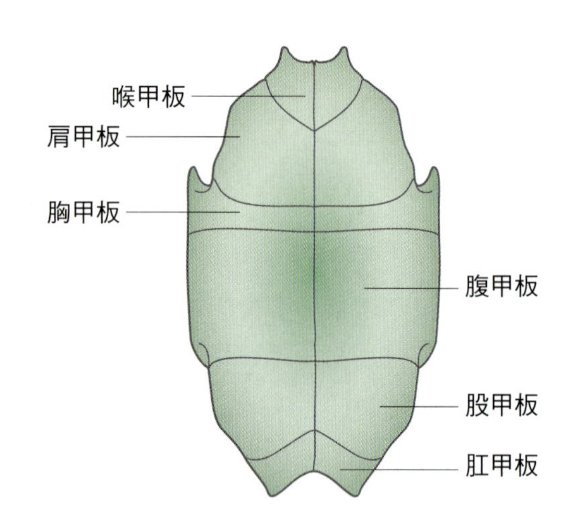

図2-5　腹甲の角質甲板（参考文献2引用・改変）

とで正確に決定することはできない．角質甲板とその下にある骨甲板は非常に再生能力が高く，壊死した骨甲板や角質甲板は脱落したり，デブリードメントが可能であり，最終的に新しい骨甲板や角質甲板で置き換えられる[1]．

甲羅は種により多様な特徴を持ち，ほとんどのカメ目は角質甲板にαケラチンとより硬くて脆いβケラチンの両方を含むが，例外としてオサガメ（*Dermochelys coriacea*），スッポン（*Trionychidae*），およびスッポンモドキ（*Carettochelys insculpta*）の甲羅の骨は減少し，角質甲板はαケラチンのみを含む丈夫な革のような皮膚に置き換えられている．孵化したばかりのほとんどのカメには，甲羅の間に泉門または窓と呼ばれる開口部があるが，成長不良がなければ成長とともに融合する．パンケーキガメ（*Malacochersus torneiri*），アジアカワガメ属（*Batagur* spp.）の成体のオスまたは幼体およびスッポンなどの一部の種は，これらの窓構造が癒合せずに保持される[1]．

多くのカメ目は甲羅に結合組織からなる蝶番を持つ．例えばハコガメ属（*Terrapene* spp., *Cuora* spp.），クモノスガメ属（*Pyxis* spp.）やドロガメ属（*Kinosternon* spp.）は腹甲に蝶番を持ち，セオレガメ属（*Kinixys* spp.）は尾側の腹甲に蝶番を持つ．またメスのチチュウカイリクガメ属（*Testudo* spp.）では，尾側の腹甲がわずかに動く[1]．

カメ目は，肩帯と腰帯が胸郭内に存在する唯一

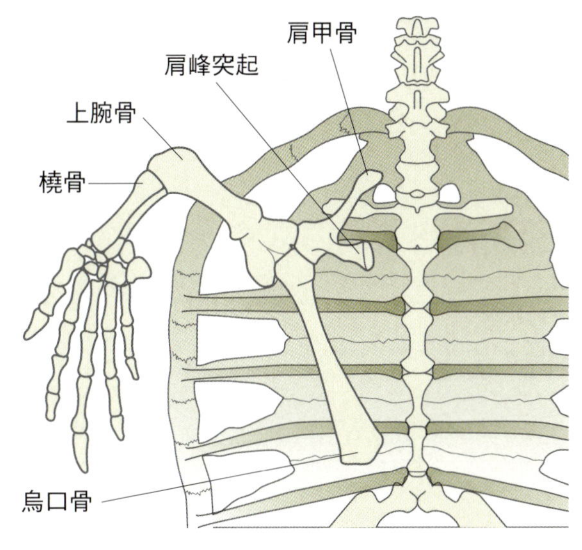

図2-6　腹側からみたのカメ目の胸帯(参考文献2引用・改変)
烏口骨が尾側正中に伸びることで肩峰突起が内側に突き出る．

の現存する脊椎動物であり，2億6,000万年前に初めて現れた．胸帯と腰帯の垂直方向は甲羅を支えることで，上腕骨と大腿骨をしっかり支えている．いくつかの例外を除いて，付属肢の骨は他の脊椎動物と同様である．胸帯は，背腹側肩甲骨，腹内側肩峰突起，および腹尾側烏口突起(前烏口骨)で構成されており，特に背腹側にX線で撮影した哺乳類の肩甲骨に似ている(**図2-6**)．完全な水棲種であるスッポンモドキは，水の中を「飛ぶ」ように泳ぐことができるように，精巧な前肢の鰭を形成する細長い中手骨と指骨を持っている[1]．

カメ目は，8個の頸椎，10個の胴椎(trunk vertebrae)，最大33個にもなる尾椎を持っている．カメ目は，頭と頸，四肢帯と四肢の収縮に関連する筋肉はよく発達しているが，甲羅があるため体幹の筋肉の発達は乏しい[1](**図2-7, 8**)．

トカゲ類(トカゲ亜目)

トカゲ類の頭蓋骨は上顎と下顎を脱臼させることが可能であり，顎を大きく開くことが出来る(**図2-9**)．ヘビ類とは異なり，トカゲ類では下顎結合が融合しており，ほとんどのトカゲ類の頭蓋骨の筋肉は顎を素早く強力に閉じることに適している[3](**図2-10**)．

トカゲ類の背骨は非常に柔軟で動きやすく，頸椎と尾椎の領域を除くすべての椎骨には肋骨がある．胸帯は肩甲骨，烏口骨，および鎖骨で構成されてお

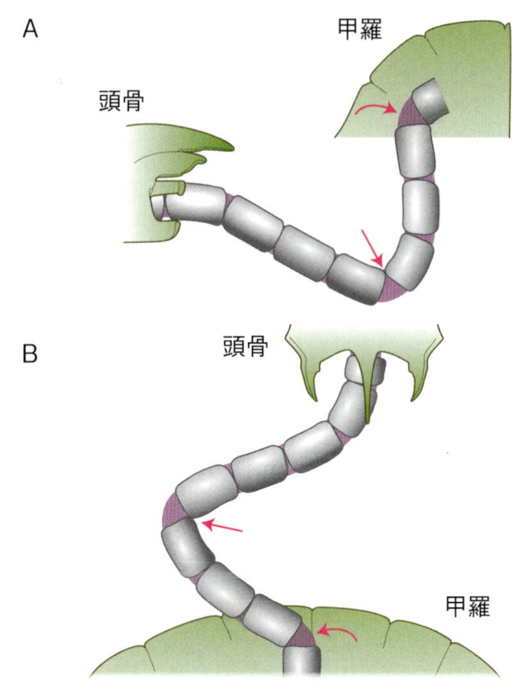

図2-7　カメ目の頸の動かし方(参考文献2引用・改変)
(A)潜頸亜目は頸部を垂直方向に曲げることによって，頭部を甲羅に収納する．(B)曲頸亜目は頸部を左右に曲げることによって頭部を甲羅に収納する．

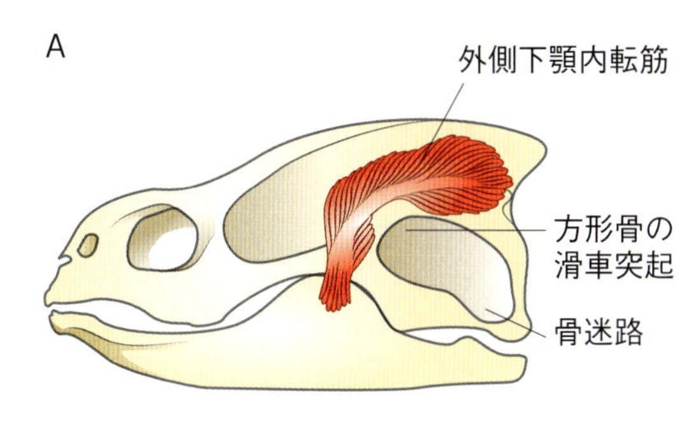

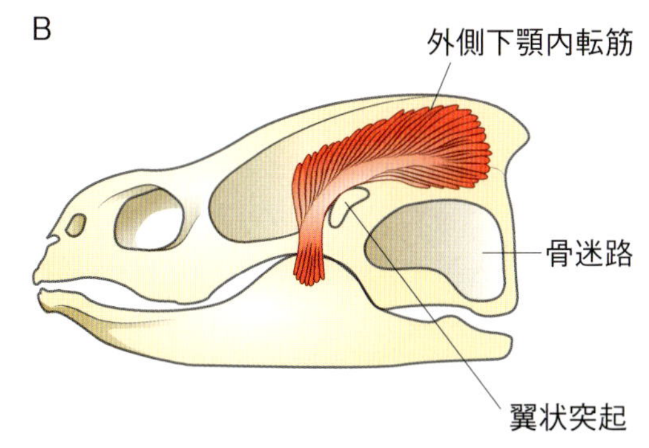

図2-8　カメ目の頭骨の下顎内転筋による滑車システム(参考文献2引用・改変)
最小の頭骨で最大限の噛む力を発揮できるように工夫された仕組みである．(A)潜頸亜目：滑車システムが方形骨によって働く．(B)曲頸亜目：滑車システムが翼状突起に沿って働く．

り，前肢は短い上腕骨と橈骨および尺骨で，後肢は短い大腿骨，脛骨，腓骨および膝蓋骨で構成されて

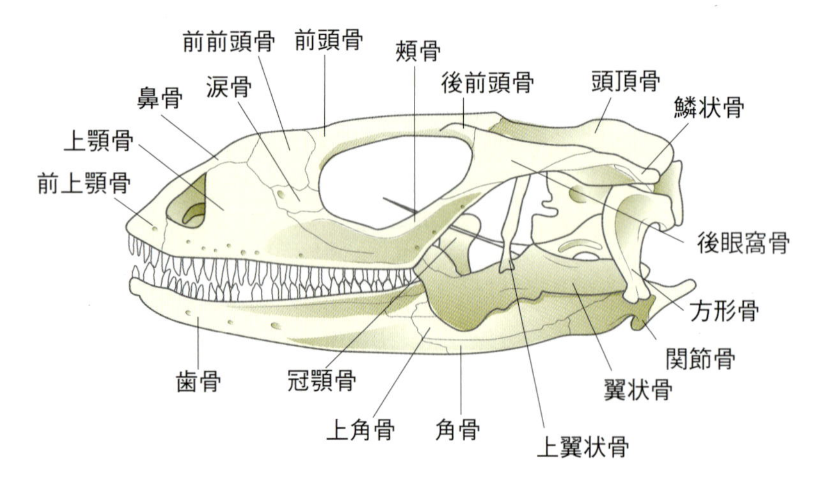

図2-9　トカゲ類の頭蓋骨(参考文献2引用・改変)

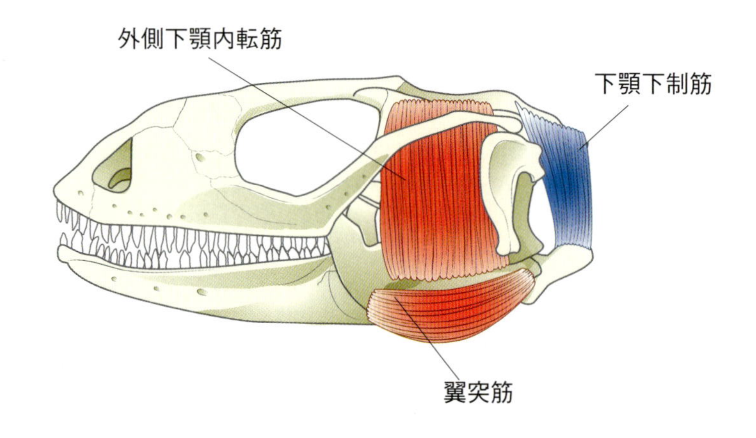

図2-10　トカゲ類の主な咬筋(青色は顎を閉じる筋肉，赤色は顎を開く筋肉)(参考文献2引用・改変)

いる．また骨盤帯は仙骨に対してしっかりと固定されている腸骨，坐骨および恥骨で構成されている．アシナシトカゲは胸帯と骨盤帯は残存している[3]．

指の数は前後の肢すべて通常は5指で一般的な指の指骨の本数は，前肢が2-3-4-5-3本，後肢が2-3-4-5-4本である(**図2-11**)．カメレオンはハサミ状の指を持ち，鳥のように前肢は1番目から3番目の指が4番目と5番目の指と対向しており，後肢は1番目と2番目の指が3番目から5番目の指に対向している[3]．

二足歩行は，バシリスクやクビワトカゲ(*Crotaphytus Cololaris*)などの一部のトカゲにみられ，これらの種は二足歩行で高速に走ることができる．

多くのトカゲ類は尾を自切する．自切は尾の椎間ではなく，椎骨の部分で切断され，その部位を自切面という．自切の利点は尻尾を掴まれた時に捕食者から逃げたり注意を逸らしたりできることであり，自切した尾は捕食者の注意を引くために明るい色であることが多く，切り離されると数分間大きく動く．ヘミペニス，脂肪体などが近いため尾根部寄りでは

図2-11　ヒョウモントカゲモドキの四肢

自切しない．自切で失われた尾は椎骨ではなく軟骨で再生され，不整で小さくより暗色の鱗に覆われ，元の尾よりも短くなる[3]．

ほとんどのイグアナ科のトカゲ，アシナシトカゲ科および多くのスキンクは自切するが，アガマ科やミミナシオオトカゲ科，オオトカゲ科，コブトカゲ科，ドクトカゲ科およびカメレオン科は自切しない[3, 4]．またイグアナは幼若時は自切面を持つが成熟するとなくなるため，成体は自切しない[4]．

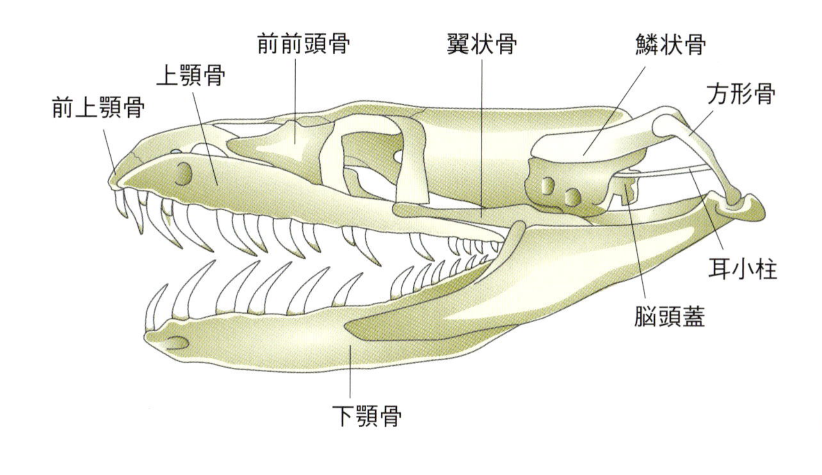

図2-12　一般的なヘビ類の頭骨(参考文献2引用・改変)

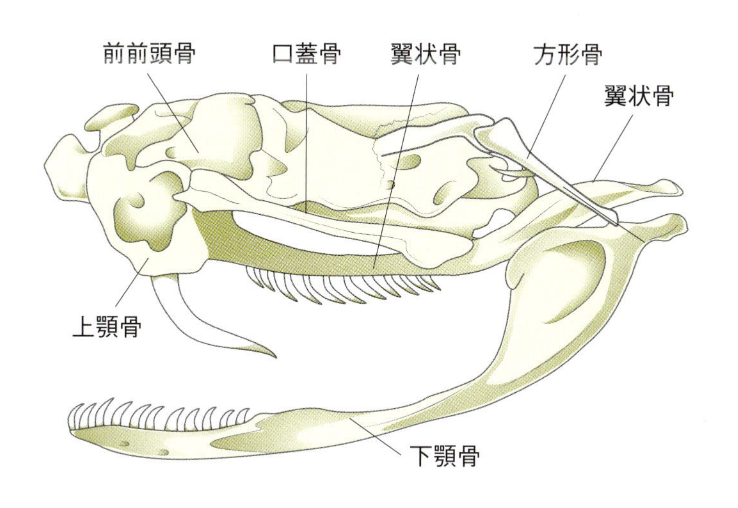

図2-13　進化したヘビ類(例：クサリヘビ類)の頭骨(参考文献2引用・改変)
上顎骨が短く，口を大きく開くと，前前頭骨が蝶番のように持ち上がり上顎骨が回転して牙が直立し，口を閉じると，毒牙は自動的に口腔内へ折りたたまれる．

ヘビ類(ヘビ亜目)

ヘビ類の頭蓋骨は脳頭蓋が強固である一方で方形骨が下顎骨および口蓋上顎骨弓と関節しており[5]，開口時に上顎と下顎が容易に脱臼する[6]．また下顎結合がないため下顎は可動性に富んでおり，頭や体の直径よりも大きい獲物を容易に丸呑みできる[5,6](**図2-12, 13**)．肋骨と椎骨は癒合しているが，肋骨は腹側で結合しておらず，胸骨を欠いているため胴体は体の直径よりも大きい獲物を呑み込むために拡張できる．ごく少数のヘビ類でのみ自切することが知られており，尾の再生できない[5]．

ヘビ類には四肢はないが，ボア類やニシキヘビ類などの一部のヘビ類では蹴爪と呼ばれる骨盤～後肢の痕跡があり，求愛の際に使用すると考えられている[5](**図2-14**)．

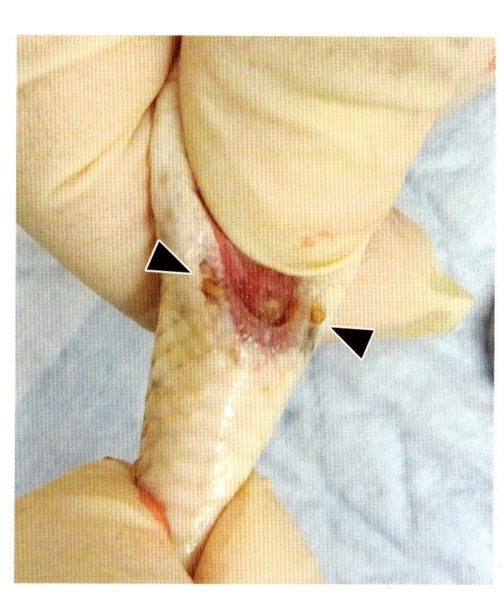

図2-14　ボールパイソンの蹴爪(矢頭)

ヘビ類は120～400個以上の総排泄孔前の筋付着突起の多い椎骨と肋骨と発達した体幹筋によって移動する．

ヘビ類の移動はエネルギー消費量が比較的少なく，例えばガーターヘビ類は，同等サイズのトカゲと比較して移動に消費するエネルギーがわずか約13%だとわかっている[5]．ヘビ類の移動様式はコラムを参照されたい．生息地，地面の材質，地形の変化に応じて，ある移動形態から別の移動形態に切り替えることができる[5]．

ヘビ類の主な移動様式[6]

蛇行運動(図2-15)

一般的なヘビ類の移動方法の1つで「這いずる」と表現される．蛇行運動は交互に起こる頸から尾への体軸筋の収縮によって生み出される．体が屈曲した際に胴体の側面が石や土の小山のような地表の構造物と接触するとそれにぴったりと合うように体が局所的に変形してそのような取っ掛かりに対して力を伝え，蛇行運動の推進力となる．力が加えられる腹板の表面は前方への移動を妨げる摩擦を減らすような形態と配置になっているおり，蛇行運動が滑らかに行えるようになっている．また，移動しながらヘビ類は地面の凸凹を感じ取りよりスムーズに蛇行運動が行えるように体の曲線を調節する．1つでも接触点があれば蛇行運動による移動が可能であるが，安定した接触点を1つも見つけられない状況ではヘビは後述の横這い運動やアコーディオン運動といった別の移動様式に変更する．

アコーディオン運動(図2-16)

この移動様式では体の一部分が地面や穴の内壁に固定されてアンカーとなり，そのすぐ後ろの部分がアコーディオンのように折りたたまれて体を前に引っ張る．そして一度前に進むと，元のアンカーよりも後ろの部分がアンカーとなり，そのすぐ前の部分が伸びて体が前に進む．これによりヘビは体を引っ張って曲げ，それを前に伸ばす動きを交互に行う．アコーディオン運動の平均速度は時速約0.1 km(秒速約2.78 cm)以下であり，地表で観察されることは稀で木の幹や枝の上を動く樹上棲のヘビや穴の中を動く地中棲・陸棲の種でしばしばみられる．

直進運動(図2-17)

肋骨と皮膚を繋ぐ肋皮筋などの筋肉と腹板の動きによってヘビ類がかなりゆっくりと静かに一直線のまま前進する動きであり，腹板は地面から少し持ち上げられてから前に引っ張られ，そして地面に置かれてから後ろに押される．腹板が地面に触れて静止している時，身体が前方へ引っ張られる．鱗が伸びきるまで体が前方に引っ張られてから腹板が持ち上がり，そのサイクルが繰り返される．そのため，腹板が地面と接触して静止した後に，シャクトリムシのように腹面を局所的に伸ばす動きが続く．この動きによりヘビ類の背面は一定の速度で進み，体重が継続的に移動することで勢いが保たれる．すべてのヘビ類がこのような移動が可能であるが，クサリヘビやボア，ニシキヘビなどの重い体をしたヘビがこの動きをすることが多い．

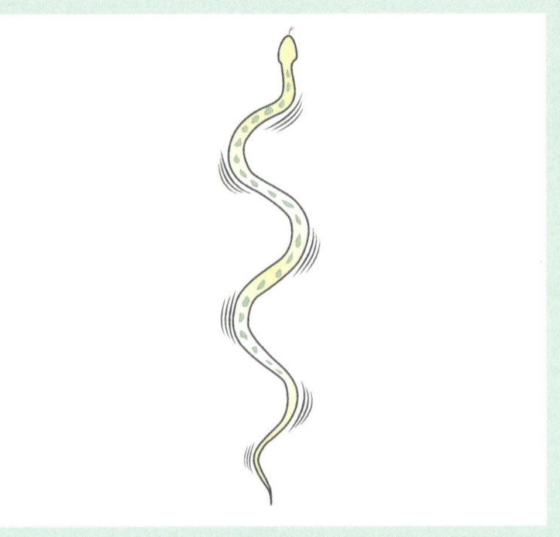

図2-15　蛇行運動(参考文献2引用・改変)
交互に起こる頸から尾への体軸筋の収縮によって生み出される這いずるような動きである．

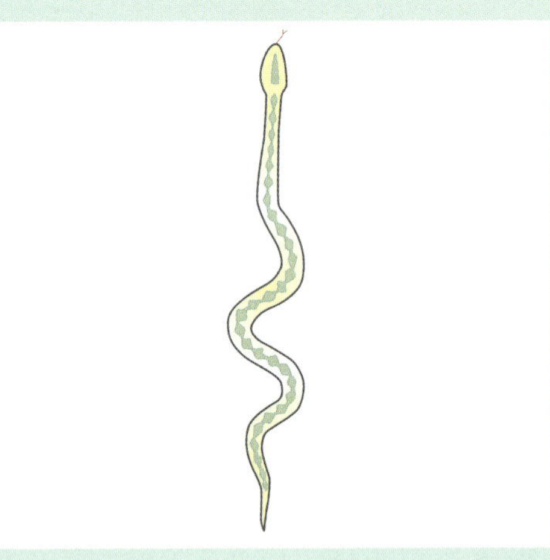

図2-16　アコーディオン運動(参考文献2引用・改変)
体の一部分が固定されてアンカーとなり，そのすぐ後ろの部分がアコーディオンのように折りたたまれて体を前に引っ張ることで前進する動きである．

横這い運動(図2-18)

平らで取っ掛かりがなく，滑りやすい表

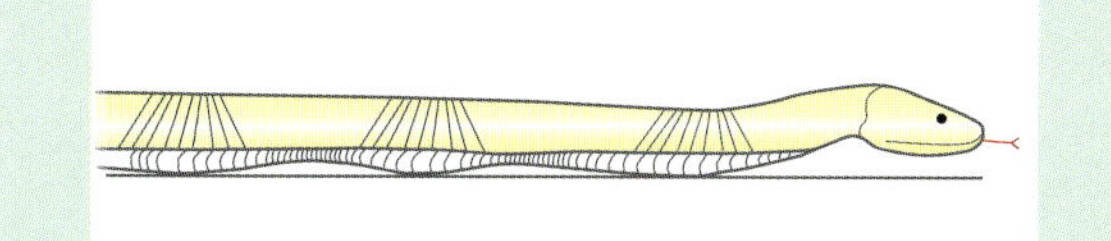

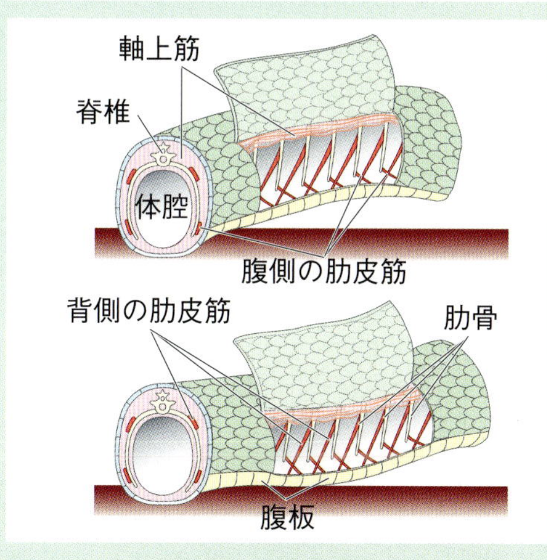

図2-17　直進運動と直進運動に用いる筋肉(参考文献2, 6引用・改変)
(上図)筋肉と腹板の動きによってゆっくりと静かに一直線のまま前進する動きである.

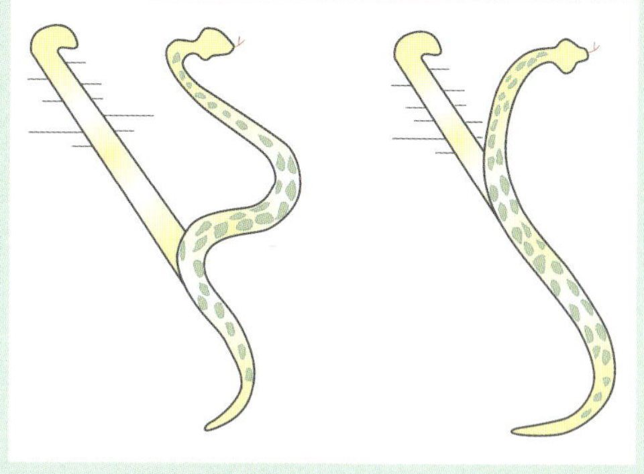

図2-18　横這い運動(参考文献2引用・改変)
頭を持ち上げて体の前部を進行方向に動かし，それから体を地面に下ろして静止させる．次に，頭と尾の両方が地面に接触して固定されている状態で体の中央部が進行方向に向かって持ち上げられ，その地点から出ていく(左図)．それから再び頸が曲げられて持ち上げられて進行方向へと動く(右図)ことで一連の動作が繰り返される.

面上を動くためにアフリカやアジアにいる砂漠棲のクサリヘビなどが行う移動方法である．ヘビは頭を持ち上げて体の前部を進行方向に動かし，それから体を地面に下ろして静止させる．次に，頭と尾の両方が地面に接触して固定されている状態で体の中央部が進行方向に向かって持ち上げられ，その地点から出ていく．それから再び頸が曲げられて持ち上げられて進行方向へと動くことで一連の動作が繰り返される.

横這い運動では基本的に蛇行運動と似たような方法で体軸筋群が使われる．ただし，地面から持ち上げられている部分の筋肉が左右両側で活動する点は蛇行運動と異なる．横這い運動では体が地面に触れている箇所がどんどん変化する中でそれに合わせて体重を支える部分を移行させる．そのような動作は体軸筋の極めて精密なコントロールが必要となる．ヨコバイガラガラヘビ(*Crotalus cerastes*)などの横這い運動に特化したヘビは他のヘビと比べて椎骨が少なく，体軸筋が短く，体が小さくてやや太くて尾が短い.

横這い運動においてヘビ類は体の一部を持ち上げるため，それぞれの接地点で生まれる横方向の力が不均衡になりヘビ類は前方だけでなく横方向にも動く．横這い運動をするヘビ類は進行方向から30°程の角度で並んだ短くて途切れ途切れの模様をした特徴的な這い跡を残す．個々の模様を見ると，片方の端は頭と頸によって形成された「J」の形，もう一方の端は尾によって形成された「T」の形をしている．Jの鈎の向きはヘビ類の進行方向を示しており，新しい痕跡があれば容易にヘビの後を追うことができる．研究によると横這い運動は力学的に優秀でエネルギー消費が少ない．おそらく中型のヘビ類はすべて横這い運動をすることができるが，この移動様式に特化し日常的に用いているのは砂漠棲のクサリヘビ類と一部のミズヘビ科のみと考えられている．横這い運動を行うヘビ類の最大速度は時速約3.7 km(秒速約1 m)である.

滑り押し運動

激しい波状運動と体の滑りを使った地上での移動様式であり，この動きは機能的に蛇行運動と横這い運動の中間で水中を泳ぐヘビ類の波状の動きにも似ている.

蛇行運動もしくは横這い運動で這おうとしているが，地面の摩擦が非常に低いために作用点を押そうとしても体の後ろ側の接触点が前進速度の数倍の速さで後ろに滑るためヘビ類は前に進むが，その速度は遅い．
滑り押し運動は，蛇行運動と比べて進む距離に対する波状の動きの数が非常に多いため，とても非効率的である．
この移動様式は特別に進化してきたものというよりは単純に手足を使わず移動するのが難しいような地面の状態の時に起こる動きであると考えるべきかもしれない．滑り押し運動は様々なヘビ類でみられ，滑りやすい地面を移動する時や素早く逃げようとする時の動き始めに使われる．

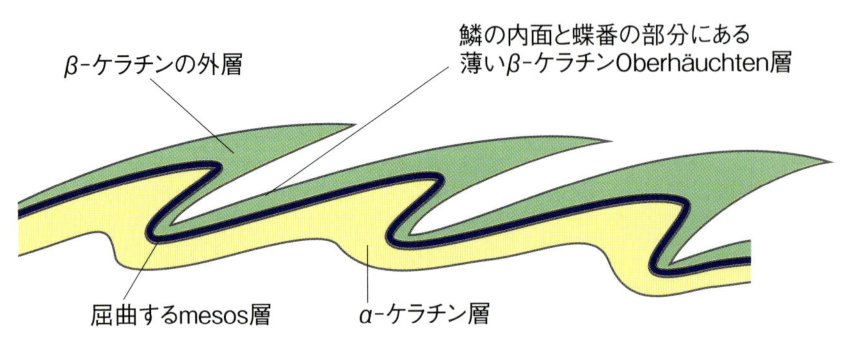

図2-19　トカゲ類の表皮（参考文献7引用・改変）
基本的な爬虫類の表皮は3つの層からなる角質層（外側から順にβケラチン層，mesos層，αケラチン層）からなるが，種差が大きい．

外皮系

カメ目

カメ目の皮膚は滑らかで鱗のないものから厚く鱗のあるものまで多様である．一般的に水棲カメは鱗が薄く，スッポンなどの皮膚はより滑らかになり，リクガメは鱗が厚くなる傾向がある．すべての爬虫類と同様に定期的に脱皮を行うが，有鱗目に比べて少しずつ行われる．そのため，特に水棲カメでは脱皮片が真菌感染症の症状と誤解されることがよくある[1]．

トカゲ類（トカゲ亜目）

トカゲ類の表皮は，3つの層からなる角質層（外側から順にβケラチン層，mesos層，αケラチン層）とその下に胚芽層が続く．鱗の外側は厚いβケラチン層が多く，鱗の裏側は薄いβケラチン層が覆う．鱗が重なる部分は弾力性のあるαケラチン層が覆い，蝶番の部位として可動する[8]（**図2-19**）．

脱皮の際は胚芽層の下に新しいケラチン層が形成され，その間をリンパ液や蛋白分解酵素が満たす．ヘビ類のように一度に脱皮するというよりバラバラに剥がれる種が多い[3,8]．また，脱落した皮膚を食べる種も多い[3]．正常な脱皮は健康状態の1つの指標となり，脱皮の頻度は種，大きさ，温度，湿度，栄養状態，年齢，性別，成長状態，皮膚の損傷，健康状態およびホルモンの状態によって異なる．急速に成長する幼体は2週間ごとに脱皮するが，成体は年に3～4回脱皮をする．また外傷や皮膚感染症により脱皮の頻度が上がることもある[3]．

トカゲ類の皮膚には腺がほとんどないが，多くのトカゲ類，特にイグアナとアガマ科は大腿部の腹側に一列の大腿孔を持っている[3]．また多くのヤモリやアガマ科は総排泄孔の前にV字型に配列された前肛孔を持っている[3]．これらは真の分泌腺ではなく，ワックス状の分泌物を生成する皮膚の窪みであり，この分泌物は縄張りを示す個体間のコミュニケーションツール，交尾時にオスとメスが密にくっつくための接着剤代わりとして用いられると考えられている[7]．性ホルモンの影響を受けているためオスの成体ではより大きく，より発達する傾向があり，雌雄判別に利用される[3,8]（**図2-20**）．イグアナでは大腿孔が詰まりやすく，雌雄の鑑別が難しい場合があるため注意が必要である．原因としては不適切な湿度や脱皮不全，性ホルモンの分泌異常が考えられる[7]．

他の爬虫類と同様に，トカゲ類にみられる皮膚の色は色素胞と呼ばれる複数の種類の色素細胞の存在によるものである[3]．これらの細胞は皮膚の真皮に存在し，カメレオン属やアノールトカゲ属などの多くのトカゲが温度や光照射などによる環境刺激によりホルモン分泌や自律神経の活性化により真皮内で

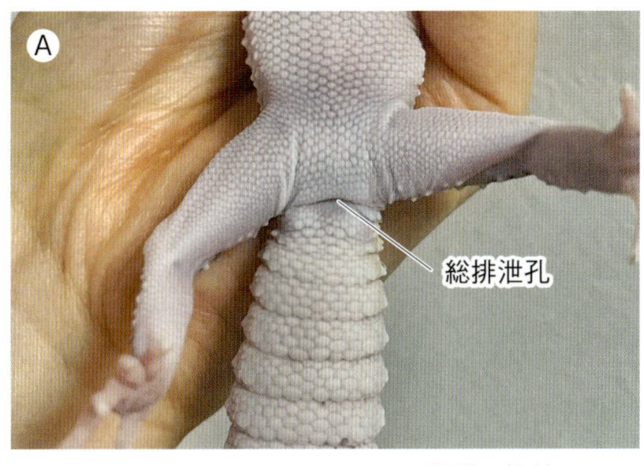

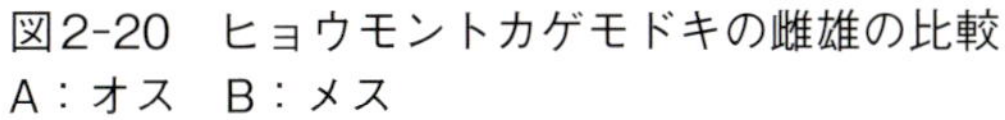

図2-20　ヒョウモントカゲモドキの雌雄の比較
A：オス　B：メス

の色素胞のサイズと位置を変化させて急激に色を変えることができる[3,8].

皮下骨は表皮の鱗を支える真皮内の骨であり，マツカサトカゲやヨロイトカゲ，アシナシトカゲなど一部のトカゲ類に存在する．皮下骨は防御を担うため，背中と体側のみに存在し，肉垂(喉袋, Dewlaps)や棘，トサカ，角として認められ，多くの場合二次性徴で顕著になり，オスでよく発達する[3].

多くのヤモリの指先にある趾下薄板は粘着性の剛毛であり，滑らかな垂直面や水平面に貼り付いて重力に逆らって動き回れる[3](**図2-21**).

またトカゲ類の外皮は乾燥や捕食から守る機能があるだけでなく，ビタミンD_3の合成にも関与しており，皮膚に当たるUVBの光は最終的に1,25－ジヒドロキシコレカルシフェロールを生成する経路の一部として，コレステロールをビタミンDの不活性型に変換する[3]．一部のイグアナはビタミンD_3を食餌から不足している分を皮膚生合成で補っている[9,10].

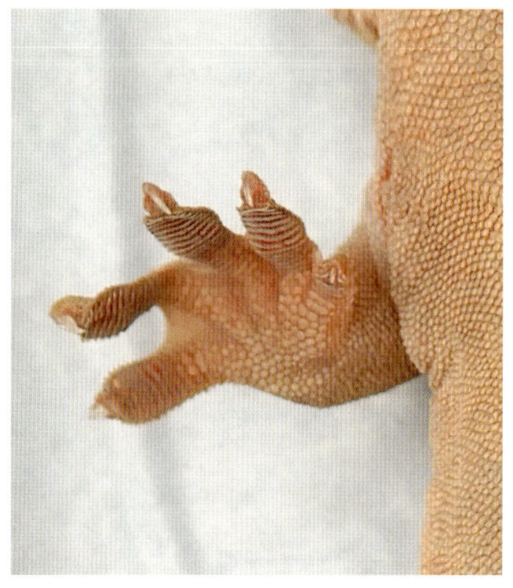

図2-21　クレステッドゲッコーの右前肢
指先の趾下薄板により壁に貼りつくことが可能となる.

ヘビ類(ヘビ亜目)

ヘビ類の鱗は基本的に表皮と真皮の層からなるが，鱗はもともと表皮に由来する．頭部を除いて，鱗は通常瓦状に重なり合う．ヘビ類の鱗には鱗孔，隆条(キール)，結節など様々な構造が認められるがその機能はほとんどわかっていない．ヘビ類の鱗の形は身体の部位によって異なり，体と尾を背側と側方から覆う一連の小さな体鱗があり，腹側の支持と保護を担う大きく幅広な腹板がある．メクラヘビと一部のウミヘビ類には大きな腹板がない．ほとんどのヘビ類は，1つの大きな鱗または一対の鱗で総排泄腔の開口部(総排泄孔)を覆っている．1列につき鱗の数は奇数であり，体の中央付近で最大数となり，頭部および総排泄孔付近では列が少なくなる．角質化した鱗と皮膚は，ヘビ類を擦り傷や脱水症状から守る[5].

ヘビ類の皮膚には分泌腺はほとんど存在しないが，一対の臭腺が特徴的である[5,8](**図2-22**)．この腺は，オスのヘミペニスの背側，尾の付け根内に位置する一対の器官であり，総排泄孔後縁に開口する[5].

この臭腺からは物体や生物を標識するために使用されるフェロモンや同種間の情報化学物質となる液体が分泌されマーキングなどに用いられる[5,8]．マムシ(*Agkistrodon contortrix*)などの一部のヘビ類はスプレー状に放出することで防御機能も備えている[8,11].

脱皮は甲状腺からホルモンが分泌され，脱皮中に基底層から上皮細胞が増殖する．これにより基底層

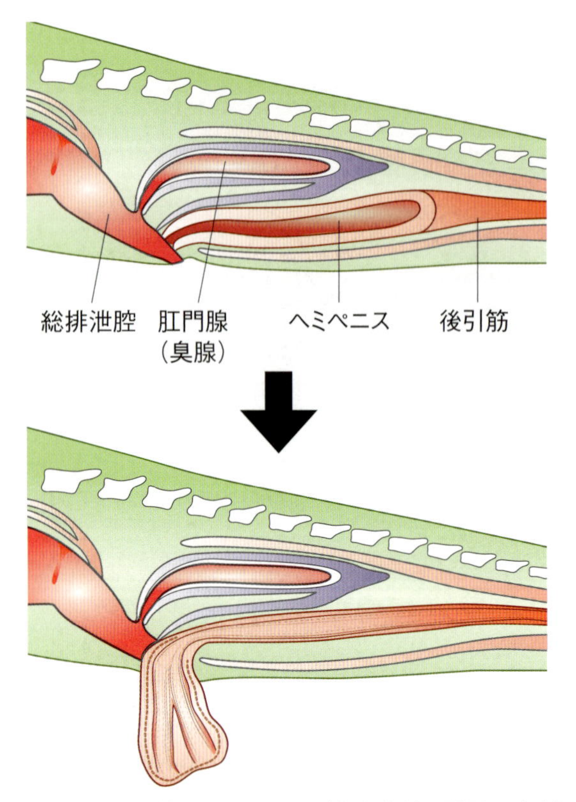

図2-22　ヘビ類のヘミペニス（参考文献2引用・改変）
平常時は総排泄腔の尾側に収まっているが，交尾時には充血して外反する．

と古い外側上皮層の間に新しい上皮細胞からなる新しい外側上皮層が形成され，角化する．これら新旧の上皮層を分離する際，嫌気性解糖系が外層の分離を助け，酸性ホスファターゼが合着物質の分解を助ける．この時，2つの上皮層の間に薄い液体の層が形成されるため，脱皮前のヘビ類は鈍い「青」や「不透明」に見える．ヘビ類は数日間青くなるが，体液が吸収されると透明になり，脱皮が始まる．健康なヘビ類は一気に脱皮する．脱皮中，多くのヘビ類は餌を拒否し，湿気の多い場所に行きたがり，大抵は脱皮後すぐに摂食を再開する[1]．脱皮不全は不適切な湿度などの飼育環境，不適切な取り扱い，栄養失調，外部寄生虫を含む皮膚疾患，または外傷によって引き起こされる可能性がある[5]．

皮膚内の色素細胞は皮膚の色と模様を作り出すが，微細な表面構造が虹色を生み出すことがある．いくつかの種では成長に応じて色や柄の変化を認め，特に幼体では獲物を引き寄せるためのルアーとして使用される明るい色の尾を持つ．またカリフォルニアキングスネーク（*Lampropeltis californiae*）は，同じ個体群内に縞模様と斑点を両方持つ個体と縞模様のみ持つ個体がいたり，多くのボアは日中の体色は暗く，夜は明るくまたは淡くなる[1]．近年，様々な色や模様の突然変異を持つヘビが作出されており，例えばボールパイソンは100種以上のモルフが存在する．しかし，このような色の突然変異体の作出には，多くの場合，近親交配が必要となる[4]．

呼吸器系

呼吸様式

爬虫類は原則口呼吸も可能であるが，通常鼻孔から呼吸を行い，吸気も呼気も能動的に行う[12]．爬虫類は哺乳類とは異なり，血中CO_2濃度の増加ではなく，O_2濃度の減少により呼吸が惹起される[3, 12, 13]．さらに肺の伸展受容器は刺激されると吸気を抑制し，呼気を高めるように作用する[3]．よって酸素化により呼吸の低下や停止を引き起こしたり，麻酔の覚醒遅延を引き起こす危険性がある[3, 12]．

カメ目

堅い甲羅により胸部が拡張可能な他の脊椎動物と比較して，カメ目の呼吸方法は大きく異なる．カメ目は鼻呼吸しかできず，口呼吸は異常であり，多くの場合，呼吸器系疾患を示唆する[1]．

ほとんどのカメ目は肺呼吸であり，肋間筋を欠くため，体腔内の筋肉が肺や内臓を加圧する[12〜14]．肺と内臓の容積を増減させることで換気を行い，換気は四肢や頭の動きで補われる場合もあれば補われない場合もあり，換気方法はカメ目の間でかなり異なる[1, 12, 13]（**図2-23**）．カメ目は喉を膨らませて嚥下運動を示すが，これは嗅上皮に空気を送りための行動であり，換気ではなく嗅覚を補助する[1, 13]．ただし，一部の水棲カメは呼吸のために喉を膨らませる．カミツキガメは水中では静水圧が内臓の容積に影響を与えるため，吸気は能動的に行われ，呼気は受動的に行われるが，陸上では吸気は受動的であり，呼気は能動的である[1]．一部の水棲カメは，より長く水中に潜ることができるように，総排泄腔呼吸や頬咽頭呼吸または皮膚呼吸も補助的に行う[1, 13]．ハヤセガメ（*Rheodytes leukops*）は1分間に15〜60回総排泄腔に水を出し入れすることで総排泄腔の線毛嚢を介して酸素要求量の40%（成体）から73%（幼体）を得ることができる．水中での呼吸は活動が低い間は水中での呼吸で十分な場合もあるが，運動量が増えると呼吸のために浮上する必要がある（二

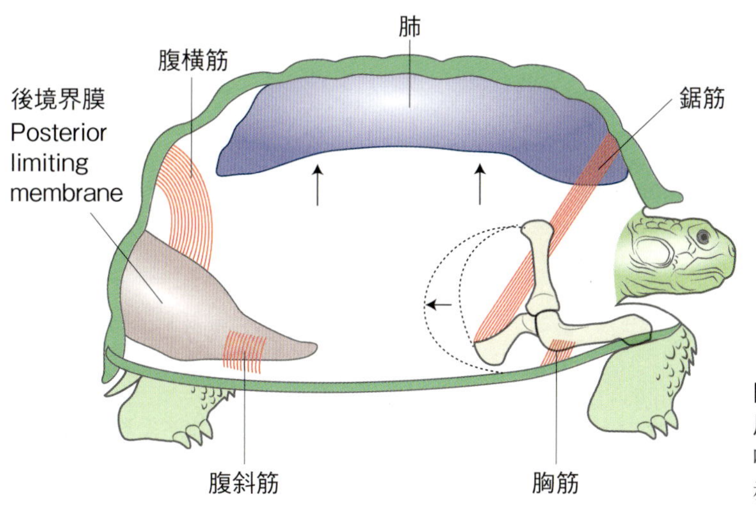

図2-23 カメ目の肺と呼吸筋(参考文献2引用・改変)
吸息筋は肺を膨らまし，呼息筋は肺を萎ませる．
赤色：吸息筋，灰色：呼息筋

峰性呼吸)．カメ目は長時間無呼吸になることがあるため，チャンバーまたはマスクによるガス麻酔の導入がより困難になる．特に潜頸亜目は麻酔前投与が必要になる．甲羅の開放骨折により肺が露出しても通常は明らかな呼吸困難を示さない[1]．

トカゲ類(トカゲ亜目)

トカゲ類には横隔膜がなく，肋間筋を使った肋骨の拡張と収縮に依存し，体腔壁の骨格筋の助けを借りて肺に空気を送り込む．これらの筋肉は随意制御下にあるため麻酔時は気を付けなければならない[3,12,13]．

トカゲ類はカメ目と同様に喉を膨らませる嚥下運動で嗅上皮に空気を送り，嗅覚を補助するが，トカゲ類の場合は肺を著しく拡張させる場合にも嚥下運動が認められる[13]．

ヘビ類(ヘビ亜目)

ヘビ類には横隔膜がなく，トカゲ類と同様に吸気は胸郭の筋肉や肋間筋が拡張して肋骨が拡張し，陰圧を生み出すことによって行われる[5,12,13]．その一方，呼気は不随意的な筋肉の弛緩と肺の縮小により受動的に起こる[13]．

鼻

カメ目

カメ目では上部呼吸器と上部消化管の明らかな解剖学的境界がないため，一方に病変が生じた場合，両方に影響が出る可能性がある[6]．

外鼻孔からの空気は，大きな鼻腔から入り，内鼻中隔によって半分に分離され，部分的な硬口蓋(軟口蓋はない)で1本の管に集約され，口腔の背側で後鼻孔(内鼻孔)に入る．後鼻孔は咽頭に開口する[13]．カメ目は鼻甲介を欠く[14]．鼻腔は背側の嗅覚器官(嗅上皮)と腹側の粘液産生上皮で覆われる[1,13]．

トカゲ類(トカゲ亜目)

トカゲ類ではカメ目と同様に上部呼吸器と上部消化管の明らかな解剖学的境界がないため，一方に病変が生じた場合，両方に影響が出る可能性がある[6]．

上部気道の構造はカメ目と同様である．ただし，鼻中隔は連続し，後鼻孔は一対の状態で咽頭に開口する[13]．

ヘビ類(ヘビ亜目)

鼻腔は咽頭の頂部と連絡しており，顎が正常に閉じている時には，そこから空気が声門を通って気管に入る[15]．

喉頭は口腔内の吻側に位置し，横方向に2つ並んだ小さな披裂軟骨で構成され，声門は舌根部に開いており，喉頭も声門も容易に視認できる[5,12,16]．

ヘビ類が様々な姿勢をとることにより肺は曲がったり，圧迫されたり構造に多様な影響を受けるが，肺に存在する化学受容器と伸展受容器により，ヘビ類は正常な呼吸様式を維持できる[12]．高いCO_2濃度下で呼吸すると肺の伸展受容器は抑制され，換気量が増加し，呼吸数は減少する．低いO_2濃度下では呼吸数が増加する．これらの反応は温度が上がる程顕著であり，化学受容器よりも伸展受容器によってヘビ類の呼吸様式は支配されている[12]．

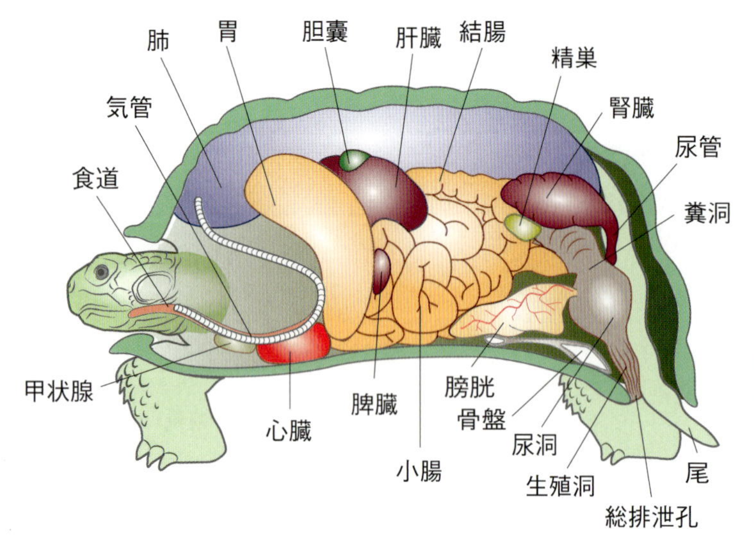

図2-24　カメ目の正中矢状断面図(参考文献2引用・改変)
心臓は背側に固定された肺により頭側にある．肺はヘビ類やトカゲ類に比べて進化しており，1つの肺内気管支が放射状の細気管支と血管の小窩(faveoli)の網目に連絡している．

気管

カメ目

声門は舌根部より尾側にあり，気管の入り口に位置する[1,12]．

気管はリング状の軟骨輪であり，潜頸亜目に属するカメ目は気管が比較的短く，頸の中央部分で2本の軟らかい気管支に分岐しそのまま一対の肺の背側表面全体に直接通じる[1,12,13]．気管が比較的頭側で気管支に分岐する上，気管支が軟らかいので，カメ目は頸を引っ込めても呼吸が妨げられないが，深すぎる気管挿管は危険である[1,13]．

トカゲ類(トカゲ亜目)

声門の位置は原則舌根部であるが，種差があり，オオトカゲ属などの一部の種ではより吻側に認めるが，アガマ科では舌の後ろの尾側に位置する[3,12]．声門は，吸気時と呼気時を除いて通常は閉じている[3]．

声帯が存在し，特にヤモリは大きな声を出すことができる[3]．気管は不完全な軟骨輪で構成され，心臓の近くで分岐している[3,13]．

ヘビ類(ヘビ亜目)

声門は気管への開口部であり，筋肉を用いて能動的に開閉することで空気の流れを制御し，ヒス音(ヘビ類の「シュー」という威嚇音)を発生させる[16]．声門は3～16個の融合した軟骨輪で構成されており可動性がある[13,16]．よって声門は通常時は後鼻孔の中にはまり込んでいるが，大量の獲物を摂取した際に頭蓋側や側方に押し込まれるため，長時間の摂取中の呼吸が容易になる[5,16]．喉頭蓋軟骨は，一部のパインヘビ種(*Pituophis* spp.)のヒス音を容易にするために拡張している[5]．

気管は長く，不完全な軟骨輪があり，腹側部分は硬く，背側の1/4は膜状(気管膜様部)である[5,13,16]．セイブブガラガラヘビ(*Crotalus viridis*)とビルマニシキヘビ(*Python bivittatus*)の気管は例外的に完全な軟骨輪を持つ[16]．

肺

カメ目

肺の背側は背甲に付着しており，対で存在するが，数種のチチュウカイリクガメでは右肺の方が左肺より大きい．肺は肝臓，胃，腸管に付着している肺後中隔(postpulmonary septum)により分離されているが，真の横隔膜はないため，厳密には哺乳類のように胸腔と腹腔に分かれてはおらず，胸膜腹腔または体腔として存在する[1,13](**図2-24**)．肺は大きく，表面積を増やすために多房性で中空の多孔性スポンジを思わせる嚢状構造であり，肺は科によって3～11個の隔室に分かれる[1,12]．肺の近位部は気管支枝からなる「肺胞」であり，遠位部は気嚢のように働く[13]．肺の表面は網状で，平滑筋と結合組織による筋が点在している[1,12]．肺の容積は大きいが表面積は同等の大きさの哺乳類の10～20%しかない．しかし代謝率が哺乳類の10～30%しかないためカメ目には十分である．水棲カメは容積の大きい肺で浮力を得ている．またミツユビハコガメ(*Terrapene carolina triunguis*)では呼吸数が多い(36.6 ± 26.4回/分)のと相まって，一回換気量が比較的小さい(2.2 ± 1.4 mL/回)という報告がある．肺の内圧は

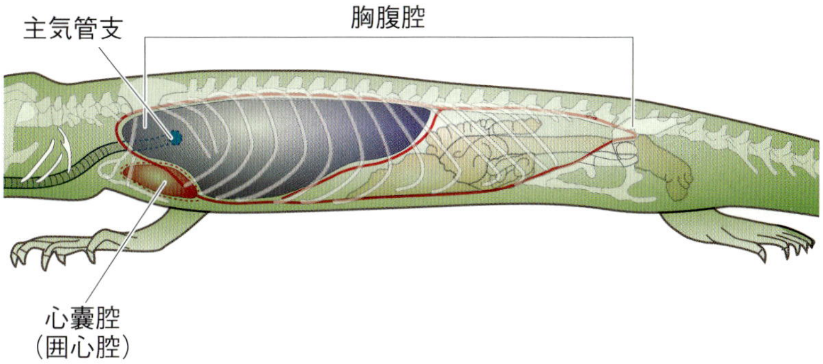

図2-25　原始的なトカゲ類(例，グリーンイグアナ)の側面図(参考文献2引用・改変)
心臓は頭側に位置する．気管支は肺の頭側に開口する[12]．一房肺であり，細気管支を欠く．

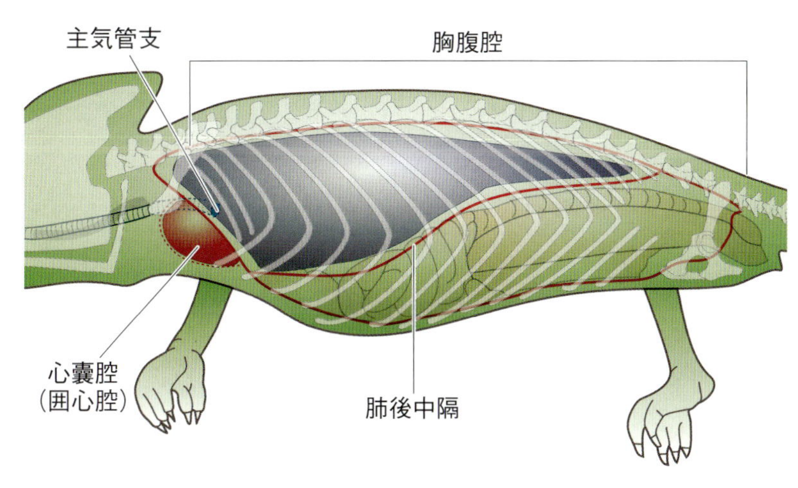

図2-26　カメレオンの側面図(参考文献2引用・改変)
気管支は肺の頭側に開口する[13]．肺後中隔を持つ．心臓は頭側に位置する．

わずかに陰圧から5 cm H_2O まで変化するため麻酔中の気道内圧は最大でも10 cm H_2O 未満であることが推奨されている[1]．

カメ目において声門の外側の粘液線毛輸送機能の停止や背側に位置する気管支から排液不良，肺の区画化，肺内の潜在的な大きな空間，および咳を容易にする完全な筋肉の横隔膜の欠如によりカメ目では肺からの分泌物や異物の除去は困難になっている．このため，肺炎はカメ目にとって生命の危険がある[1]．

トカゲ類(トカゲ亜目)

ミドリカナヘビ(*Lacerta viridis*)のような原始的なトカゲはガス交換効率を上げるために肺の柔組織表面に多数の皺や隆起が存在し，表面積を増やしている[3, 5, 15]．この複雑な構造はハチの巣状に見えることからファベオリ(faveoli，小窩)と呼ばれ[5]，ファベオリで裏打ちされた中空の単一室からなる一房肺を持っている(**図2-25**)．ファベオリは哺乳類の肺胞と機能は似ているが別物である[5, 15]．

スキンク類は壁が薄く，血管がほとんど発達していない大きな非呼吸嚢を尾側に持つ．カメレオン科のようなより進化したトカゲでは肺はさらにいくつかの大きな部屋によって相互に接続された部屋に分割されており，肺後中隔があり，心膜に付着する膜も持つ[3](**図2-26**)．特にカメレオンの肺の縁には，中空で側面が滑らかな指のような突起(気嚢)があり，体腔手術の際にはこれを認識して回避する必要がある[3, 13]．これらはガス交換ではなく，体を膨張させて捕食者を威嚇するために使用される[3]．オオトカゲの肺には気管支が複数あり，小さな三次気管支が胸膜表面に向かって伸びてガス交換のための六角形のファベオリの実質を形成するまで分岐する．これらの肺は原始的な哺乳類の肺に最もよく似ている[3](**図2-27**)．

ヘビ類(ヘビ亜目)

有鱗目には通常2つの肺があるが，ほとんどのヘビ類では左肺が顕著に縮小しており，大きさは右肺の85%以下であり，左肺を持たないヘビ類もいる[5, 13, 16](**図2-28**)．1つしか肺を持たないため，気管は肺と直接連絡する[13, 15]．例外としてボア科やサンビーム科は左肺も右肺と同様の大きさまで発達している[7]．肺は肝臓の背側，胃の側方に位置しており，肺の頭側部分(血管肺)には血管が発達しておりガ

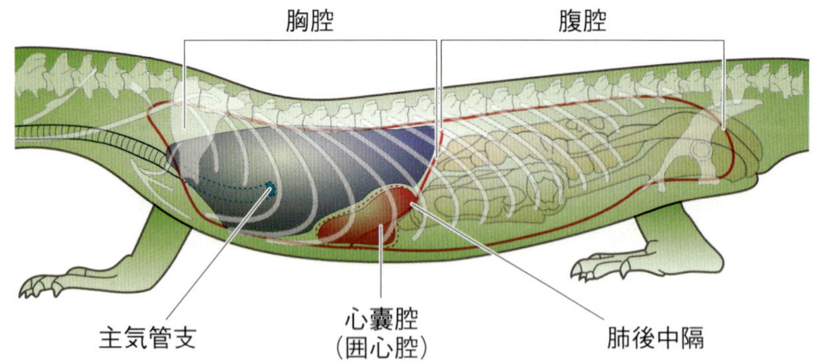

図2-27　モニターの側面図(参考文献2引用・改変)
後肺中隔により完全に胸腔と腹腔が分かれており，より肺が頭側に広がりやすくなり，心臓はより尾側に存在する[13]．より進化した肺であり，哺乳類の肺に似る．

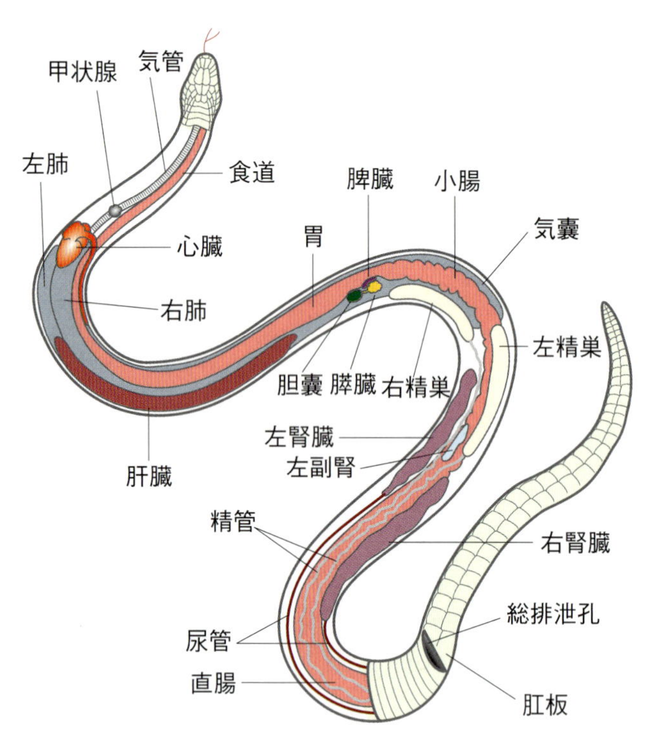

図2-28　腹側から見たオスのヘビ類の解剖図(参考文献2引用・改変)
胆嚢が肝臓から離れている．内臓は左右不対称で右側の臓器がより頭側で大きい傾向がある．心臓は可動性があり，大きな食物が食道内を移動できるようにしている．

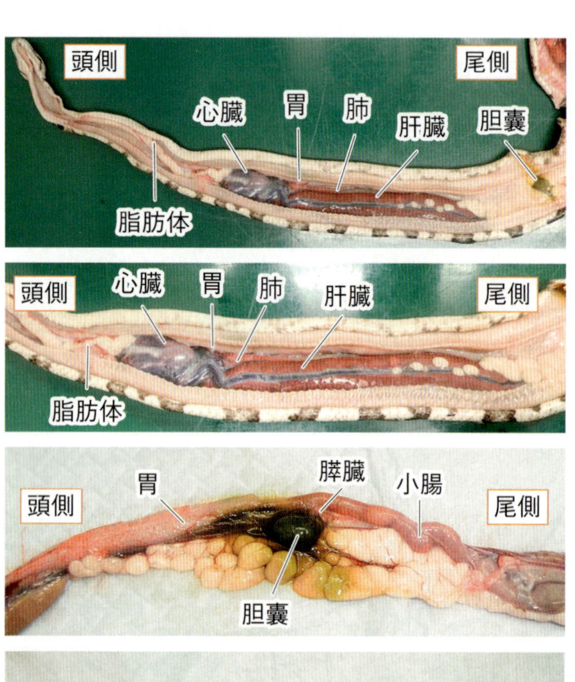

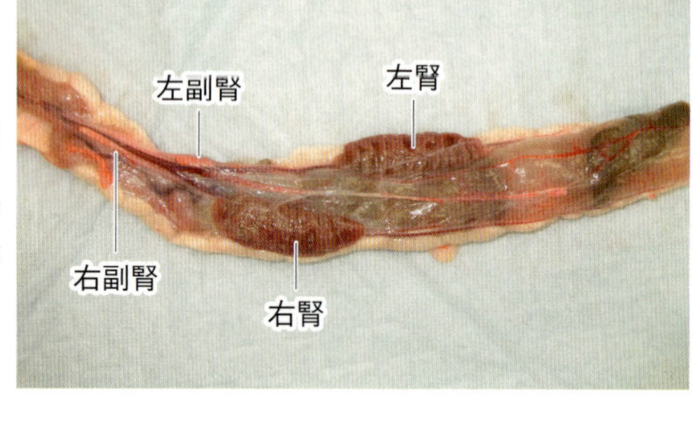

ス交換の場として機能し，尾側部分(気嚢肺)は主に気嚢として機能する．現生するヘビの科の約半数には血管肺が頭側から気管に伸びて背側が拡張して気管肺になる[5, 13, 16]．気管肺は，マムシ科のヘビ類では特によく発達している[15]．

ヘビ類もトカゲ類と同様にファベオリを持ち，血管肺壁の薄くて血管に富む柔組織を介して肺の血液と換気される空気の間でガス交換が行われる[15]．

多くのナミヘビ類には気管気嚢(tracheal air sac)があり，特に樹上性の種やキングコブラ(*Ophiophagus hannah*)に認められる[1, 5]．気管気嚢とは肺とは別に嚢状に気管が伸びたものであり，気管嚢や気管憩室(tracheal diverticulum, neck sac, tracheal chamber など)とも呼ばれている．11～15個の気管気嚢が気管に付着して頭部から心臓まで全長の約16%にわたって伸びている．各気管気嚢同士は連絡せず，気管気嚢の中の空気は気管膜様部にある孔によって気管内の空気と連絡している．この孔は気管軟骨輪の先端のすぐ上にあり，個々の気管気嚢に対応して1つずつ存在する．

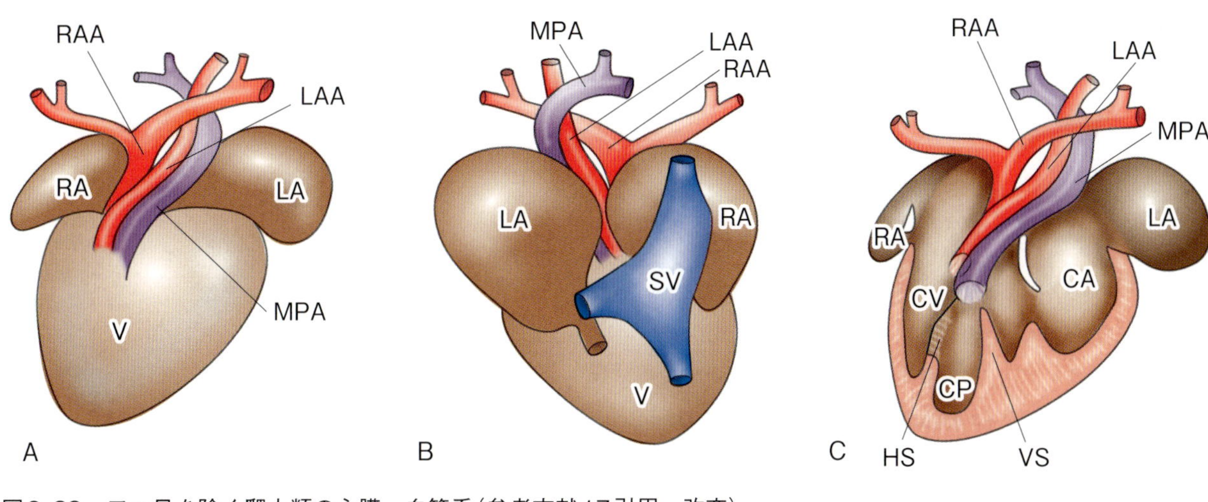

図2-29　ワニ目を除く爬虫類の心臓，血管系（参考文献17引用・改変）
A：腹側面からみた外観図　B：背側面からみた外観図　C：心房壁と心室壁を除いた際の内部構造
CA：動脈腔，CP：肺動脈腔，CV：静脈腔，HS：筋稜（水平中隔），LA：左心房，LAA：左大動脈弓，MPA：主肺動脈，RA：右心房，RAA：右大動脈弓，SV：静脈洞，V：心室，VS：心室中隔

気管気嚢は膜状に薄くて脆く，半透明で血管の分布が乏しく，呼吸時のガス交換に直接的な役割を果たすことはできないが，代わりに気管気嚢を膨らませることで頸部を膨張させたり，ヒス音を拡張させることで防御の役割を担う[15].

また一部の海棲のヘビ類では，静水圧への適応として肺が総排泄腔近くまで後方に伸びている[15].

循環器系

以前はワニ目を除く爬虫類の循環器は鳥類や哺乳類の循環器への進化過程であると考えられてきた．しかし，現在ではワニ目以外の爬虫類の心室が分かれていないことは基礎代謝の低い動物にとって生理学的なメリットがあると考えられている．例えば酸素化された血液と酸素を欠く血液は潜水時や無呼吸時のような代謝が低下する際は短絡（シャント）方式で混ざり合い，調節されていることがわかっている．またオオトカゲ類やビルマニシキヘビ，オサガメのような活動的な爬虫類では消化時など酸素要求量が高い時に心臓の特殊な構造により短絡路（シャント）を遮断して動脈圧較差を生じさせることも知られている．以上より爬虫類の循環器系は各々に合わせて進化していったものであると考えられる[17].

心臓

爬虫類の総体重に対する心臓の質量の範囲は0.2～0.3％で，両生類と同様である（0.16～0.32％）[5].

カメ目，ヤモリ類およびヘビ類は背側に1つの静脈洞，頭側に2つの心房，尾側に3つの副室（大静脈）を備えた1つの心室で構成され，酸素化した血液と脱酸素化した血液を効果的に分離する4つの心腔を持つ心臓を持つ[17]（**図2-29**）.

静脈洞

静脈洞は心臓の背側正中上に存在し，左右の前大静脈と後大静脈からの酸素の乏しい静脈血を受け取る最初の心腔である[15, 17]．形態は種により三角形や管腔状など多様であるがいずれにせよ最小の心腔であり，心室背側に線維性の靭帯で付着している．爬虫類はプルキンエ線維や房室結節などの哺乳類のような刺激伝導系を持たず，静脈洞が収縮を開始するタイミングを決定するペースメーカーを持っており，血液は静脈洞から膜性の弁を経て右心房へ入る[15, 17, 18].

心房

左右2つの心房は筋肉質な1つの心室によって連絡しており，その心室と左右の心房の間は各々の二尖弁である房室弁によって区切られている[15, 17]．右心房は体循環から戻ってきた酸素の乏しい血液を静脈洞経由で受け取り，左心房は肺から戻ってきた酸素化された血液を一対の肺動脈から受け取る[15, 17]．心房が収縮すると，心室内の離れた領域がそれぞれの血流によって満たされ，続いてその血流は各々にとっての適切な流出路，すなわち脱酸素化された血液は肺動脈幹と肺動脈を介して肺へ，酸素化された血液は大動脈弓を介して体へと流れ出る[15].

心室

心室は解剖学的には単一の部屋であり，緻密な心筋組織の皮質が海綿状心筋の髄質を取り囲んでおり，心臓から出る主幹動脈分枝に血液を送り込むための単一のポンプとして機能している[15, 17]．しかし心室はワニ目を除く爬虫類の心臓の最も特徴的な構造をしており，機能的には心室は互いに連結した3つの区画(動脈腔，静脈腔，肺動脈腔)へと様々な筋肉の隆起によりさらに分けられており，肺循環と体循環が直通している．心臓内の血流パターンを生理状態や環境条件により柔軟に変化させている[15, 17]（**図2-30**).

動脈腔は酸素化された血液を左心房から受け取るが，流出路には直接繋がっていない[15]．脱酸素化された血液は右心房から静脈腔に入り，筋稜(水平中隔)をまたいで肺動脈腔に入る．筋稜は筋肉でできた不完全な中隔であり，これが肺動脈腔を背側腔(動脈腔および静脈腔)から区分することによって心室を部分的に分割している[15, 17]．背側腔は垂直中隔と呼ばれる構造物によって部分的に動脈腔と静脈腔に分割され，室間管によって繋がっている[15, 17]．心室が血液で満たされている間(拡張期)には，右房室弁が開き，室間管への開口部を遮って一時的に閉鎖する．そして酸素化された血液が左心房から大動脈に入ってそこに留まる[15].

心室が収縮している間(収縮期)には房室弁が閉じて心房に戻る血液の逆流を防ぐ．これにより室間管の物理的な閉塞も解除されるため動脈腔内の血液は室間管を通って静脈腔に入り，大動脈弓へと放出される．心室の収縮はまた反対側の壁に向かって筋稜を圧迫し，これにより静脈腔を肺動脈腔から分離する．肺動脈腔内に存在する脱酸素化された血液は，心室を出て肺動脈を通り肺へと向かう．しかしこの血液の一部には筋稜を越えて漏れ，左心房に流入する可能性がある[15].

心室筋の収縮はどこも同時に起こるわけではなく，酸素化された血液が心室から放出されるより先に脱酸素化された血液が肺動脈へと送り込まれる．酸素化された血液は直近の心室壁の収縮により圧迫されると脱酸素化された血液でほぼ満たされた肺動脈幹で大きな抵抗に遭う．したがって酸素化された血液は抵抗がより小さいこともあって大動脈弓に入り込むことになる[15].

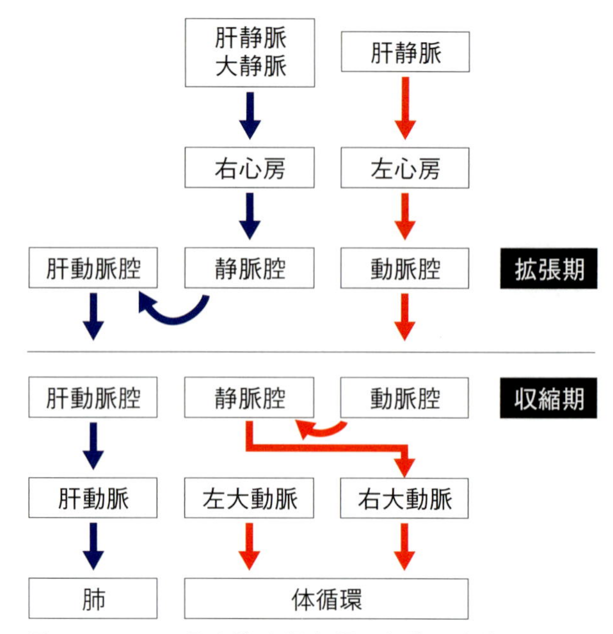

図2-30　ワニ目を除く爬虫類の心臓の血流パターン(参考文献17引用・改変)
心臓の収縮期や拡張期に応じて血液が通過できる心室内の区画が変わり，肺循環と体循環が分離されている．

爬虫類は必要に応じて心室の血液シャントを調節する能力を持っており，単一の心室では体循環から肺循環またはその逆方向への血液の心内シャント(肺から戻って本来なら全身に向かう酸素化された血液の一部が肺へ向かう)が起こる可能性がある[15, 18].

シャントの程度は肺と全身の血管抵抗の違いによって決まり，副交感神経と交感神経によって調節される[15, 17]．副交感神経優位の時(休息中，潜水中，無呼吸中，冬眠中など)は血管収縮により肺動脈内の圧力が上昇し，肺静脈内の血圧が低下するため肺流出抵抗が高くなり右から左(R-L)シャントが発生して肺を迂回することで肺灌流が低下し，酸素化しないで体循環の動脈系を通った血液を再循環させる[15, 17, 18]．このような仕組みはプレッシャーシャント(pressure shunting)と呼ばれ，R-Lシャントは，酸素欠乏時に重要な器官への血液灌流を確保する(**図2-31**).

逆に，代謝の増加を引き起こす生理学的または環境的変化(体温の上昇，運動，消化など)の結果として交感神経優位の時は左から右への(L-R)シャントが引き起こされる[18]．これにより肺の灌流が促進さ

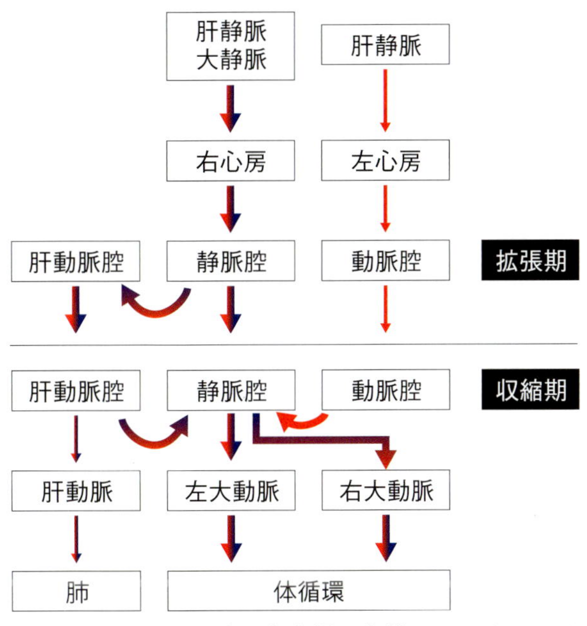

図2-31　ワニ目を除く爬虫類の心臓のR-L シャント(参考文献17引用・改変)
潜水時などの間欠的な呼吸中に血液が肺を迂回することで体循環の血液量を確保して他の器官が低酸素状態にならないようにしている．

れ，酸素化された血液が再循環する[15, 18]．

他にも心室内において心周期のなかの異なる位相で肺循環にも体循環にも使われる空間に存在する血液は，その後正しい方向に移動している血液を流入または流出させることによって「間違った」循環に送り出される[18]．この状態はウォッシュアウトシャント(washout shunting)と呼ばれている[15, 17]．

カメ目

より平らな背甲を持つスッポン科を除いて，心臓は腹側正中に位置しており，固定されておらず肺が背側，肝臓が外側，肩峰と烏口突起が腹側に接していることである程度位置が保持されているが，肢や頸を引っ込めると尾側や背側に持ち上げられる場合がある[1, 17]．心嚢内には無色透明からわずかに黄色の心嚢液がある[1, 17]．

哺乳類に比べて心嚢液はやや多い[1]．靱帯状の心索は心室の頂点から後方の心嚢に付着し，心室のアンカーとして機能する[1]．心尖部と尾側の心嚢膜は心臓導帯といわれる線維性付着物により体腔膜と腹側で連続している[17]．

カメ目の静脈洞のサイズは種によって様々である[1]．右心房は左心房よりもかなり大きく，どちらにも心耳はない[1]．

カメ目は顕著な無呼吸状態になることがあり，潜水時の無呼吸中，心拍数と肺血流はそれぞれ50%と80%減少し，肺抵抗は150%増加する．その結果，50%以上の心臓内R-Lシャントが発生する．呼吸中，心拍数と肺血流はそれぞれ2倍と3倍に増加し，その結果，正味のL-Rへのシャントが生じる．6頭のアナホリゴファーガメ(*Gopherus polyphemus*)の平均動脈圧と収縮期圧，± SDは，それぞれ56 ± 10 mmHgと65 ± 11 mmHgであった[1]．

トカゲ類(トカゲ亜目)

カメ目と同様に心尖部と尾側の心嚢膜は心臓導帯といわれる線維性付着物により体腔膜と腹側で連続している[17]．

心臓が体腔の中央部に位置するオオトカゲとテグーを除き，すべてのトカゲの心臓はより頭側の胸帯内にある[3, 17]．

ヘビ類(ヘビ亜目)

ヘビ類の右心房は左心房より大きい[17]．

ビルマニシキヘビ類は新しい蛋白質を合成することによって，給餌後2日以内に心臓の心室質量を40%増加させ，消化が完了すると心肥大は解消し，心臓は元の状態に戻る[5, 17]．しかし常には起こるわけではなく，心肥大はストレスによるものである可能性も考えられている[5]．

ヘビ類の心臓は一般的に体長の頭側22～33%に位置しているが，生息域で異なり，樹上性のヘビ類の心臓はより頭側にあり，完全に水棲のヘビ類は心臓が中心寄りに位置する傾向がある．心臓の長軸は頭尾方向に向いており，心房は頭側にある．横隔膜がないため，心臓は体腔内である程度可動し，比較的大きな獲物の通過を容易にしている[5]．

前述のプレッシャーシャントとウォッシュアウトシャントは，ほとんどすべてのヘビにおいて様々な条件下で起こっていると考えられている[15]．

プレッシャーシャントの例としてはヒメヤスリヘビ(*Acrochordus granulatus*)が挙げられる．ヒメヤスリヘビはマングローブ湿地や熱帯の浅い水域に生息し，水に浸かって静かに数時間も過ごす．その間血流は一時的に低流速で肺に向かう周期的な瞬間を除き，肺を完全に迂回する．肺動脈における抵抗の増加に起因するこの間欠的なシャントは，体内を循環する酸素の分圧を水中より低く保つ．これにより皮膚を透過して行われる受動的な酸素の取り込みを促進し，周囲の水の酸素濃度が低くても身体から周囲の水へと酸素が失われていくことを抑制する．このことは，肺における酸素の貯蔵量を計量しながら供給することを可能にしている．こうして肺にある酸素を循環する血液へと低速度あるいは最小速度で移動させる[15]．

また，この間欠的なシャントはウミヘビ類にも起こっていることがわかっている．ウミヘビ類はかなりの深さ(最深記録は100 m)まで潜り，海面で断続的に呼吸することが可能である[15]．

非常に長時間にわたって潜水したままでいることができる種もいるが，それは「皮膚呼吸」によるものである．潜水時に重要なことは減圧症の予防であり，減圧症とは潜水時に加圧されることで肺から取り込んだ空気中の窒素などの気体が血液中に通常より溶解し，浮上すると血液が減圧され，溶解した気体が循環血液中で小さな気泡となって小さな血管を塞ぎ，組織損傷を引き起こすものである．ウミヘビ類は肺からの血液を間欠的にシャントすることで肺から加圧された窒素を取り込むことを回避し，皮膚を通して血中の窒素を周囲の水へと逃がすことにより減圧症を予防している．肺から血中に取り込まれた窒素もすべて皮膚から運ばれてきた窒素の少ない血液と混合されるため，血中窒素濃度は低く保たれ，減圧症を引き起こさない[15]．

血管(図2-32)

ヘマトクリット値は海棲種はより高い値を示すが，一般に20～30%の範囲にあり，血液量は体重の約 6% を占める[1,5]．例外的に高い値(約50%)が海棲のヤスリヘビ類で報告されている[15]．

すべての血球は有核であり，末梢血中に時折有糸分裂像が認められる[1]．アズロフィル(azurophils)は，ヘビ類や他の爬虫類にみられる独特の顆粒球である．多くのヘビ類は好酸球を欠いているが，キングコブラ(*Ophiophagus hannah*)，ヒロクチミズヘビ(*Homalopsis buccata*)，ヨーロッパヤマカガシ(*Natrix natrix*)，オオアオムチヘビ(*Ahaetulla prasina*)などいくつかのヘビ種で認められたという報告がある[5]．

動脈は哺乳類と同様に平滑筋と弾性組織の層からなる比較的厚い壁を持っている．静脈は一般に動脈

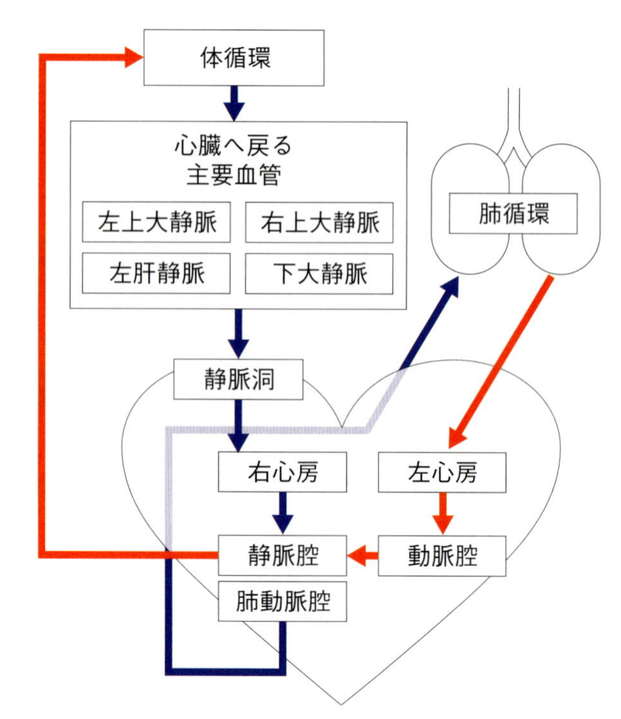

図2-32　ワニ目を除く一般的な爬虫類の体循環(参考文献19引用・改変)

より薄いが，同じく筋肉と弾性組織を含んでいる．動脈より伸縮性のある静脈は，循環血液の大部分をプールすることにより，血液の「貯蔵庫」としての役割を果たす．循環系で最も細い血管である毛細血管は，様々な組織の細胞を取り囲む間質液とともに，呼吸ガス，栄養素，イオンおよびその他の物質が交換される場となる[15]．

血液は，肺動脈腔から生じる肺動脈と静脈腔から生じる左右の大動脈弓を通って心臓から出る[3]．右大動脈弓は腕頭動脈に分岐し，腕頭動脈は頭と四肢に血液を供給し，大きな鎖骨下動脈に分岐する[1]．また総頸動脈は心房の頭側末端近くにおいて右大動脈弓から伸び，血液を頭部と脳に運ぶ[15]．総頸動脈は頸動脈管と結合して左右の内頸動脈と外頸動脈を形成する[17]．

左大動脈弓は内臓への血液供給のために尾側へ伸びる．右大動脈弓は心臓の尾側で左大動脈弓と結合し，腹大動脈を形成する[1]．腹大動脈は肝動脈，腹腔動脈，上腸間膜動脈などに分岐する[17]．

血液は肝静脈より肝臓から流出し，後大静脈に流入する[17]．

カメ目

肝静脈は短く，複数ある[17]．

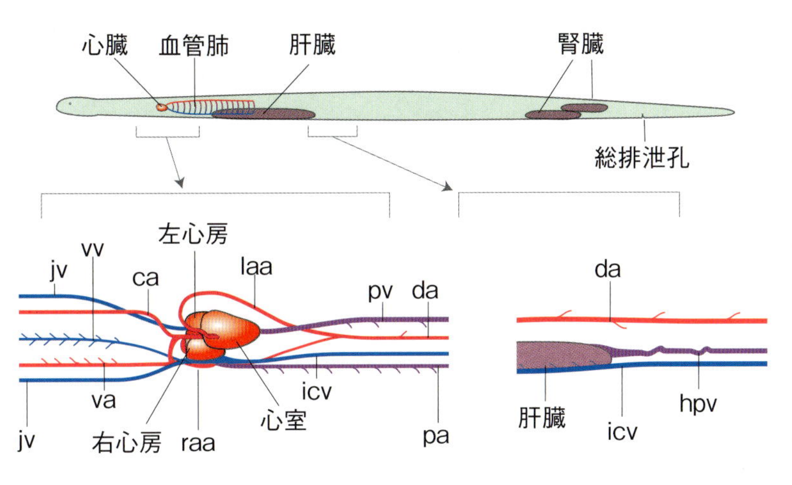

図2-33　ヘビ類の主要な血管（参考文献15引用・改変）
内部構造の配置はセイブネズミヘビのものに基づいており，心臓が比較的前方に位置している．椎骨動脈(va)は頭部に向けて走行し，椎骨間の筋肉組織で消失する．椎骨動脈の分枝は体壁，皮膚，食道，肺筋膜および頭部の筋肉に血液を運ぶ．背部大動脈(da)から体腔の主要臓器に向かう顕著な分枝と椎骨への血管が伸びる．大動脈の尾節は尾の中で終結する．ca：頸動脈，da：背部大動脈，icv：下大静脈，jv：頸静脈，hpv：肝門脈，laa：左大動脈弓，pa：肺動脈，pv：肺静脈，raa：右大動脈弓，va：椎骨動脈，vv：椎骨静脈

トカゲ類（トカゲ亜目）

適切な血圧を維持することは，適切な組織灌流を確保するために重要であり，血圧の圧受容器制御は，多くのトカゲ類で確認されている[3]．

ヘビ類（ヘビ亜目）（図2-33）

左大動脈弓は右大動脈弓よりも大きく，これはほとんどの四足動物とは逆である[5]．またヘビ類において一般的には左頸動脈が優位な血管であり，右大動脈弓とほぼ同じ直径である．右頸動脈は直径が小さく，より進化したナミヘビ類の一部では，欠損または退化していることがある[5]．

ヘビ類は動脈圧を反射的に調整できることが知られているが，ヘビ類の体温が至適温度よりも高い場合や低い場合は調節能力が低下する．さらにヘビ類の血液の酸素解離曲線も温度の影響を受ける可能性が示唆されているが，ボールパイソンでは認められていない[5]．

ヘビの全身動脈圧の平均は20～30 mmHgから50～80 mmHgまで種によって異なる．肺動脈圧は約15～30 mmHgと低くなる．体循環と肺循環のいずれでも静脈圧は非常に低くほとんど0であるが，移動や獲物の締め付けといった活動中に血管が圧迫される場合は例外である．静脈が外部から圧迫されると，血圧は心臓の働きや動脈中の血圧とは無関係に一時的に上昇する[15]．

肝静脈はほとんどのヘビ類では長く，1本しかない[17]．

門脈系

爬虫類には腎臓と肝臓の両方の門脈系が存在するため，潜在的な代謝や排泄への影響を避けるために，尾側への薬物投与を避けることが賢明と思われる．しかし，後述の通り成書により意見が異なり，検討の余地がある[3]．

肝門脈系

オオトカゲ科などいくつかの爬虫類の肝門脈は種差はあるものの，平滑筋性括約筋で制御されている．一般的には胃静脈や腸静脈，脾胃静脈が合流して形成され，さらに爬虫類の後肢と尾からの静脈血が腹側腹部静脈から肝門脈に流入して肝臓に入る．その結果，爬虫類の尾側に投与された薬物は最初に肝臓に入り，肝臓初回通過効果を受け，肝臓で代謝または排泄される薬剤は効果がなくなる可能性があるため，体の尾側に打つべきではない[3,17]．

また，肝門脈は肝臓の中へ分岐するだけでなく，血液を下大静脈へ運ぶ．陸棲ヘビ類では門脈が肝臓や血管内の大量の血液が重力によって押し寄せてくることを防いでおり，下大静脈と肝門脈は，肝臓の後方において平行に近接して走行している[15]．

腎門脈系

腎門脈系は尾静脈と腸骨静脈（カメ目では下腹静脈）などの複雑な吻合からなる．腎門脈により尾側から来た血液の一部が心臓へ戻る前に直接腎臓へ行くことも可能であり，その血液は尿細管を潅流するために用いられるため糸球体濾過を受けない[17,20]．

爬虫類は高張尿を作れないので水分保持のために

糸球体濾過量を減少させなければならないが，重度の脱水を起こしていても，腎門脈により尿細管への血流は維持されるため腎臓の虚血性壊死を防ぎ，尿細管による老廃物排出も維持できる[17,20]．

注射薬は腎臓で尿細管分泌を介して除去されるため爬虫類の尾側に打つと体循環に入る前に腎臓から初回通過で排泄され，血清濃度が予想よりも低くなる可能性がある．またアミノグリコシドなどの腎毒性のある薬物の場合は腎障害をもたらす危険性がある．しかし，研究では腎門脈系が薬物の取り込みと分布に与える影響はかつて考えられていたよりは小さいという報告もある[3]．さらに，腎実質を迂回して，血液を腎門脈系から大静脈後まで直接運ぶシャント血管が存在することもわかっている[3]．よって腎門脈系による腎毒性や尿細管から排泄される薬物のクリアランスの加速の可能性に対しては否定的な意見も多い．しかし，尿細管毒性を指摘されているキノロン系やセファロスポリン系，ペニシリン系などの抗生剤は脱水している個体に用いるべきではないとする意見もある[20]．

消化器系

口腔

爬虫類の下顎の筋肉は三叉神経支配である[6]．一般的に爬虫類は口腔内の口蓋，舌，舌下および口唇から消化酵素を含まない粘液を分泌し，この分泌液が口を湿らせ，獲物を呑み込む時の潤滑剤となる[1,6]．

カメ目

カメ目は肉厚で大きな舌を持っており，有鱗目のように口から出すことができない[1]．その基部には気管の開口部が存在する[6]．一般に，ほとんどの陸棲カメは草食性だが，水棲カメは肉食または雑食である[1]．ただし，例外も多い[1]．カメ目には歯がなく，鳥の嘴によく似た角質化した嘴が顎骨に連絡し，ハサミのように餌を噛み切り丸呑みする[1,6]（図2-34）．

図2-34　ミシシッピアカミミガメの嘴
カメ目には歯はなく，鳥のような鋭い嘴がある．

トカゲ類（トカゲ亜目）

トカゲ類の口唇は柔軟な皮膚で構成されているが，動かすことはできない．トカゲ類は咀嚼をし，トカゲ類の歯は2つのタイプに分類される[3]．

面生歯（pleurodont dentition）は歯槽のない下顎骨の舌側に取り付けられた歯を特徴とし，イグアナ科やオオトカゲ科にみられる最も一般的なタイプの歯列であり，面生歯の歯は定期的に脱落し新しくなる[3,6]．数え順の奇数番号の歯は1回目のサイクルで脱落し，次のサイクルでは偶数番号の歯が脱落する[3]．そのため，脱落する歯の両側には歯が残っているので，通常の咀嚼が可能になる[3]．

端生歯（acrodont dentition）はアガマ科やカメレオン科，ムカシトカゲなどに認められ，歯が歯槽のない顎の咬合端に取り付けられており，数ミリ歯肉端縁に突き出る[3,6]．端生歯は幼齢個体を除いて交換されないがトカゲが成長するにつれて歯列の後端に新しい歯が追加されることがある[3,6]．いくつかのアガマ科は通常の端生歯に加えて，前顎に犬歯のような面生歯をいくつか持っている．身体検査中に硬い器具で口を開ける時はアガマ科やカメレオン科の端生歯は交換されないため，損傷しないように注意する必要がある[3]．歯周病は端生歯を持つ種では報告されている[3]．またアメリカドクトカゲやメキシコドクトカゲの歯には溝があり，その溝は直接舌下の毒腺と連絡はしてないが，咀嚼に伴い毒がその溝を伝い，獲物に注入される[6]．

トカゲ類の舌は種によって異なる[3]．一般的に舌はその基部で舌骨器官に付着し，鞘状の声門管に納められており，可動性があり突き出すことも可能である．味蕾は肉質の舌を持つ種に豊富にあり，これらの種の舌は機械的機能と化学感覚的機能の両方を備えており，味蕾は咽頭の内層にも存在する[3,6]．オオトカゲやテグーの舌は高度に角質化しており，味蕾はほとんどない[3]．深く二股に分かれた舌を持つトカゲは，嗅覚のために舌を突き出すことで鋤鼻器官（ヤコブソン器官）に香りの粒子を運ぶ[3,6]．一対の鋤鼻器官には，上顎の吻側に小さな開口部があ

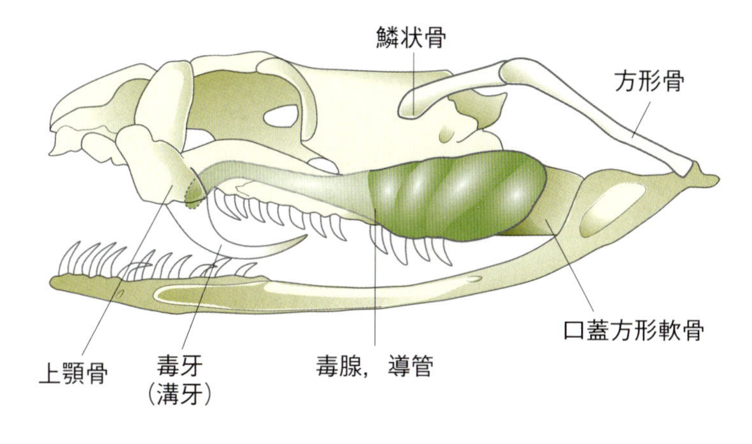

図2-35　前牙類(ガラガラヘビ属など)(参考文献2引用・改変)
口を大きく開くと顎骨が回転して牙が直立し，口を閉じると毒牙は自動的に口腔内へ折りたたまれる．

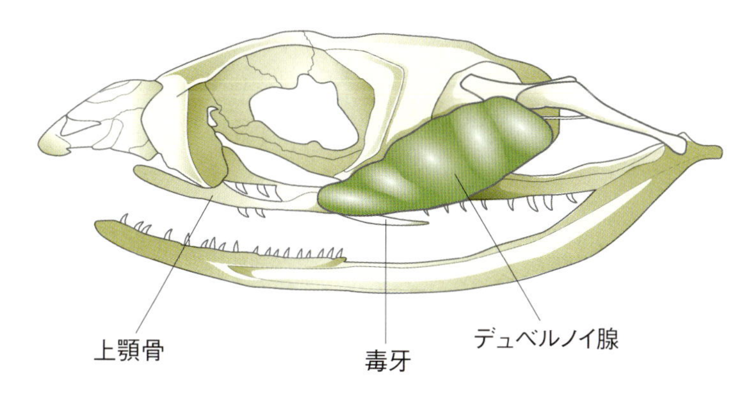

図2-36　後牙類(ブームスラング *Dispholidus typus*など)(参考文献2引用・改変)
後牙類は一般的にブームスラングを除く弱毒なヘビで構成される．毒牙は獲物の不動化に用いられ，採食中に口腔内を毒牙で傷つけることはない．

り，一対の内鼻孔の開口部のすぐ頭側にある[3]．グリーンイグアナや多くのアガマ科では舌の先端の色が濃く黒ずんでいるため，病変と間違われることがあるが正常である[3,6]．またカメレオン属にとって舌は 採食のための飛び道具であり，舌は長く弾性があり表面がねばつき，長い舌骨器官に接続しているため，餌を捕捉できる[3,6]．トカゲ類の口腔内は唾液を生成するよく発達した多細胞粘液腺を持っており，唾液は食物の潤滑剤となり，食道をより容易に通過できるようにする[3]．

アメリカドクトカゲとメキシコドクトカゲは，現存する唯一の有毒なトカゲであると長らく考えられていた[1]．これらの種の歯は中空ではなく溝があり，毒腺と直接繋がっておらず，毒腺は舌下にあり，毒は毒腺から歯の溝に沿って流れ，咀嚼時に注入される[6]．毒の症状には，痛み，低血圧，頻脈，吐き気，嘔吐などがある． その後，様々なオオトカゲ科やイグアナ科のトカゲを使った研究により，彼らも血圧や凝固能力に強力な影響を与える可能性のある毒を持っていることが明らかになった[3]．

ヘビ類(ヘビ亜目)

ペットとして取引されるヘビ類には通常左右下顎に1列，左右上顎に2列の歯列を持ち，歯は一生涯，生え変わり続ける[5]．通常，牙を使用しない時は膜状のフラップに覆われる．クサリヘビ科などの前牙類では，口を閉じると牙は尾背側に折り畳まれ，鞘に覆われた状態になる(**図2-35**)．しかし，ナミヘビ類などの後牙類の牙は直立したままで折りたたむことはできない(**図2-36**)[5,21]．

ヘビ類の歯は基本的に細長く，細く，尖っており，後方にわずかに湾曲しており，骨の側面についている．より原始的なヘビ類はすべて同じ歯を持っている(同形歯)が，より進化したヘビ類では一部の歯が溝付きの中空状に変化している[5,21]．

ヘビ類も他の爬虫類と同様に口腔内の口蓋，舌，舌下および口唇に粘液分泌腺を持つが，毒腺は口唇腺が変化したもので，眼窩の下の上顎に位置し，ヘビ種ごとに独立して進化してきた[5,6,21]．腺の大きさと形状は種によって異なり，ナイトアダー属など毒腺が身体の尾側にまで伸び，心臓の位置にまで達する種もいる．ヘビ類の毒は主に獲物を獲得するために使用される．ヘビ類の毒には数個のアミノ酸か

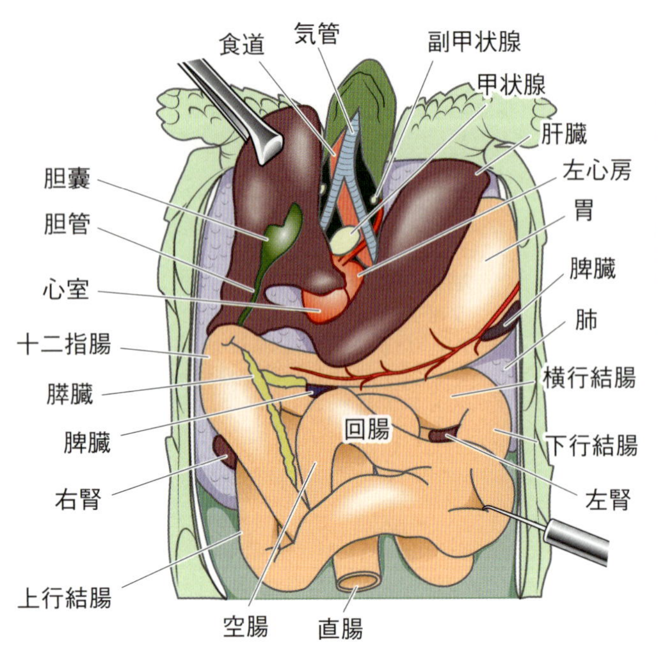

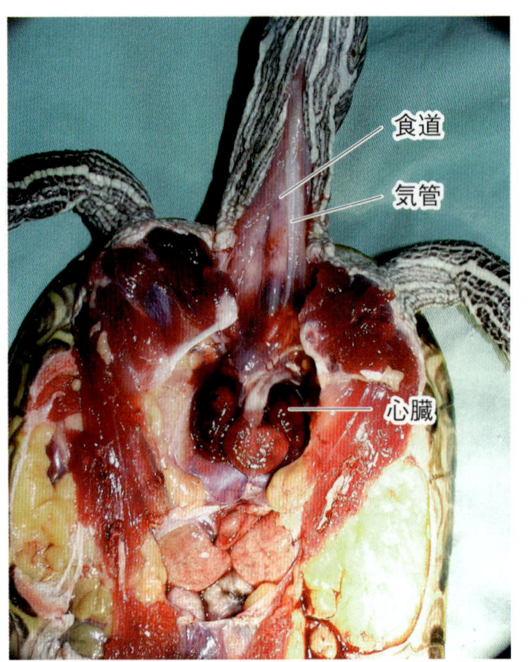

図2-37　カメ目の腹側面からの解剖図(参考文献1引用・改変)
肝臓は2葉で大きく右葉に胆嚢がある．

らはるかに高い分子量まで様々な有毒蛋白質が含まれており，神経毒は神経筋接合部およびシナプスで作用し，出血毒は血管を破壊するように作用し，筋毒素は骨格筋に作用する．毒素の中には，RNAse，DNase，ホスホリパーゼ，蛋白質分解酵素，トロンビン様酵素，ヒアルロニダーゼ，乳酸デヒドロゲナーゼ，アセチルコリンラーゼ，L-アミノ酸オキシダーゼなどが含まれ，ほぼすべての毒に少なくとも10種類の酵素と24種類の蛋白質が含まれている[5]．多数の受容体部位がある毒や複数の成分が混ざっているものもあり，各成分の相対的な量は，地理的，季節的，または年齢によって変化する種もいる．また，ヘビ類の毒は消化酵素から進化したと考えられており，消化能力を有する場合もある[5]．

また，無毒である多くのナミヘビ類やイエヘビ類にヒトが咬まれた際に人間に有毒反応を引き起こしたと報告されており，炎症反応を引き起こす口腔内分泌物を持っている可能性がある[5]．

舌は薄く，先端が二股に分かれており，声門管に納められている．嗅覚として機能し，口の上にある鋤鼻器官に香りの粒子を集めて送る[1,8]．外傷や感染症によって舌を失ったヘビ類は，餌を食べなくなることがある[5,6]．

肝胆膵(図2-37)

爬虫類の肝細胞は，哺乳類の肝細胞と多くの類似点を共有しており，肝臓の類洞を形成する内皮細胞，マクロファージ(クッパー細胞を含む)および伊東細胞(星細胞)がある．類洞は内皮細胞の薄い層で裏打ちされており，これらの細胞と肝細胞の間に存在する糸状物質は変温動物である爬虫類にとって通気の役割を果たし，気温が変化してもあまり影響を受けることなく代謝が維持できていると考えられてる[22]．

クッパー細胞は内皮に付着したマクロファージであり，門脈血に含まれる消化管からの毒素を除去する役割を担っている．メラマクロファージは類洞周囲にあり，メラニンを含むため，肝臓は他の動物と同様に暗赤色から茶色である[1,4]．メラマクロファージやマクロファージは集塊状に両生類および爬虫類の類洞周囲に多数存在し，フリーラジカルの除去に関与していると考えられている[22]．

伊東細胞は類洞と肝細胞の間にあるディッセ腔内に存在し，カメ目にはそれほど多くない．伊東細胞の細胞質内の丸い脂肪滴にはビタミンAエステルが豊富に含まれており，ビタミンAの主な貯蔵場所となっている[22]．

肝臓の代謝は成長するにつれて変化し，冬眠する種には年周期がある．成体の爬虫類の肝臓の代謝速度は腎臓と同様に心臓の代謝速度よりわずかに遅い．肝機能は温度変化に敏感で深部体温が低下すると急激に低下する[22]．

爬虫類において 肝臓の最も重要な機能の1つはグルコースを供給することである．好気的条件下の肝細胞におけるグルコースの通常の前駆体はグリコーゲンであり，グリコーゲン分解過程は哺乳類と同様である．肝臓は糖新生によってピルビン酸，乳酸，脂肪，および一部のアミノ酸からグルコースを生成できる．血糖値は通常，25～150 mg／dL（1.38～8.26 mmol／L）の間で変化し，爬虫類は冬眠中や長時間の潜水後に起こり得る低血糖でも大脳皮質は損傷されない．一部の爬虫類は，長期間の絶食中に血糖値を維持するだけでなく，蛋白質源からのグリコーゲン貯蔵（主に糖新生によって得られる）を維持できるが，その際はインスリンが枯渇する．冬眠する爬虫類は肝臓のグリコーゲン貯蔵量が秋に最大となり，冬眠中に急速に枯渇してしまう．解糖系が好気的条件から嫌気的条件に切り替わると，肝臓および筋肉組織でピルビン酸から乳酸が生成され，その結果起こる乳酸アシドーシスはたとえその個体が潜水中など活動している場合でも血液のpHと心拍数の低下を引き起こす[22]．

爬虫類は哺乳類のように皮下脂肪をもたない代わりに体腔内脂肪体を持つ傾向がある．この脂肪は生殖周期中の卵黄形成のための物質の供給や冬眠中・長期間の絶食中の個体や，孵化したばかりで卵黄吸収を終えた後の幼体のエネルギー供給に用いられる．肝臓の脂肪含有量は冬眠直前に最も高く，覚醒時に最も低くなる[22]．

一般に，メスの肝臓はオスの肝臓よりも脂肪を多く含む傾向があるが，この脂肪は繁殖後に自然に枯渇する．冬眠や繁殖を行っていない飼育下の個体（特にメス）は脂肪過多により肥満や肝リピドーシスを引き起こす可能性があり，肝臓が淡黄色から黄褐色になっている場合は肝リピドーシスを示唆する．ただし，黄体を形成しているメスの肝臓もこの色になっている可能性がある[1,22]．

脂肪は非エステル化脂肪酸として肝臓に輸送され，循環に入る前にエステル化されてリポ蛋白質と結合する．また肝臓はリン脂質とコレステロールも作り出す[22]．コレステロールに由来する胆汁酸は肝細胞内でのみ合成され，脂質の消化と吸収に重要であり，爬虫類の胆汁酸は最も原始的な胆汁酸である3α-ヒドロキシル胆汁酸を含む[1,22]．また胆汁分泌に関連する酵素には，アルカリホスファターゼ（ALP），γ-グルタミルトランスペプチダーゼ（GGT），5'ヌクレオチダーゼ，ロイシンアミノペプチダーゼなどがある[22]．

爬虫類は肝性または肝後性黄疸を伴う高ビリルビン血症を発症することがある．ほとんどの爬虫類はビリベルジン還元酵素を欠いており，ビリベルジンをビリルビンに還元することができないと報告されている[22]．

肝臓は蛋白質代謝の中心となっており，蛋白質合成の大部分は肝細胞の小胞体で起こる．温帯種の冬眠中は蛋白質代謝は亢進している．肝臓はアルブミンの唯一の供給源であり，アルブミンはカルシウムなど多くの生理物質の運搬と血漿の膠質浸透圧の維持を担っている．肝臓は凝固蛋白質（フィブリノーゲン，プロトロンビン，および第V，VII，VIII，IX，およびXI因子など）を生成し，担体蛋白質の合成と分解にも関与している[22]．

担体蛋白質にはトランスフェリンやフェリチンおよび甲状腺，副腎皮質，下垂体の分泌のための様々なホルモン輸送蛋白質などが含まれる．急性肝障害において担体蛋白質が血漿中で上昇し，犬のCRP（C反応性蛋白質）のように振る舞う可能性がある．また肝細胞由来のフィブリノーゲンや酵素も急性肝障害への反応に関与している可能性がある．そのため肝細胞障害を評価するためにアラニンアミノトランスフェラーゼ（ALT），アスパラギン酸アミノトランスフェラーゼ（AST），およびコハク酸デヒドロゲナーゼ（SDH）活性の測定が用いられている[22]．

蛋白質は肝臓で再利用または除去される前に加工され，アミノ基転移反応が行われたり，オルニチン－シトルリン－アルギニン回路（尿素サイクル）によって尿素に変換される[22]．尿素は肝細胞のミトコンドリアで生成され，大部分は腎臓から排泄されるが，一部は胆汁または拡散によって腸管に入る[22]．爬虫類の尿素生産は少なかったり，変動する傾向があるが，カメ目の水棲種ではより重要な機能を持っている[22]．核酸，特にプリン由来の核酸は，肝臓によって尿酸に分解され，その後近位尿細管から分泌される．よって尿酸は糸球体濾過を反映しないため，獣医師は血中尿酸値が上がらない重症の糸球体疾患の存在を忘れてはならない．

高尿酸血症は腎尿細管疾患を反映すると考えられているが，腎機能が2/3以上失われないと上昇しないというデータもあり，早期診断に関しては感度が低いとされる[20]．この尿細管のプロセスは一部の陸棲のカメ目に存在するが，トカゲ類やヘビ類で最も顕著である[22]．最も有毒な窒素含有老廃物であるアンモニアは，肝細胞内のピリミジン分解とグルタミン酸の脱アミノ化によって生成されるが，アンモニアは二酸化炭素と結合してカルバミルリン酸を形成し，これが尿素サイクルを駆動する．アンモニア，尿素，および尿酸排泄の変動は種間で異なり，生息域(砂漠，熱帯雨林，水中など)，さらには季節によっても影響される[22]．

肝臓は多くのホルモンを分解して除去する．例えば，プロゲステロンの肝臓代謝はマツカサトカゲ(*Tiliqua rugosa*)で研究されて哺乳類の代謝と同様であることが判明した．またアカウミガメ(*Chrysemys picta*)の肝臓内にはエストロゲン受容体が確認されており，その濃度は年間を通じて変化し，春(排卵前)に最も高く，秋(卵黄形成)には低くなる[22]．一部のアガマ属のトカゲでは副腎ホルモンの肝臓代謝の季節による変化が研究されており，その濃度は春に最大で秋に最低となる．肝臓のホルモン代謝はエピネフリンで増加し，甲状腺切除によりホルモン代謝が減少する[22]．

毛細胆管は肝臓実質全体に網目状に広がっており，ヘビ類を除きほとんどの爬虫類は右葉の尾縁内に丸い胆嚢を持つ．総胆管は胆嚢の右側を通り，膵臓を通ってファーター膨大部に至り，そこで膵管と合流してから小腸に入る[22]．

爬虫類の膵臓からの分泌物には，哺乳類と同様の消化酵素だけでなくアルカリ性の分泌物も含まれる[6, 21]．アルカリ性の分泌物は，胃の酸性内容物が十二指腸に入る時に中和する緩衝液となり，また十二指腸内で消化酵素が作用するのに理想的な環境を提供し，摂取物をさらに分解する[21]．このような膵臓の外分泌機能は哺乳類と同様にセクレチンに調節される[6]．

爬虫類の膵臓の内分泌機能はあまりよくわかっていないが，哺乳類と同様であると考えられている[6, 21]．

カメ目

肝臓は，肺の下で腹側の左右に広がる鞍の形をした大きな臓器で2つの大きな葉があり，右葉で胆嚢を包み込み，心臓と胃のためのくぼみがある[1]．カメ目では胆嚢と総胆管で蠕動収縮が観察され，総胆管が十二指腸に開口するまで収縮は続く．これらの収縮は，十二指腸内の脂肪によって刺激される．カメ目における血漿胆汁酸濃度の診断的使用についてはほとんど知られていないが，ある研究ではミシシッピアカミミガメの食後の増加は認められなかった[1]．

胃，小腸，膵臓は消化酵素を生成し，肝臓と胆嚢は胆汁を生成して貯蔵する．淡いオレンジがかったピンク色の膵臓は，短い管を介して十二指腸近位に消化液を送り，他の脊椎動物と同様の機能を持っている．膵臓は潜頸亜目では脾臓と直接接しているが曲頸亜目では十二指腸に沿った腸間膜で分離されている．組織のアミラーゼおよびリパーゼの濃度は，アカウミガメ(*Caretta caretta*)とケンプヒメウミガメ(*Lepidochelys kempii*)の膵臓組織で最も高いが他のウミガメの膵臓組織では低い[1]．

トカゲ類(トカゲ亜目)(図2-38～40)

肝臓は被膜に包まれた二葉の臓器であり右葉の方が大きい[3]．ほとんどのトカゲ類では胆嚢は肝臓の右葉に付着しているが，一部の種ではヘビ類と同様に肝臓から少し離れたところに位置する[3]．一部のトカゲ類では，総胆管が膵臓を通過せずに膨大部に直接入る[3]．

トカゲ類の膵臓は，十二指腸の腸間膜境界に沿って位置する細長い臓器である[3]．

ヘビ類(ヘビ亜目)

ヘビ類の肝臓は通常，右肺の横に位置するか，体背壁に沿った後腹膜に存在し，細長い[22]．

ヘビ類の血漿にはビリベルジンではなく，ビリルビンが含まれているが，ビリベルジンは依然として胆汁に主に含まれている．ヘビ類はビリルビンとグルクロン酸の結合に関与する酵素を持つが哺乳類よりはるかに少なく，ビリルビンの肝臓への取り込みは哺乳類よりもはるかに遅い[22]．

ナミヘビ類は胆嚢から多くの枝に分かれて胆嚢管につながる胆管叢を形成する．総胆管は小さな球形の胆嚢の右側を通り，膵臓を通ってファーター膨大部に至り，そこで膵管と合流してから小腸に入る[22]．

膵臓は哺乳類と同様の機能を持ち，胃の尾側に胆嚢および脾臓とともに3つ組を形成している[5, 21]．また脾臓と膵臓が癒着した脾膵臓を持つヘビもいる[6, 15]．ビルマニシキヘビ(*Python bivittatus*)は食前に比べて食後の膵トリプシンとアミラーゼの活性

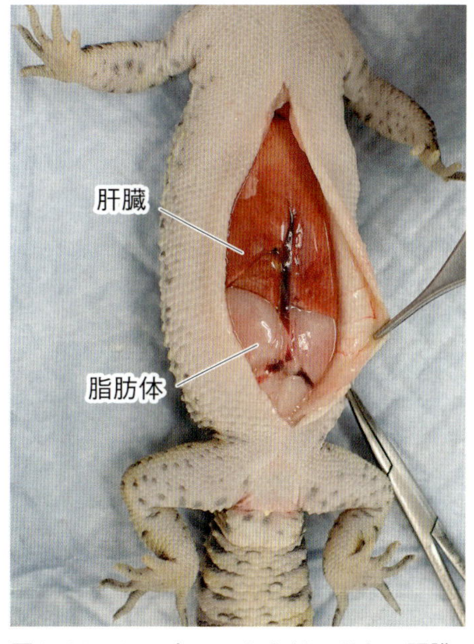

図2-38　ヒョウモントカゲモドキの肝臓，脂肪体

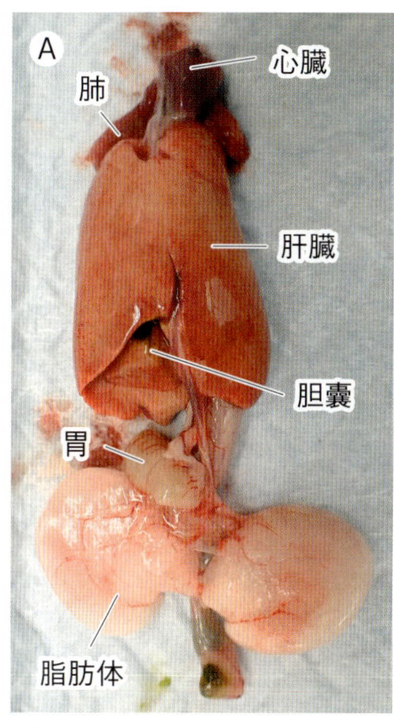

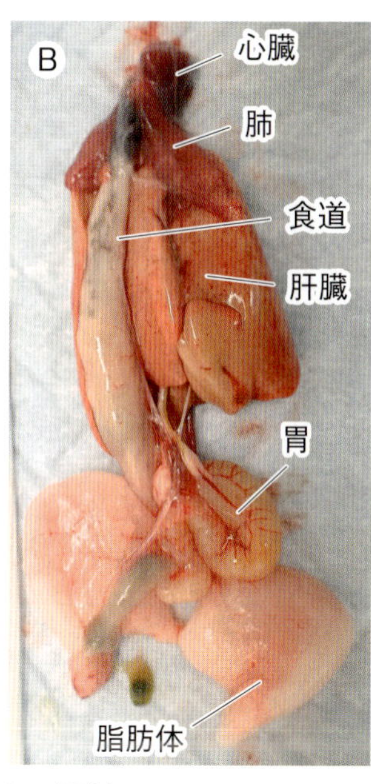

図2-39　ヒョウモントカゲモドキの解剖
A 腹側面　B 背側面

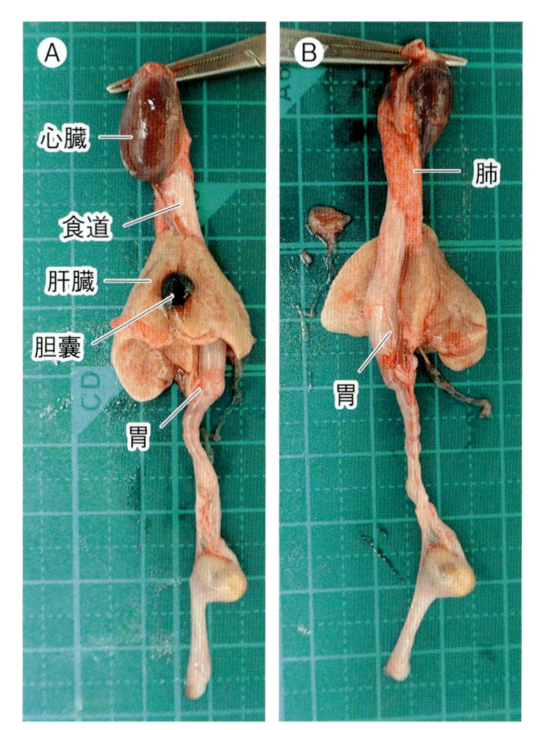

図2-40　クレステッドゲッコーの解剖
A 腹側面　B 背側面

がそれぞれ5.7倍と20倍に増加し，膵臓の質量も2倍に増えたという報告もある[21]．

消化管

爬虫類の食道は粘液細胞と粘膜から粘液を分泌し，円滑に食物を胃まで運んでいる．また，食道が胃の前段階として消化に関わっている[6]．爬虫類の胃は筋肉質で膨らみやすく，一度に大量の食餌を摂取することに適応しており，消化の段階に応じて胃の質量や構造が異なる[5, 21]．爬虫類は7℃以下ではすべての消化機能が停止し，10～15℃の間では消化が非常に遅くなる[5]．ビルマニシキヘビなど待ち伏せをして捕食する爬虫類は食餌の間隔が長く空くが，その間の胃は萎縮し消化酵素も分泌しない静止状態に維持されていることがわかっている．胃や他の臓器の消化機能は温度に依存し，不適温度下では胃の活動が阻害され，消化不良を引き起こす可能性がある[21]．

いくつかの草食性の爬虫類は大腸内の蟯虫類（*Oxyuris* spp.）が大腸内消化物の機械的分解を促すことが知られている[6]．

総排泄腔には糞洞，尿洞，生殖洞の3つの領域がが存在する[3]．尿酸や糞便は結腸と総排泄腔内に一時的に蓄えられることがある．腸と総排泄腔は水分の節約において重要な役割を果たす[1, 3]．

カメ目

水棲種は水中で採食し，食道の線毛は頸に沿って伸びている[1]．ウミガメは食道内に食物を保持し，同時に摂食するが，その際に海水の侵入を阻止し，口や鼻から海水を排出するための大きな乳頭状突起を持つ[1, 6]．頸を引っ込めるよりも伸ばした状態の方が食物は消化管を通過しやすいが，大型のカメ目では頭を引っ込めた状態の方が口を開けやすくなり，食物が消化管を通過しやすい[1]．

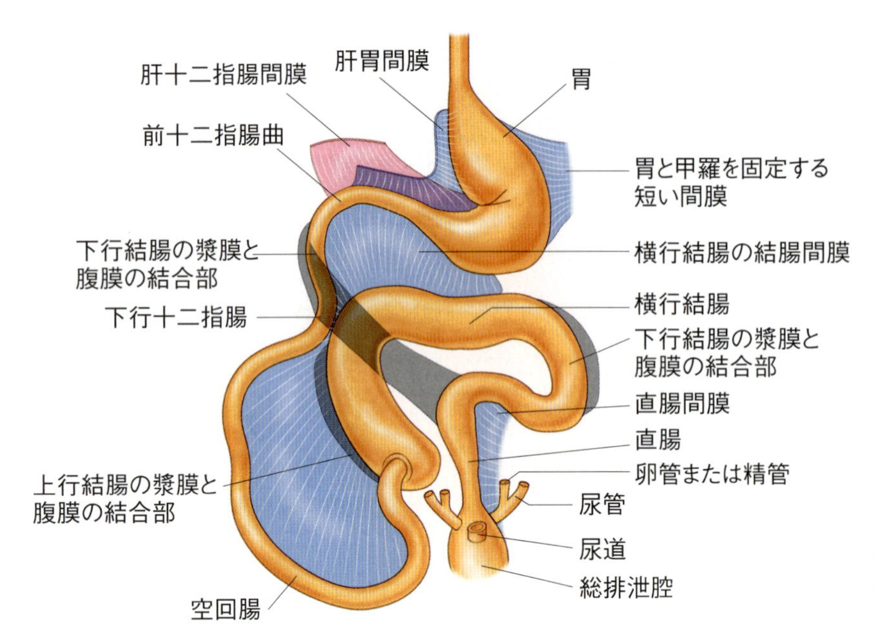

図2-41　サバクゴファーガメの消化管の腹側面(参考文献1引用・改変)

胃は左側の腹側に沿って肝臓の尾側に位置し，左側に下部食道括約筋，中央に幽門括約筋があり，さらに大弯と小弯を持つ[1]．またカメ目は噴門括約筋が発達しており，吐き戻しが困難である[6]．

小腸は哺乳類に比べて比較的短く，尾側体腔に存在し，やや複雑な構造をしており，栄養素と水を吸収する．小腸は回結腸弁で大腸と結合する[1,6]．

多くのカメ目の大腸は右尾側の1/4の体腔を占め，水分を保持している．盲腸は独立した器官というよりは結腸の末端部が拡張したものと言える[6]．

草食性のリクガメは後腸発酵を行うため，大腸はより発達し，盲腸，上行結腸，横行結腸，および下行結腸が含まれる[1,6]．盲腸は十分に発達しておらず，近位結腸の膨らみとして確認され，腸間膜は付着していない[1,6]．上行結腸と下行結腸は背側の腸間膜付着部が短いのに対し，横行結腸は胃への腸間膜付着部が広く，背腹方向への可動性が高い．このため，摂取した重い物質(石，砂，金属異物)は横行結腸で腹側に沈み閉じ込められ，下行結腸に蓄積しやすい．異物を取り出す際は下行結腸，横行結腸，および上行結腸から盲腸へ異物を押し出し，盲腸を外に出して腸切開を行うと比較的容易である[1]．結腸は総排泄腔の糞洞で終わる[1,6](**図2-41**)．

胃腸の通過時間は，温度，種類，摂食頻度，食物の粒子サイズ，食物の水分や繊維の含有量など，多くの要因の影響を受ける[1,6]．消化管通過時間は，アカミミガメ属などの雑食性，肉食性，リクガメなどの草食性の順で長くなる[1,6]．飼育下の餌は一般に自然下の食物よりも消化管内を速く移動する．これはリクガメで顕著であり，例えば，28℃で飼育されたギリシャリクガメ(*Testudo graeca*)の消化管通過時間は，レタスを自由に与えた場合は3〜8日であったがアザミ，草，ドッグフードを与えた場合は16〜28日に増加した[1]．ヘルマンリクガメ(*Testudo hermanni*)では，ジアトリゾ酸塩(ガストログラフィン，アミドトリゾ酸ナトリウム〈ジアトリゾ酸ナトリウム〉100 mgおよびアミドトリゾ酸メグルミン660 mg/mL)の平均総通過時間は30.6℃で2.6時間で21.5℃で6.6時間，15.2℃で17.3時間であった．メトクロプラミド，モサプリド，およびエリスロマイシンは，サバクゴファーガメ(*Gopherus agassizii*)において，水と比較して消化管通過時間を有意に短縮しなかった[1]．また，絶食時より採食時に顕著に消化管の容積が大きくなる種もいる[23]．

トカゲ類(トカゲ亜目)(図2-42, 43)

トカゲ類の食道は短くて壁が薄く，体腔の左側から胃に入る．トカゲの胃は単純なC型で，胃は胃底部(体部)と胃幽門部に分かれる[3]．一部のトカゲ種には顕著な噴門領域があり，噴門括約筋が発達しているため吐き戻しが困難である[3,6]．また胃の皺壁が存在する場合と存在しない場合がある．消化を助けるために石を呑み込むことはトカゲの正常な行動ではない[3]．

多くのトカゲ類の大腸はカメ目と同様に右尾側の

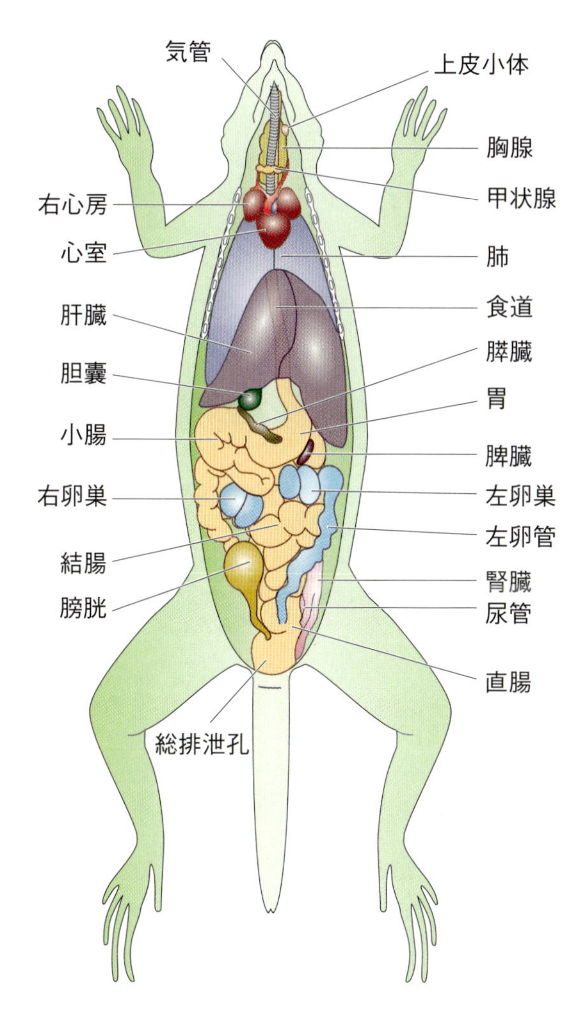

図2-42　メスのトカゲ類の腹側からみた解剖図（参考文献2引用・改変）

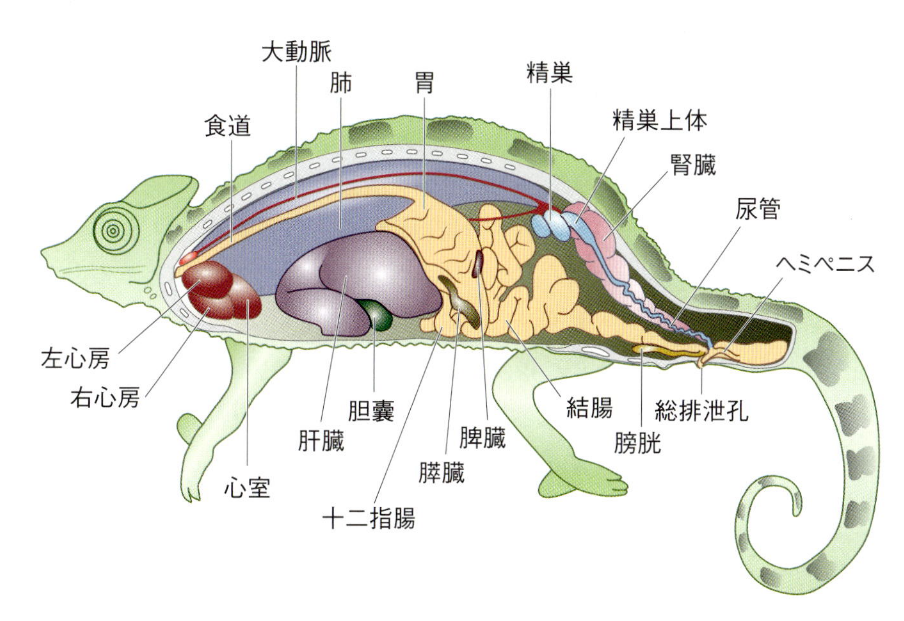

図2-43　オスのカメレオン類の正中矢状断面図（参考文献2引用・改変）

1/4の体腔を占め，水分を保持している[6]．盲腸は独立した器官というよりは結腸の末端が拡張したものと言える[6]．大腸には上行結腸，横行結腸，結腸が含まれる[6]．トカゲ類の腸の長さと複雑さは食性に依存し，草食の場合は腸が長く，小腸と大腸の差が明瞭である一方，肉食の場合は腸が最も短くなり，小腸と大腸の差もわかりにくい[3,6]．また，グリーンイグアナ，オマキトカゲ，エジプトトゲオアガマ，チャクワラなどの多くの草食性の爬虫類は後腸発酵を行うため，嚢状に分割された結腸を持つことで発

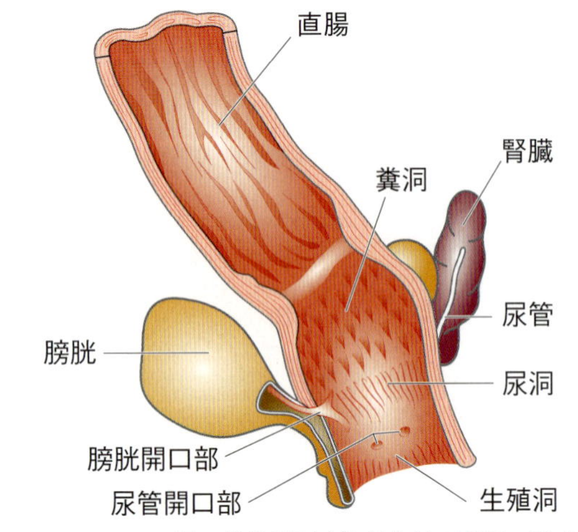

図2-44　トカゲ類の総排泄腔(参考文献2引用・改変)

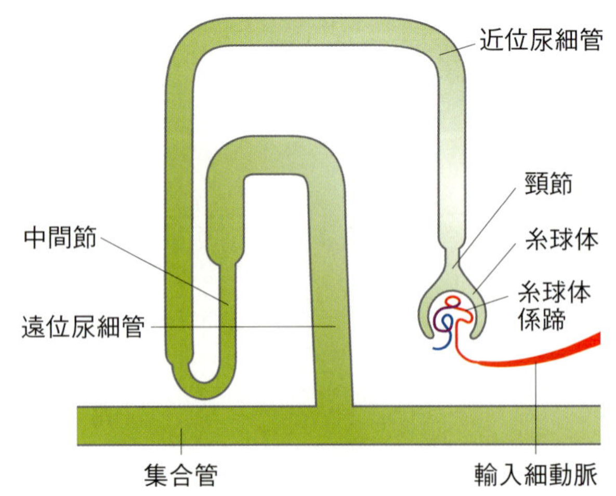

図2-45　爬虫類のネフロン(参考文献24引用・改変)
爬虫類の腎臓のネフロン数は乏しく，糸球体は未発達でヘンネループを欠く．一部の種ではオスの遠位尿細管が生殖器系の働きも行い，精液の産生と貯蔵を担う[20].

酵を円滑に進める[3]．近位結腸には5つの袋があり，最大3.5日間食物を貯蔵できる．また草食性の方が消化時間が長く，大腸も太い[6].

トカゲ類では総排泄孔のスリットは横方向である[3](**図2-44**).

ヘビ類(ヘビ亜目)

消化管は口腔から総排泄腔までの直線状の管であり，泌尿器系や生殖器系からの産生物も受け取る[5].

食道は他の哺乳類に比べて長く拡張しやすく，その約半分は主に筋肉が占める．ヘビ類は食べ物を咀嚼せず，獲物をそのまま呑み込み，筋肉と骨を動かして食物を胃に輸送する[5]．ヘビ類では，胃が小さすぎて大きな獲物を完全に収容できない場合があるため，食道は食物の貯蔵を助け，消化酵素の胃からの逆流により食道で消化が始まる[21]．また，この消化酵素により獲物に注入された毒も中和される[6]．ヘビ類には消化管に関連するリンパ組織があり，ボア類，ニシキヘビ類，およびいくつかのナミヘビ類には食道に扁桃腺のような構造がある[5].

ヘビ類には明確な噴門括約筋がない[5,6].

小腸は比較的蛇行が少なく真っすぐである[5]．結腸近位に小さな盲腸を持つボア科やニシキヘビ類を除いてヘビ類は小腸から結腸，総排泄腔に繋がっている[5,21].

脂肪体は体腔内に存在し，体腔の両側に一列に並んでおり，また心臓の頭側に小さな脂肪体が存在する．これらは，肥満したヘビ類では大きく，衰弱したヘビ類では小さい[5].

泌尿器系

爬虫類は，尿酸，尿素，またはアンモニアとして窒素含有廃棄物を排泄できる．爬虫類の腎臓は哺乳類よりもネフロンの数が少なく，腎盂がなく，ヘンレループも欠いているため，尿を血漿以上に濃縮できないが，浸透圧勾配により水分が膀胱から再吸収されて尿の性状が膀胱内で変化する可能性がある[3, 20](**図2-45**)．これにより尿検査は必ずしも腎臓の状態を正確に反映してない場合がある[3]．アンモニアや尿素は水溶性窒素代謝物であり，排泄のために比較的大量の水を必要とするため，水棲種および半水棲種でのみ有用である[1]．その一方で尿酸は不溶性窒素代謝物であり，排泄により水の節約が可能になる[3]．陸棲爬虫類は尿酸が総窒素代謝物の排泄量の80～90%を占めることがある[20].

爬虫類の窒素代謝については消化器系の項を参考にされたい．

爬虫類の膀胱の粘膜は繊毛を持ち，平滑筋と結合組織から構成されており，多くの毛細血管とリンパ管が存在し，その粘膜の血管が水分の貯蔵と干ばつの際のカリウム/ナトリウムイオン交換に使用される[1, 20].

カメ目

カメ目の腎臓は寛骨臼の前にあるウミガメを除いて，一般的に背甲に付着し，寛骨臼の後方かつ骨盤の頭背側に位置している[1, 20](**図2-46, 47**)．腎臓は

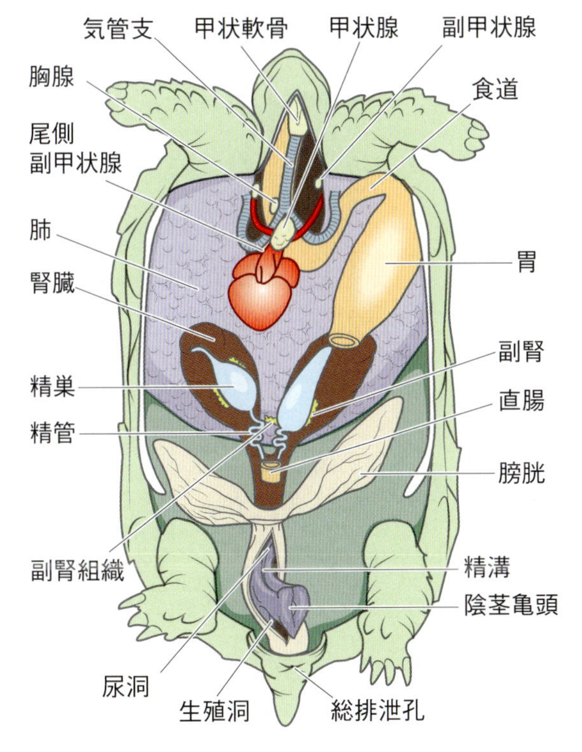

図2-46　カメ目の腹側面からの解剖図（消化管の背側）（参考文献1引用・改変）

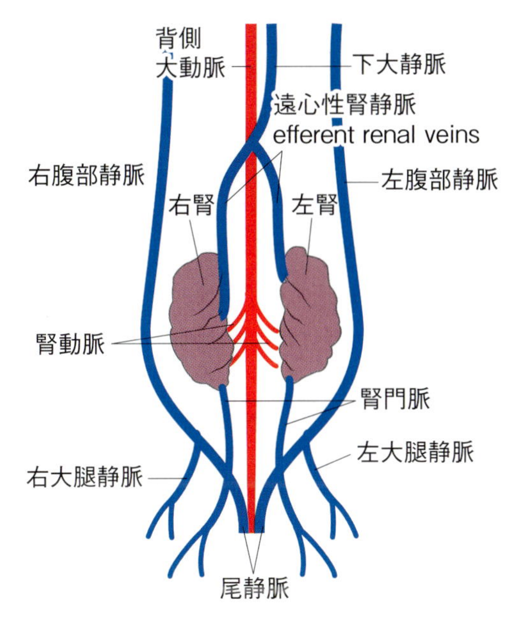

図2-47　カメ目の腎臓と血管系（参考文献24引用・改変）

後腎である[1]．尿は無菌ではなく，海棲および水棲の淡水ガメは，尿酸よりも多くのアンモニアと尿素を排泄する．半水棲のカメは，アンモニアまたは尿酸の2～4倍の尿素を排泄する．陸棲カメは，半固形の状態で体から排出できる不溶性の尿酸と尿酸塩をより多く生成し，必要な水分量がはるかに少なくなる．これらの違いにより，哺乳類のように血中尿素窒素（BUN）やクレアチニンなどを用いて腎疾患を判断するのがカメ目ではより困難になる．例えば，健康な肉食性のウミガメは，他のほとんどの脊椎動物や他のカメ目と比較して非常に高い血中尿素窒素濃度（例えば，多くの場合＞100 mg／dL）を維持しており，これはおそらく板鰓類でみられるような高張環境における浸透圧調節を助けるためである[1]．

健康なリクガメの尿は塩基性であり，異化状態のリクガメの尿は酸性になることがあるが，これも腎臓病に特有なものではない．また，飼育されている健康なタイマイ2頭の尿サンプル14個の尿pHは，肉食動物として予想されるとおり5.9～6.2であった[1]．

膀胱は短い尿道を経て総排泄腔の尿洞に開口し，尿管，卵管精管，膀胱が存在する場合は副膀胱への開口部を有する尿洞から糞洞を分離する襞ができる（**図2-24**）[1, 20]．

カメ目の膀胱は二葉である．陸棲カメ目は，薄い膜状で膨張性があるカメ目の中で最大の膀胱を持つ[1, 20]．水棲カメの膀胱は小さく，壁が厚い．総排泄腔，結腸，膀胱は濃度勾配を越えて尿を再吸収することがあり，尿浸透圧が上昇する可能性があるが，それでも血漿の浸透圧を超えることはない[1]．尿石または結腸異物による膀胱脱出は珍しいことではなく，急性の場合は内視鏡下で摘出も可能である[1]．

海洋棲のウミガメとダイアモンドバックテラピンでは，塩類腺で塩分を排出する[1, 20]．塩類腺は腎臓とともに機能し，高張環境下で血漿電解質を調節し，血漿浸透圧とナトリウム，塩化物，カリウム，マグネシウムの濃度を調節していると考えられている[1]．

トカゲ類（トカゲ亜目）（図2-48, 49）

腎臓は後腎で，対になっており，対称的で，細長く，わずかに分葉状で，背腹方向に平らになっているが，カメレオンでは横方向に平らになっている[3, 20]．腎臓がアガマ科のように骨盤の奥深くに位置する場合もあれば，カメレオンやオオトカゲ科のように背側体腔内領域に位置する場合もあるが，いずれにせよ他の爬虫類と同様，腎臓は体腔後部に位置する．骨盤内腎臓を持つ種では，何らかの原因による腎肥大が結腸の閉塞の原因となる可能性がある[3]．トカゲ類は尿酸が主要な窒素代謝物である[3]．

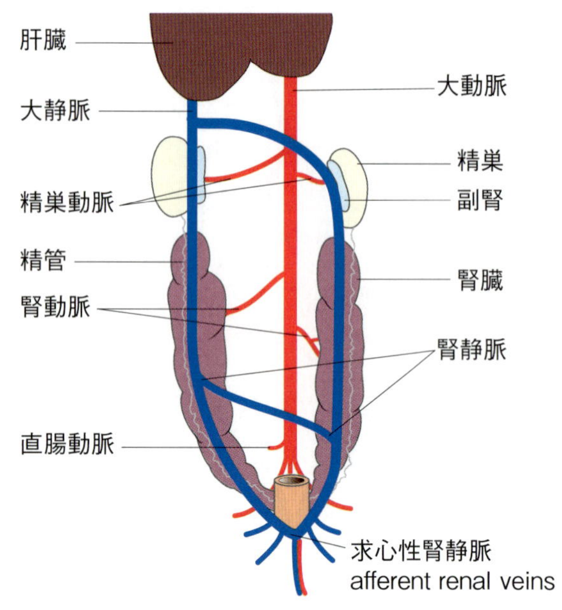

図2-48　オスのトカゲ類の腎臓と生殖器(参考文献2引用・改変)

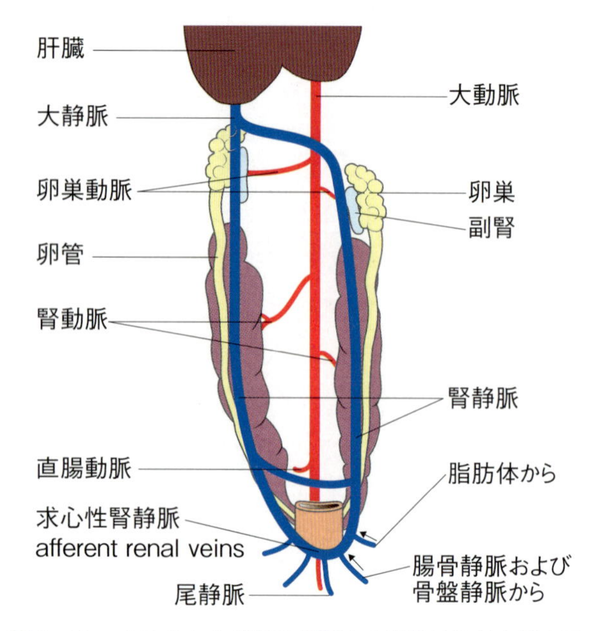

図2-49　メスのトカゲ類の腎臓と生殖器(参考文献2引用・改変)

ヤモリ，トカゲ，イグアナ科の一部のオスの腎臓の後部は性的二形であり，この領域は性分節と呼ばれ，遠位尿細管の肥大により繁殖期には腫れ，精液の生成に寄与する[3, 20]．性分節の色は繁殖期に劇的に変化することもあり，病気と誤診されることがある[3]．

膀胱はほとんどの種のトカゲ類に存在するが，アガマ科などいくつかの種は膀胱を欠いているか，痕跡的な膀胱を持っている[1]．膀胱を持たない種では尿酸塩が乾燥して便秘を引き起こす可能性がある[1]．尿は腎臓から尿管を通って総排泄腔の尿洞に流れ込み，その後膀胱(膀胱のない種では結腸)に流入するため，無菌ではない[1, 20]．トカゲ類では尿路結石が発生し，その原因の一部は水分不足と過剰なレベルの蛋白質を含む食餌である[1]．

塩類腺は，チャクワラなどの多くの砂漠種やグリーンイグアナなどの草食性イグアナ科のトカゲの鼻に存在し，高濃度のナトリウムとカリウムを含む液体は塩類腺から排泄され，一部の種では腎臓より重要な浸透圧調節機能を担う[3, 13, 20]．一般にトカゲ類はくしゃみをして透明な液体を排出し，その液体が乾燥するとナトリウム塩とカリウム塩からなる微細な白色粉末が認められる．この機能により水を節約できるが，上気道感染症と誤診しないよう注意する[1]．

ヘビ類(ヘビ亜目)(図2-50)

一対の腎臓は25～30個の小葉を持つ分葉状で細長く，後背側腔(dorsocaudal coelom)内の鼻先から総排泄腔までの長さの尾側の1/4～1/3に位置し，右腎臓は左腎臓より頭側に存在する[5, 20, 25]．腎臓はヘビ類の体長の約10～15%を占め，成熟したオスでは性分節の発達により肥大し，色が薄くなることがある[25]．

尿管は尿洞に繋がり，ヘビ類には膀胱はなく，尿は遠位結腸または拡張した遠位尿管に蓄えられる[5, 25]．オスのヘビ類は曲がりくねった尿細管遠位からなる性分節を持ち，繁殖期に肥大して精液を作る[5]．この時の腎臓は，サイズが大きくなり色が薄くなるため病気と間違えられることがある[5]．

ヘビ類は尿酸が主要な窒素代謝物であり，白から黄色がかった尿酸塩として現れ，多くの場合便と一緒に排泄される[5]．

生殖器系

爬虫類の卵巣は生殖細胞と上皮細胞，結合組織が弾性膜に包まれている[20]．爬虫類は他の脊椎動物と同様に黄体と白体を形成する[20]．

爬虫類のオスはムカシトカゲ類を除き，一対の精巣と1つの陰茎か一対の半陰茎を持ち，精巣は間細胞，輸精管および血管が結合組織に包まれた構造をしている[20]．

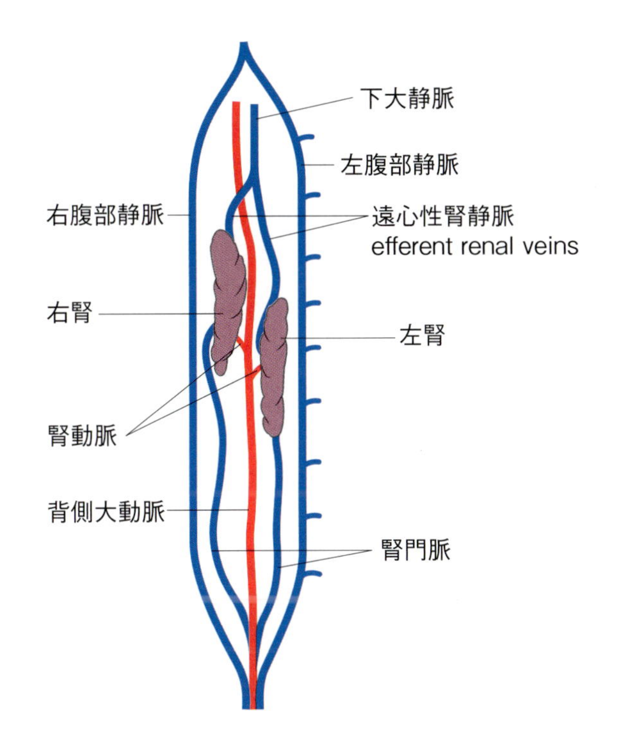

図2-50　ヘビ類の腎臓と血管系(参考文献2引用・改変)

生殖周期(繁殖周期)は熱帯地域に生息するほとんどの爬虫類が通年繁殖周期であり，1年中気温や日長の変化を受けないため頻繁に交配が行われる．ただし，雨季と乾季の間にある僅かな気温の変化に影響を受ける可能性はある[26].

一方，亜熱帯や温帯地域に生息する多くの爬虫類の生殖周期は季節などの環境条件と連動したアソシエイテッド生殖周期(associated cycle)である．この周期は性ホルモン分泌と生殖腺形成が爬虫類に交尾を促し，卵や胚を発達させ，同時に次に備えて生殖腺退縮を促す．飼育されている多くの爬虫類がこの繁殖周期であり，一般的に温度が下がり活動代謝が落ちる休眠状態を経てから繁殖可能な状態になる．よって温帯に生息するほとんどの爬虫類が冬眠しない限り繁殖しない[26].

一方の性(オスが多い)が通年繁殖周期で，もう一方の性(メスが多い)がアソシエイテッド生殖周期である種もいる．

また飼育されている爬虫類の中ではガータースネークや一部のトカゲ類はディソシエイテッド生殖周期(dissociated cycle)であると知られている．この周期は卵子形成する前に交尾を行い，メスは排卵するまで精子を体内に蓄える[26]．この精子の貯蔵により受精率を上げたり，より優位な 精子を選ぶことに役立つとされる[3].

カメ目

一対の生殖腺は腎臓の頭側に位置し，カメ目では受精は体内で行われる[1]．カメ目のメスは一対の卵巣および卵管を持ち，卵巣は腎臓と同じ位置か腎臓の頭側で体腔膜に付着している[20, 27]．性成熟には野生下では約15年かかるが，飼育下ではそれよりかなり早くなることが多く，これはおそらく性成熟が年齢よりも体の大きさに関係しているためと考えられている．生殖生理機能はアナホリゴファーガメ属で詳しく研究されており，テストステロン，エストロゲン，プロゲステロンの季節による変化は，他種で報告されているものと類似している． 精子の形成量は温度とテストステロンに依存しており，春～夏に増加し，秋～冬に減少する．しかし，精子は冬の間精巣上体に保持され，次の春の発情期に放出される可能性がある．温帯および亜熱帯の種では，冬眠から覚めた春に排卵が起こる．精子は，メスによって，受精が起こる卵管峡部内のアルブミン腺領域に数カ月から数年間保管される．受精後，この領域で，発育中の卵子の周囲に膜とアルブミン層が生成される．広がった卵管をさらに下ると，卵殻腺が卵殻膜と卵殻を生成し，産卵まで新しい卵が両側に追加されるため，卵は動かずに保持される[1].

左右の卵巣は発育の様々な段階に応じた卵胞を持ち，活性化していない卵巣は小さな白い卵黄形成前卵胞が顆粒状に存在した薄い結合組織の膜に見える．卵黄形成前卵胞は，下垂体から分泌されたゴナドトロピンに反応してエストラジオールを分泌する．エストラジオールは肝臓を刺激して，卵黄形成蛋白質を分泌させる[1, 20]．この蛋白質は，通常は秋に，場合によっては春に，成熟して大きくなった黄色の黄体形成卵胞によって取り込まれる[1]．こうして活性化した卵巣は黄体形成卵胞が大きな房を形成し，特にカメ目では顕著である[20].

営巣中のメスのウミガメは，総蛋白質，アルブミン，グロブリン，カルシウム，リン，トリグリセリド，コレステロールの濃度が高くなる．テストステロンは，オスとメスの両方で季節性繁殖の生殖を調節していると考えられており，卵胞のテストステロン産生は，卵胞が成熟してサイズが大きくなるにつれて増加する．メスでは，春と秋の交尾に関連してテストステロンが二相的に増加する． 排卵後にテストステロンが低下すると，メスは交尾を受け付けなくなり，オスを避けるようになる[1].

排卵はまず求愛と交尾の後に起こり，黄体形成ホルモンとプロゲステロンの急増に関連して営巣後数日以内に再び起こる．カメ目は，種に応じて，特定の繁殖期に単一または複数の卵を産む．ウミガメは通常，営巣する浜辺に移動し，2年以上の非生殖活動を挟んで数週間にわたって複数の子を産む．アルギニンバソトシンは最初の産卵中にピークに達し，1時間以内にベースラインに戻る．営巣期が終わると，排卵していない完全に成熟した卵胞は退縮し，閉鎖卵胞になる．さらに卵胞のサイズが縮小し，最終的には白体になる．卵を産生せずに卵胞形成と閉鎖を繰り返すと，卵黄性体腔炎を引き起こす可能性がある．温帯種では，冬眠から目覚めた後，雌雄ともにチロキシン(T4)レベルがピークに達する．また，オスの闘争と精子形成が活発になる夏の終わりに第二のピークを迎える[1].

カメ目のオスは，大きくて滑らかで，濃い色の，拡張可能なスペード形の陰茎を1つ持っている[1]．通常，陰茎は生殖洞の腹側，糞洞の腹側にあり，尿道はない[1]．メスは同じ位置に陰茎よりはるかに小さい陰核を持つ．筋肉質な陰茎が勃起すると陰茎は総排泄腔から伸び，長さは甲羅の半分にも達し，精子を輸送するための精液溝が形成される．有鱗目の場合のように，陰茎の反転は起こらない[1].

複数の水棲カメのオスは，前肢にメスに求愛するために使用する細長い爪を持っており，前肢の爪の長さは，アカミミガメ，クーターガメ，ニシキガメ，チズガメで性的二形を示す．オスのミツユビハコガメ(*Terrapene carolina triunguis*)は，後肢の爪が分厚く内側に湾曲しており，いくつかの海洋棲のオスは前肢に鈎状の爪を持っている．これらの爪を利用して，オスは交尾中にメスを掴むことができる．性的に成熟したメスのヒョウモンガメ(*Stigmochelys pardalis*)は，おそらく営巣のための穴掘りの補助として，細長い後肢の爪を持っている．アナホリガメに特有の顎腺(オトガイ腺)は，メスよりもオスでより発達しており，テストステロンの影響で季節ごとに変化し，秋の繁殖期に最大になる．顎腺からは長鎖脂肪酸がにじみ出ており，これが同種を識別し，求愛や交尾の際に順位や縄張りを確立すると考えられている[1].

カメ目は小型種ではメスの方が大きく，大型種や陸棲種ではオスの方が大きくなる傾向がある．体色における性的二形はヌマガメとイシガメに特によくみられ，性成熟した雌雄間で頭や虹彩，顎，または頭の模様の色が異なることがある．よく知られた例としてハコガメはメスの虹彩が黄色から赤褐色であるのに対し，オスの虹彩は明るい赤色である．また，このような変化は繁殖期のオスでのみ観察される場合もあり，例えば，繁殖中のバタグールガメのオスの頭部はメスよりもはるかにカラフルである[1].

トカゲ類(トカゲ亜目)(図2-20, 48, 49)

トカゲ類の繁殖期は，日長，気温，降水量，採食量によって決まる．オスでは繁殖期に精巣が大きくなり，縄張り意識が強くなり，攻撃的になることがよく知られている[3].

若齢個体では性別の識別が困難な場合があるが，成熟するにつれて性的二形を示す種もいる．例えば成熟したオスのイグアナは，メスよりも背棘が高く，肉垂や鰓蓋鱗(operculum scales)が大きく，尾の付け根にはヘミペニス(半陰茎)の膨らみも確認できる．また，オスのカメレオンは，角やとさかなどの精巧な頭部装飾を持っていることがよくあるが，メスにはない．他のトカゲ類のオスでもメスよりも頭やとさか，身体，肉垂が大きく，明るい色で，さらに大腿孔および前肛孔が顕著に拡大している場合がある[3].

雌雄判別のために性別プローブを使用することもできるが，メスがヘミペニスと相同な袋状の器官である半陰核を持つ種もおり，ヘビ類ほど有効ではない．ヘミペニスは総排泄腔のちょうど尾側の尾の付け根にゆっくり圧力を加えると一時的に裏返しになることがあるが，自切する種には行うべきではない．小型または淡色のトカゲ類であれば強力な光源による尾根部の透光によりヘミペニスを確認できる可能性がある．多くの種の成熟したオスのオオトカゲのヘミペニスにはX線で確認できるhemibaculumと呼ばれる石灰化がみられることがある．生殖腺やヘミペニスの超音波検査は性別を識別するために行われる場合がある[3].

オスのトカゲ類は一対の精巣，精巣上体，精管を持ち，精巣は腎臓の頭側に位置しており，ほとんどのトカゲ類では右の精巣が左よりも頭側に位置している(**図2-51**)．オスには嚢状の一対の半陰茎があり，総排泄腔壁から陥入して尾の付け根のポケット

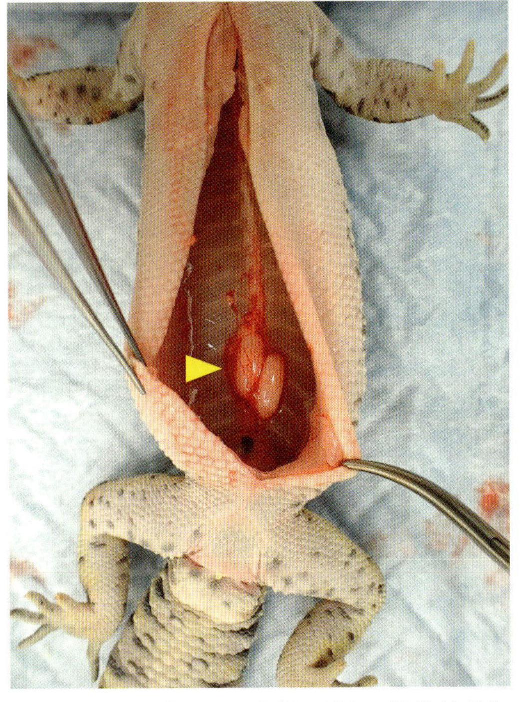

図2-51　ヒョウモントカゲモドキの精巣(矢頭)
右精巣が左精巣より頭側に位置する．

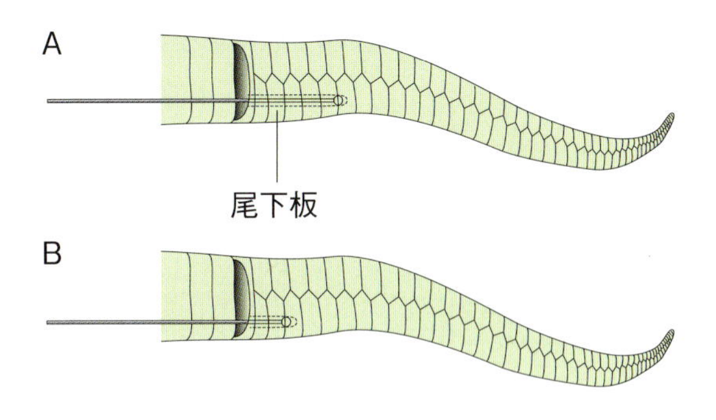

図2-52　セックスプローブによるヘビ類の雌雄判別(参考文献2引用・改変)
(A)オス：6枚以上の尾下板までセックスプローブが至る．(B)メス：2枚以下の尾下板までセックスプローブが至る．

(溝〈sulci〉)に反転した状態で保持されるため腹側近位尾部に顕著な膨らみが生じる場合がある[3, 20]．また，このポケット部分に半陰茎栓子(半陰茎プラグ)が形成されることがある．この栓子は脱落した上皮細胞にポケットの中に入り込んだ滲出液が混ざったものと考えられており，この栓子によって半陰茎の反転や勃起が妨げられる場合がある．また，栓子が大型になると気にする個体が出てくるので，舐めたり擦りつけたりする影響で感染し，膿瘍がポケット内に生じる可能性もある[20]．トカゲ類の半陰茎には尿道構造はなく，種によって半陰茎の構造に形態学的に大きな違いがあり，特に一部のオオトカゲ科の半陰茎は非常に複雑な構造をしている．交尾中，オスは自分の総排泄腔をメスの総排泄腔と合わせ，一方の半陰茎が反転してメスの総排泄腔内に入り込み，精子は総排泄腔から半陰茎壁の溝である精溝を通ってメスの体内に流れ込み，体内受精が起こる．半陰茎収縮筋により交尾後，半陰茎は収縮する[3]．

メスのトカゲ類は腸間膜で支えられた一対の卵巣と卵管を持ち，総排泄腔に繋がる．左右の卵巣の尾端が腎臓の内側に沿って体腔膜に付着しており，卵巣は腎臓と同じ位置か頭側に位置する[20]．カメレオンなど肺が高度に進化した一部のトカゲ類では卵巣が頭側に伸びて2つの肺の間に存在していることがある．卵巣と卵管は年齢や繁殖期に応じてサイズと構造が顕著に変化する[3]．左卵巣および卵管は，アシナシトカゲ(*Anniella pulchra*)には痕跡があるか存在しない[27, 28]．

トカゲ類の繁殖方法としては卵生，胎生に分けられる．卵胎生も挙げられるが，トカゲ類の現在の研究では卵胎生は母親から子への栄養の供給があり，胎生に含めるという考え方もある．ノトカゲ属，ハリトカゲ属，ミカドヤモリ属などは卵生種と胎生種の両方が認められる[3]．

単為生殖はメス単独で繁殖する生殖方法であり，少なくとも8種のカナヘビ属，ニューメキシコハシリトカゲなどの多数の*Aspidoscelis*属，バイノトリノツメヤモリ(*Heteronotia binoei*)などの一部のヤモリ種およびコモドオオトカゲなどで確認されている[3, 26]．

ヘビ類(ヘビ亜目)

オスのヘビ類にはヘミペニスという1対の挿入器官があり，クロアカサック(cloacal sac)という左右腹側の尾根にある袋の中にヘミペニスが1つずつ収まる．交尾中，ヘミペニスがオスを受容したメスの総排泄腔内に飛び出す[5](**図2-22**)．水溶性の潤滑剤を塗った先端が丸いプローブをクロアカサック内のヘミペニスの内腔に注意深く挿入して雌雄判定が可能となる(**図2-52**)．多くのヘビ類のオスはヘミペニスにより尾の付け根がより幅広く，真っすぐである[5]．

雌雄ともに生殖腺は腎臓の頭側に位置しており，右の生殖腺は左よりも頭側にある[5, 11]．卵巣は胆嚢と腎臓の間に位置し，膵臓の近くにある．右の子宮で発育中の卵子や胎仔は，頭側から左側の子宮に運

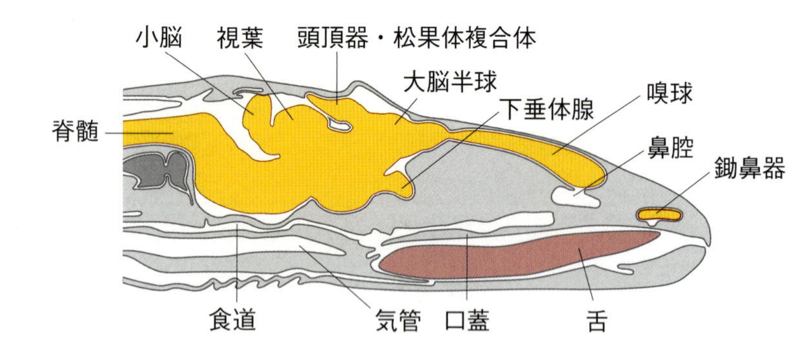

図2-53　トカゲ類の頭部の矢状断面図(参考文献29引用・改変)
一般的な爬虫類の脳の図である．前脳と脳幹で構成される．ワニ目を除く爬虫類は視床上部を持ち，頭頂器・松果体複合体が含まれる．トカゲ類では特に発達している．

ばれる[5]．左右の卵管には，生殖洞への個別の開口部がある．いくつかの地中棲のヘビ種では，片方の卵巣と卵管がない[5]．

紡錘状の精巣は体腔内にあり，右精巣が左精巣より頭側に位置し，胆嚢の直ぐ尾側に存在し，季節の変化とともにサイズが変化する[1,4]．精子は交尾中にウォルフ管(精管)を通って生殖洞を経てヘミペニスの基部まで運ばれ，勃起したヘミペニスの外側にある精管溝を通ってメスの総排泄腔内に移動する[5]．

ヘビ類は卵生，胎生および卵胎生に分けられ，一般的にキングスネークやラットスネークは卵生でガータースネークとミズベヘビ類は胎生である[5,26]．キングコブラのように卵を温めるために巣を作るヘビは珍しい[5]．ニシキヘビ類やドロヘビ属，一部のアジアハブ属は孵化するまで卵の周りにとぐろを巻いて抱卵する．アメリカ南西部に生息する一部のガラガラヘビ属は孵化した仔が脱皮するまで養育することが知られている[5]．

ヘビ類では温度による性決定はまだ報告がないが，ワニ目やカメ目，トカゲ類では温度で性別が決まることが知られている．ヘビ類の性決定は遺伝性で進化したヘビ類ではメスが異型配偶子(ZW)で，オスが同型配偶子(ZZ)であり，ボア類やニシキヘビ類などのより原始的なヘビ類では，オスが異型配偶子(XY)である．ヘビ類において体格差を除いて(ほとんどのヘビ類がメスの方が大きい．)色や形態の性的二形は稀ではあるが，テングキノボリヘビ属(*Langaha* spp.)では，鼻の突起に性的二形がある[5]．

ほとんどのヘビ類は有性生殖をするが，ブラーミニメクラヘビ(*Indotyphlops*〈以前は *Rhamphotyphlops*〉 *braminus*)とアラフラヤスリヘビ(*Acrochordus arafrae*)は単為生殖であり オスはいない[5,26]．ガラガラヘビやヤスリヘビ類，ガータースネークは特定の条件下での単為生殖が報告されている[5,26]．単為生殖をするヘビ類は昨今の研究で他にも判明しており，今後増えるかもしれない[5]．

神経系

すべての脊椎動物と同様，爬虫類の脳は前脳と脳幹(大脳半球，視葉，小脳)で構成されており，爬虫類の脳は両生類や魚類よりも大きな大脳と小脳を備えている[3,29](**図2-53**)．それでも脳は小さく，脳が占める重量は体重の 1% 未満である[3,29]．爬虫類は脳回と脳溝を持たない滑脳であり，大脳縦裂によって分離された 2 つの半球を持つ発達した大脳皮質を持つが，ほとんどの爬虫類には大脳新皮質がない[25,29]．その代わりに背側室隆起(DVR)は前脳の側壁から突出しており，哺乳類の大脳新皮質と同様の機能を持つと考えられ，感覚器から得た情報を大脳皮質，視床下部，下降性運動神経に伝達する[29]．一部の爬虫類では鋤鼻器官(ヤコブソン器官)から得た情報を嗅球が DVR へ伝達する．特にトカゲ類とヘビ類で発達している[29]．軟膜と硬膜の間は脳脊髄液(CSF)で満たされており，ここは鎮痛薬や麻酔薬の注射や脳脊髄液の採取の対象となる空間である[1]．硬膜外腔には一般に血管供給が豊富だが，CSF は含まれていない[1]．

脊髄は哺乳類の脊髄とは異なり，尾端まで伸びており，馬尾は存在しない[3,29,30]．爬虫類の脊髄は尾の先端まで伸びて運動中枢は脊髄内にあり，脳からある程度機能的に自立しているため脊髄損傷を負った爬虫類は高等脊椎動物よりも回復の予後が良いといわれる[29,30]．肉眼的な脊髄の構造は哺乳類と似ているが，白質と灰白質の境界が不明瞭である[29]．

爬虫類は他の脊椎動物と同様に12の脳神経を持っており，終神経を第0脳神経に含む成書もある．脳神経は嗅覚，視覚，味覚，聴覚，平衡感覚および目や顔面の筋肉，舌，咽頭，声門，頸，肩の動きに関与している[1]．さらに，第X脳神経（迷走神経）は，心臓と内臓の調節において哺乳類と同様の役割を果たす[1]．内臓神経は交感神経と副交感神経の両方の機能を備えた自律神経系として機能し，交感神経と副交感神経が解剖学的に独立しておらず脊髄に沿って走行している[30]．

爬虫類にとって耳の主な機能はバランスの維持，位置の認識，頭部の動きの制御である[29]．爬虫類のアブミ骨は耳小柱（columella）と呼ばれ，耳小柱は内耳の卵円窓に接する近位部と鼓膜などに接する遠位部に分かれ，遠位の外耳小柱（extracolumella）は軟骨性であり，哺乳類のアブミ骨にあたるのは骨性の耳小柱近位部であると考えられている．また耳管は内耳と中咽頭を結ぶ[1]．哺乳類には3つの耳小骨があるが，爬虫類には2つしかなく細長い円柱状の耳小柱（哺乳類のアブミ骨にあたる）とその遠位端の軟骨性の外耳小柱が空気で満たされた空洞内に吊り下げられている．空気振動は鼓膜によって検出され，これらの耳小柱を介して中耳を通って内耳に伝達される[3]．

爬虫類の目の構造は他の脊椎動物の構造と似ているが，違いもある[1]．ワニ目以外の爬虫類にはタペタムはなく，爬虫類の瞳孔の形や虹彩の色，血管走行は多様である[31]．一般的には2本の動脈が虹彩基部の下方と側方から深部に入って周辺部を走り，瞳孔括約筋近くに毛細血管叢を形成する[31]．静脈は表面に放射状に観察され，虹彩の模様に見える[31]（**図2-54**）．爬虫類の瞳孔括約筋は骨格筋で構成されており，哺乳類のように副交感神経遮断薬で散瞳しない[1,31]．

カメ目

他の脊椎動物と同様，カメは脳と脊髄からなる中枢神経系（CNS）と，CNSと体の他の部分との間で信号を伝達する末梢神経系を持っている[1]．

脳は薄くて非常に密度の高い大きな頭蓋骨で守られており，大型のカメは剖検時に脳を露出するのが困難な場合がある[1,27]．脊髄は他種と同様に，頸椎や尾椎，背甲に組み込まれた固定椎骨などの椎骨で囲まれており，その結果，外傷性の正中背甲損傷が脊髄に影響を及ぼす可能性がある．一部のカメの脳は，低酸素症や無酸素症にさえ非常に耐えられるように一連の生理学的メカニズムを進化させており，例えば，ある研究では，ニシキガメ（*Chrysemys picta*）は3℃の低酸素水に浸漬されても平均126日間生存し，中には177日間生存した個体もいたという報告もある[1]．

図2-54　ヒョウモントカゲモドキの虹彩
血管は放射状に虹彩基部から虹彩縁にかけて走行し，虹彩の模様（虹彩紋理）をつくる[31]．

脳神経検査および一般的な神経学的検査方法はカメ目にも有効だが，一部の反応（嗅覚など）を判断するのは難しい場合がある[1]．

カメ目には頭頂眼はないが，行動，生殖腺の活動，体温調節に影響を与える松果体を持つ[1,29]．

嗅覚はよく発達しており，陸棲カメ目は大きな嗅球と改良された鋤鼻器官（ヤコブソン器官）を持っている[1,29]．

カメ目は外耳がないにもかかわらず，聴覚が優れており，特に淡水棲のヌマガメ科は聴覚が良いとされる[1,29]．カメ目は100～700Hzの低音に反応し，地面の振動や捕食者の接近を感知するのに適している[1]．ウミガメは1,000Hz以下の水中音響刺激に最も敏感であるようで，これはウミガメが船舶，杭打ち，低周波の超音波魚群探知機など人が生み出す海中の低周波かつ高強度の音の多くを検出できることを示唆している．カメ目は，顎角の尾側に大きな中耳と内耳を持ち，それらは大きな骨に囲われており，表面は鼓膜が覆っている．鼓膜，軟骨性のアブミ骨底，および内耳につながる薄い骨柱によって音を聞きとる[1]．

淡水棲カメは陸棲カメよりも遠くが見えるが，いずれにせよカメは形よりも動きに反応する[1]．他の昼行性の動物と同様にカメ目は錐体が発達しており，色覚は特に赤，黄，オレンジの波長に優れており，これがカメ目がカラフルな食べ物に惹かれる理由の1つである可能性がある[1,31]．網膜には血管は分布していないが，視神経乳頭からの血管(乳頭突起)が伸びている[1, 31]．カメ目には上眼瞼と下眼瞼，瞬膜(スッポンモドキには欠損している)，そして眼球を囲む強膜輪があり，カメ目の強膜輪は種によって形が異なる複数の強膜小骨から構成され，毛様体，強膜を覆う．眼球は前後に圧迫された楕円形である[1, 31]．ミシシッピアカミミガメの瞳孔対光反射(PLR)は遅く，直接瞳孔対光反射により36秒から72秒かけて瞳孔径は31％減少し，間接瞳孔対光反射により85秒から120秒かけて瞳孔径は11％減少した[1, 31]．カメ目の眼のサイズが小さいことを考慮すると，通常PLRを観察するのは困難である可能性がある[1]．眼圧はいくつかの種で測定されている[1]．ハーダー腺と涙腺は涙液層を生成し，ビタミンA欠乏症を患う肉食性および一部の雑食性カメ目においてこれらの腺は閉塞および囊胞性肥大を起こしやすい[1, 31]．草食性カメ目はビタミンAを内因的に合成できる．カメ目の特にウミガメ，アカアシガメ(*Chelonoidis Carbonaria*)およびキアシガメ(*Chelonoidis denticulata*)において涙が瞼の縁に溢れるため，カメ目には鼻涙管がないと考えられており，涙は蒸発や結膜組織からの吸収によっても失われるとされているが，眼のフルオレセイン染色で中咽頭に染色液が流れた痕跡が確認されたこともあり，カメ目が鼻涙管をもたないという説に否定的な意見もあり，さらなる解剖学的研究が必要である[1, 31]．

トカゲ類(トカゲ亜目)

耳には聴覚機能と前庭機能の両方があり，トカゲ類の鼓膜は通常，頭の側面の浅いくぼみの中にあり，薄い透明な皮膚で覆われている．またツノトカゲなどの一部のトカゲでは，鼓膜は鱗状の皮膚で覆われている[3]．

ヤモリはすべてのトカゲ類の中で最も優れた聴覚を持ち，内耳は広い通路でつながった2つの囊で構成されている．卵形囊には，互いに垂直に配置された3つの半規管があり，平衡感覚を司る．穴を掘るトカゲ類の中には，外耳や中耳を持たないものもいるが，ヘビ類と同じ方法で骨伝導を介して音を伝える[3]．

トカゲ類の瞳孔は通常，昼行性の種では丸く，比較的動かないが，夜行性の種では通常，垂直にスリット状である．多くのヤモリは鋸歯状の瞳孔開口部を持っており，瞳孔が完全に閉じられると小さな穴ができる[3]．この穴を通過した画像は網膜上で重ね合わされ，薄暗い光の中でも視覚が維持される[3]．共感性対光反射は存在せず，角膜にはデスメ膜がない[3]．毛様体を覆う強膜輪はほとんどの種に存在し，14個の強膜小骨で構成される[3, 31]．ヘビ類のようなスペクタクルを持つ一部のヤモリやヒレアシトカゲなどを除いて通常は眼瞼が存在する．スペクタクルに関しての詳細はヘビ類の項を参照されたい[3, 31]．トカゲ類とカメ目の下眼瞼は上眼瞼より大きくよく動き，目を閉じるために上に移動する[3, 31]．一部の穴を掘って生活するトカゲ類(いくつかのスキンク，カナヘビ，アノール)では下眼瞼が透明で，眼瞼を閉じている時も視覚が保たれるので土埃から眼を保護しながら活動できる．トカゲ類は爬虫類の中でも特に発達した瞬膜を持ち，大きく進展する[3, 31]．

カメレオンやヤモリは発達したハーダー腺を持ち，涙腺が欠損している[31]．瞬膜の腺はほとんどのトカゲ類が持ち，鼻涙管は結膜囊の中央またはスペクタクルと角膜の間を通って鋤鼻器官の尾側に開口する[31]．

網膜は比較的血管が乏しいが，硝子体に突き出た大きな血管体である乳頭突起を持つ[3, 31]．中心窩は高精細な視覚を担う網膜のくぼみで，昼行性の種で発達する[3]．網膜には錐体と桿体の両方が存在するが，昼行性か夜行性かでその比率は種差がある[3, 31]．トカゲ類は色覚が優れており，他の爬虫類と異なり眼を動かす直筋が発達しているが，両眼の視野は狭いため 最良の単眼視力を得るために頭を横に傾けることが多い[3, 31]．また，爬虫類において眼球の回転は制限されているが，カメレオンは例外である[31]．

爬虫類の眼球はほとんど円形であるが，トカゲ類は前後に圧迫された形をしている(**図2-55**)．毛様体の筋肉が発達しており，水晶体を圧迫して形状を変化させる[3, 31]．眼球の形は眼内圧と境膜のヒアリン軟骨で維持されている[31]．

頭頂眼は一部のトカゲ，特にイグアナ科の頭の背側正中線上に認められ，ムカシトカゲで特に発達している[3, 8]．また，頭頂眼は水晶体と網膜を持ち松果体に神経的に繫がっている退化した眼であり，視覚はない．その代わりに光刺激に対する体温調節やホルモン分泌に関与し，概日リズムの調節に重要な役割を果たすと考えられている[3, 8, 29]．

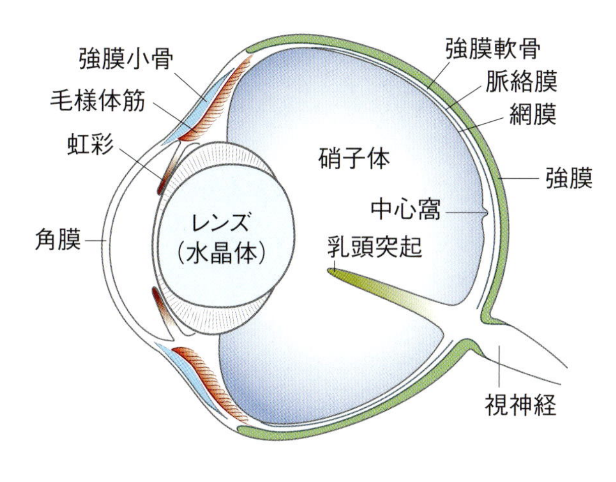

図2-55　トカゲ類の眼の矢状断面図(参考文献31引用・改変)
多くの爬虫類の眼はほぼ球体であるが，トカゲ類は前後に圧迫された形をしてる．

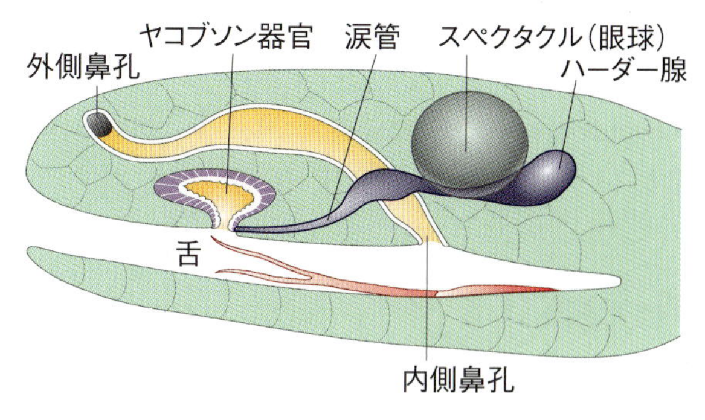

図2-56　ヤコブソン器官(参考文献2引用・改変)
ヤコブソン器官はヘビ類の中で最も発達している器官の一つであり舌の先端を出し入れすることで得た情報を受け取っている．

ヘビ類(ヘビ亜目)

ヘビ類は鼻上皮の血管系を支配している第0脳神経（終末神経)を含め12対の脳神経を持つ典型的な爬虫類の脳を持っているが，ヘビ類の第11脳神経はまだ特定できてない[5, 30]．

ヘビ類には外耳道，鼓膜および中耳腔がなく，長年ヘビ類は音を聞くことができず，単に振動を感じ取るのみと考えられていたが，ヘビ類は150～600 Hzの低周波数範囲の音に敏感であることが分かっている[5]．

ヘビ類の目は毛様体が欠如しているという点で脊椎動物の中でも珍しく，水晶体の調節は虹彩の筋肉の動きによって硝子体を圧迫して水晶体を網膜に近づけたり，網膜から遠ざけたりすることによって行われる[5, 31]．他の爬虫類と違い，眼球後引筋の発達は悪い[31]．網膜には錐体と桿体の両方が存在するが，昼行性か夜行性かでその比率には種差がある[31]．上下の眼瞼は融合し，角質化して目を覆い，表皮と連続する透明なスペクタクルを形成する[5, 31]．スペクタクルと角膜の間には空間があり，スペクタクルの表面に毛細血管が走行するため，スペクタクルが炎症を起こした時のこれらの毛細血管の充血と角膜の血管新生の鑑別をしなければならない．スペクタクルは角膜の保護，光の屈折に関与し，他の鱗と同様に感熱性の小さな穴が配置されている[31]．

スペクタクルの外側部分は脱皮中に脱落する[5, 31]．ヘビ類の脱皮が近づくと，視界が曇って「青く」見えることがある[5, 31]．涙腺およびハーダー腺からの分泌物は，角膜とスペクタクルの間にある鼻涙管を通って流れ，上顎の内側遠位にある鋤鼻器官の位置で口腔内に流れ込む[5, 31～33]．瞳孔の形は生息地や活動によって異なる[5]．一部の地中棲のヘビ類は，スペクタクルがなく，鱗で覆われた縮小した眼を持っている[5]．

ヘビ類は強膜に強膜輪や強膜軟骨を持たない[31]．

三叉神経のうちの眼神経は他の有鱗目では眼窩に後方から入るのに対して，ヘビ類は視神経乳頭を通って眼窩に入る[1]．

マムシやボア，ニシキヘビ類が持つ赤外線受容器官をピット器官と呼び，マムシは一対のピット器官が鼻孔と眼窩の間に開口しており，頬窩(loreal pit)という．ボアやニシキヘビ類はピット器官が上口唇の辺縁に複数並んでおり，口唇窩(labial pit)という[8]．口唇窩の位置や配置，数は種によって異なる．ピット器官は三叉神経枝に支配されており，マムシの頬窩は空気で満たされた内部空洞の上に薄い膜が張られている．ピット器官はわずか0.002℃の赤外線放射の変化に非常に敏感であり，ピット器官は赤外線だけでなく，方向と距離も感知する．またピット器官からの情報は視覚領域内の脳に伝わるため，赤外線と視覚の情報が統合されて認知される．研究ではピット器官のないヘビ類の多くは頭の他の神経終末で赤外線を検出できることが確認されている[5]．

ヘビ類は口腔内の上顎側に特殊な一対の鋤鼻器官(ヤコブソン器官)を持っており，この器官は球形で鼻から離れており，厚い感覚上皮を含み，嗅神経の一部によって支配されている(**図2-56**)．涙管は鋤鼻器官の管に入り込む．これらの器官には嗅覚機能があり，粒子状の臭気は舌によって嗅覚器官に伝えられる[5].

温度受容体は爬虫類の中で一部のヘビ類でのみ発達している[29].

内分泌系

爬虫類の内分泌系に対する情報は乏しい．生殖腺は配偶子を生成するが，性ホルモンの生成も担っており，日長，気温，季節周期は，これらの生殖ホルモンの濃度と生成に影響を与える[3].

下垂体は，副腎皮質刺激ホルモン，プロラクチン，卵胞刺激ホルモンなどのホルモンを産生することで，他の脊椎動物とほぼ同じように機能する．これらのホルモンは下垂体によって生成される他のホルモンとともに成長，水分バランス，生殖などを制御する[3].

松果体は光の有無を検出し，メラトニンというホルモンを生成する．メラトニンは概日リズムと季節周期に関与するので，生殖にも関与しているといえる[3].

爬虫類において全身カルシウムの約99%は骨に蓄えられ，残りの1%は血漿に含まれている．循環カルシウムのうち45%がイオン化カルシウムであり，生理的な働きを持つ．副甲状腺の主細胞はイオン化カルシウムが少なくなると副甲状腺ホルモンを分泌する[34, 35]．副甲状腺ホルモンは，破骨細胞性骨吸収を活性化して骨貯蔵からカルシウムとリンを遊離させることにより，分単位のイオン化カルシウム濃度を厳密に調節する[35, 36]．また，副甲状腺ホルモンはビタミンD_3の活性化と腎尿細管カルシウム吸収とリン排泄の促進を通じて，長期的なカルシウムバランスも調節する[34〜37].

爬虫類の膵臓には外分泌機能と内分泌機能の両方を持ち，β細胞はインスリンを生成するが，糖尿病は稀であり，多くの場合，様々な疾患に関連している．インスリンとグルカゴンは，他の脊椎動物と同様に，血糖値を制御する機能を持っている[2]．膵臓の外分泌機能については消化器系の項を参考にされたい．

カメ目

下垂体は9つのホルモンを産生し，蝶形骨のトルコ鞍に収まり，視交叉のすぐ下にある[1].

甲状腺は対になっておらず，心臓のすぐ頭側で鎖骨下動脈の間に存在し，甲状腺の頭側には胸腺がある． 胸腺は哺乳類と異なり退縮しないが内分泌系器官としての働きはない[1].

カメ目には2対の副甲状腺があり，1対は胸腺内に，もう1対は大動脈弓近くにある[1]．ほとんどのトカゲ類とカメ目は皮膚生合成によりビタミンD_3を合成する[34, 35, 37]．また，大動脈弓近くの副甲状腺には，カルシトニンを分泌する哺乳類の甲状腺傍濾胞細胞と同様の働きをするとても小さい一対の鰓後体がある[1].

副腎は体腔後方部，腎臓の頭側に位置し，カテコールアミン，グルココルチコイド，ミネラルコルチコイドを産生する．カメ目は物理的または生理学的ストレスに曝されるとコルチコステロン濃度が上昇したという報告がある[1].

カメ目の膵臓は，インスリンとグルカゴンの生成という他の脊椎動物と同様の機能を持つ[1].

トカゲ類（トカゲ亜目）

甲状腺の形態は種によって異なり，単一，二葉，または対の場合がある．甲状腺は正常な脱皮を促す[3].

トカゲ類は血漿カルシウムとリンの濃度を制御する一対の副甲状腺を持っている[3].

副腎は精巣間膜または卵巣間膜内に存在しているため，去勢手術の際には注意しなければならない[3].

ヘビ類（ヘビ亜目）

下垂体は哺乳類と同様の機能を持ち，メラトニンは松果体から分泌される[5].

単一または対の甲状腺は心臓のすぐ頭側にあり，成長と脱皮の周期の制御に関与している[5]．脱皮不全や不自然に継続する脱皮，皮膚炎などの皮膚の問題は甲状腺の機能不全との関連が示唆されている[5].

成ヘビ類では胸腺が哺乳類のように退縮していないが，甲状腺の頭側にある脂肪組織により見つけるのは困難である[5].

副甲状腺は対になっており，多くの場合，心臓および甲状腺の頭側にある胸腺に埋め込まれており，カルシウム代謝において役割を果たしている[5]．以前は，夜行性および肉食性の爬虫類は獲物を捕食するとかなりの量のカルシウムとビタミンD_3を摂取するため，UV-Bの照射を必要としないと考えられていたが，コーンスネーク（*Pantherophis guttatus*），トウブインディゴヘビ(*Drymarchon couperi*)およびビルマニシキヘビ(*Python bivittatus*)ではUV-Bの照射によりカルシジオール濃度が上昇することが研究で判明した．しかし，カルシジオール濃度はUV-Bを照射されたボールパイソン(*Python regius*)では変化しなかった．このことは同じ属内であっても，種間で生理的機能が異なることを示唆している[9, 38, 39]．

副腎は通常，生殖腺膜(the gonadal mesentery)内に位置している[5]．

参考文献

1. Thomas H. Boyer, Charles J., Innis Chelonian (2019): Taxonomy, Anatomy, and Physiology *in* Mader's Reptile and Amphibian Medicine and Surgery 3rd ed., 31-48, Elsevier
2. O'Malley (2005): General anatomy and physiology of reptiles *in* Clinical Anatomy and Physiology of Exotic Species, 17-40, Elsevier
3. Stephen B., Shane S. (2019): Lizard Taxonomy, Anatomy, and Physiology *in* Mader's Reptile and Amphibian Medicine and Surgery 3rd ed., 63-74, Elsevier
4. 三輪恭嗣 監修 (2019)：第5章 爬虫類の疾患 *in* エキゾチック臨床シリーズ Vol.18 爬虫類の疾患と治療，204-258, 学窓社
5. Richard S. Funk, James E. Bogan Jr. (2019): Snake Taxonomy, Anatomy, and Physiology *in* Mader's Reptile and Amphibian Medicine and Surgery 3rd ed., 50-62, Elsevier
6. 宇根有美，田向健一監修 (2017)：第16章 消化器系 *in* BSAVA 爬虫類マニュアル第二版 (Simon J. Girling, Paul Raiti), 251-272, 学窓社
7. 細 将貴監訳 (2019)：第3章 移動方法：ヘビはどう動くのか *in* ヘビという生き方 (電子版)，東海大学出版部
8. 宇根有美，田向健一監修 (2017)：第14章 皮膚科 *in* BSAVA 爬虫類マニュアル第二版 (Simon J. Girling, Paul Raiti), 221-238, 学窓社
9. Juan-Salles C., Boyer T.H. (2021): Nutritional and Metabolic Diseases. In: Garner MM, Jacobson ER (eds): Noninfectious Diseases and Pathology of Reptiles [Digital Version] CRC Press Vol.2
10. Vergneau-Grosset C., Péron F. (2020): Effect of ultraviolet radiation on vertebrate animals: update from ethological and medical perspectives. Photochem Photobiol Sci Vol.0(0)
11. Scott J. Stahl, Dale F. DeNardo (2019): Theriogenology *in* Mader's Reptile and Amphibian Medicine and Surgery 3rd ed., 849-893, Elsevier
12. 宇根有美，田向健一監修 (2017)：第11章 麻酔と鎮痛 *in* BSAVA 爬虫類マニュアル第二版 (Simon J. Girling, Paul Raiti), 167-182, 学窓社
13. 宇根有美，田向健一監修 (2017)：第17章 呼吸器系 *in* BSAVA 爬虫類マニュアル第二版 (Simon J. Girling, Paul Raiti), 273-286, 学窓社
14. Beaufrere H., Summa N., Le K. (2016): Respiratory System *in* Current Therapy in Exotic Pet Practice, 1st ed. (Mitchell MA, Tully TN), 76-150, Elsevier
15. 細 将貴監訳 (2019)：第6章 体内輸送 *in* ヘビという生き方 (電子版)，東海大学出版部
16. Zdenek Knotek, Stephen J. Divers (2019)：Pulmonology *in* Mader's Reptile and Amphibian Medicine and Surgery 3rd ed., 786-804, Elsevier
17. 宇根有美，田向健一監修 (2017)：第18章 心臓血管系および造血系 *in* BSAVA 爬虫類マニュアル第二版 (Simon J. Girling, Paul Raiti), 287-306, 学窓社
18. Lionel Schilliger, Simon Girling (2019): Cardiology *in* Mader's Reptile and Amphibian Medicine and Surgery 3rd ed., 669-698, Elsevier
19. Murray M.J. (2006): Cardiopulmonary Anatomy and Physiology *in* Mader's Reptile Medicine and Surgery, 2nd ed., 124-134, Elsevier
20. 宇根有美，田向健一監修 (2017)：第19章 泌尿生殖器系 *in* BSAVA 爬虫類マニュアル第二版 (Simon J. Girling, Paul Raiti), 307-320, 学窓社
21. Ryan De Voe (2019): Gastroenterology—Oral Cavity, Esophagus, and Stomach *in* Mader's Reptile and Amphibian Medicine and Surgery 3rd ed., 752-760, Elsevier
22. Stephen J. Divers (2019): Hepatology in Mader's Reptile and Amphibian Medicine and Surgery 3rd ed., 649-668, Elsevier
23. O'Malley B. (2018): Anatomy and Physiology of Reptiles *in*: Reptile Medicine and Surgery in Clinical Practice, 1st ed. (Doneley B, Monks D, Johnson R, Carmel B). 15-32, John Wiley & Sons
24. Holuz P. (2006): Renal Anatomy and Physiology *in* Mader's Reptile Medicine and Surgery, 2nd ed., 135-144, Elsevier
25. Stephen J. Divers, Charles J. Innis (2019)：Urology in Mader's Reptile and Amphibian Medicine and Surgery 3rd ed., 624-648, Elsevier
26. 宇根有美，田向健一監修 (2017)：第4章 繁殖と新生仔の管理 *in* BSAVA 爬虫類マニュアル第二版 (Simon J. Girling, Paul Raiti), 373-384, 学窓社
27. Jacobson E.R., Lillywhite H.B., Blackburn D.G. (2021): Overview of Biology, Anatomy, and Histology of Reptiles. *in*: Infectious Diseases and Pathology of Reptiles: Color Atlas and Text, 2nd ed. (Jacobson ER, Garner MM). 1-214. CBC Press
28. Di Girolamo N., Selleri P. (2017): Reproductive Disorders in Snakes. Vet Clin North Am Exot Anim Pract. Vol 20 (2), 391-409
29. 宇根有美，田向健一監修 (2017)：第20章 神経学 *in* BSAVA 爬虫類マニュアル第二版 (Simon J. Girling, Paul Raiti), 321-338, 学窓社
30. Simon R. Platt (2019): Neurology *in* Mader's Reptile and Amphibian Medicine and Surgery 3rd ed., 805-826, Elsevier
31. 宇根有美，田向健一監修 (2017)：第15章 眼科学 *in* BSAVA 爬虫類マニュアル第二版 (Simon J. Girling, Paul Raiti), 239-250, 学窓社

32. Da Silva M.O., Bertelsen M.F., Wang T., et al (2016): Comparative morphology of the snake spectacle using light and transmission electron microscopy. Vet Ophthalmol Vol.19(4), 285-90
33. Souza N.M., Maggs D.J., Park S.A., et al (2015): Gross, histologic, and micro-computed tomographic anatomy of the lacrimal system of snakes. Vet Ophthalmol Vol.18 suppl 1(0), 15-22
34. Juan-Salles C., Boyer T.H. (2021): Nutritional and Metabolic Diseases *in* Noninfectious Diseases and Pathology of Reptiles [Digital Version] Vol.2 (Garner M.M., Jacobson E.R.), CRC Press
35. Raiti P. (2021): Endocrinology *in*: Mader's Reptile and Amphibian Medicine and Surgery [Digital Version], 3rd ed. (Divers S.J., Stahl S.J.), 835-848, Elsevier
36. Norris DO: Bioregulation of Calcium and Phosphate Homeostasis In: Norris DO(ed): Vertebrate Endocrinology [Digital Version], 4th ed., pp.487-511, Elsevier Saunders
37. Klaphake E. (2010): A fresh look at metabolic bone diseases in reptiles and amphibians. Vet Clin North Am Exot Anim Pract Vol.13 (3) ,375-92.
38. Brandao J., Rick M., Mayer J. (2016): Endocrine System *in* Current Therapy in Exotic Pet Practice [Digital Version], 1st ed. (Mitchell M.A., Tully Jr. T.N.), 277-351, Elsevier
39. McFadden M.S. (2016): Musculoskeletal System *in* Current Therapy in Exotic Pet Practice [Digital Version], 1st ed. (Mitchell M.A., Tully Jr. T.N.), 352-391, Elsevier

第3章　一般的に来院する爬虫類とその特徴

はじめに

爬虫類は種類により飼育環境や食餌が異なり，その種類に合わせた飼養管理が必要になる．しかしながら，動物病院に来院する多くの爬虫類の飼い主は，爬虫類に対する理解不足から不適切な飼育をしており，そのことが病気の一因となっていることが多い．そのため，来院した爬虫類に関する一般的な知識がないと，その飼養管理が不適切かも判断ができず，治療することはできない．

現在爬虫類は1万種類以上が確認されているが，実際に本邦でペットとして流通しているのは約600種類である．爬虫類の愛好家でない限りはその全種類を把握することは困難であり，診察や治療を行うにあたりすべてを知っておく必要はない．しかしながら，飼育頭数が多い種類は，動物病院に来院する確率も高いため，飼育頭数が多い一般的な種類については知っておかなければならない．そのため，本章では動物病院に来院する主な種類に絞って紹介する．昨今では様々な飼育書や図鑑が出版されているため，詳細はそれらを参考にして頂きたい．

カメ目

ミシシッピアカミミガメ（図3-1）

学名：*Trachemys scripta elegans*
分類群：ヌマガメ科
自然分布：アメリカ合衆国南部からメキシコ北東部
身体：甲長20～30 cmに達する中型種．メスの方が大きくなる．体重は甲長20 cmのメスで約1.4 kg
寿命：15～25年[1]
食性：幼体は肉食性だが成長すると雑食性．藻類，水草，水生昆虫，ザリガニ，エビ，貝類，魚類など
性成熟：オスは腹甲長約10 cm以上，メスは腹甲長17～23 cm以上で，一般的に3～8歳[1,2]

図3-1　ミシシッピアカミミガメ
来院数の多い種類であるが，意外と気性が荒いため診察時には気をつける．

幼体はミドリガメと呼ばれてペットとして世界的に流通し，世界各地で川や池に放された個体が繁殖して野生化し定着している．日本国内では，本州，四国，九州，琉球列島に定着している．

半水棲で日光浴を好むため，河川，湖沼，池など水生植物が多い場所に棲息し，日光浴に適した陸場の多い穏やかな流れの場所にいることが多い．塩分への抵抗力も高く，汽水域にも進出することもある．水温が10℃以下の日が続くと食欲と活動が低下する．北部に棲息する個体は冬眠を行うが，南部に棲息する個体は冬眠しない．周年求愛だが交尾は主に春と秋に多く，産卵は4月から7月にかけて行う[3]．水中でオスは前肢をメスの前で震わせて求愛する（**図3-2**）．寒冷地や山地を除く国内のほぼ全域で越冬，繁殖可能であるが，北海道では生存，産卵はできても孵化はできないと考えられている．

極めて丈夫で飼いやすい種だが，意外と気性が荒

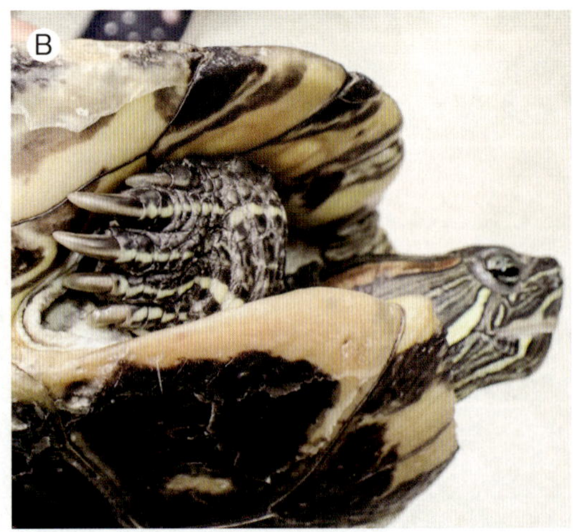

図3-2　ミシシッピアカミミガメのオス(A)とメス(B)
ミシシッピアカミミガメのオスの爪は長く，メスの前で前肢の爪を振るわせて求愛する．

図3-3　ミシシッピアカミミガメ
基本的に気性は荒く，保定者を咬もうとするため注意が必要である．

く攻撃的で甲長が7～8 cmを超えたあたりから積極的に噛み付いてくる(**図3-3**)．そのため飼育数は多い一方で，野外への遺棄，逃亡も多く，在来のカメ類などへの影響が懸念され続けていたため2022年に条件付特定外来生物に指定された．現在は飼育や譲渡は可能だが，基本的に輸入と販売が禁止され，野外遺棄や逃亡した場合も罰則が課されるようになった．

リーブクサガメ(クサガメ)

学名：*Mauremys reevesii*
分類群：イシガメ科
自然分布：日本，韓国，中国，台湾
身体：甲長オス15～20 cm，メス15～25 cm
寿命：20～30年
食性：雑食性で藻類，水草，水生昆虫，ザリガニ，軟体動物，貝類，魚類など
性成熟：オス甲長12 cm(7～10歳)，メス甲長17 cm(6～7歳)[4]

キンセンガメ(金線亀)，幼体はゼニガメ(銭亀)とも呼ばれる．ゼニガメは元々はニホンイシガメの幼体を指していたが，現在ではより流通の多い本種の幼体を指すことが多い．クサガメは東アジアが原産国であり，18世紀末に移入されたと考えられており，現在国内では北海道と沖縄以外に広く分布している．日本在来の水棲ガメの中では野生下でも数が多く，ペットとしても多い種類である．「臭ガメ」という名前の通り，自衛のために腋窩腺や鼠径腺から独特の臭いを出す．河川の中下流域や水路，湖沼，ため池，水田など様々な水域に生息する．

丈夫で飼いやすいが，メスではある程度の大きさになるため，それなりの大きさのケージが必要になる(**図3-4**)．オスは性成熟すると黒化(メラニズム)し，頸回りの模様や四肢，眼も黒くなり肉眼的にオスと判別できるようになる(**図3-5**)．

ヨツユビリクガメ(図3-6)

学名：*Testudo horsfieldii*
分類群：リクガメ科
自然分布：アフガニスタン，イラン，ウズベキスタン，カザフスタン，パキスタン，中国新疆地方西部など
身体：甲長14～18 cm，最大24 cm．メスの方がオスより大きい．

図3-4　クサガメのメス
クサガメのメスは成熟しても，幼体時と模様は変わらない．

図3-5　クサガメのオス
クサガメのオスは性成熟すると黒化する．

図3-6　ヨツユビリクガメ
ロシアリクガメ，ホルスフィールドリクガメとも呼ばれる．

図3-7　ヨツユビリクガメの肢
指は4本である．

寿命：40～50年
食性：草食性
性成熟：7～10歳

ロシアリクガメ，ホルスフィールドリクガメとも呼ばれるが，名前の通り四肢の指は，他のリクガメ科のカメと異なり4本である(**図3-7**)．現在アフガニスタン(*T. h. horsfieldii*)，カザフスタン(*T. h. kazachstanica*)，トルクメニスタン(*T. h. rustamovi*)の3亜種に分けられているが，採取地が明確でない限り判別は困難である．

北緯25～55度までの南北に非常に広い分布域を持つ．棲息域はステップ気候，砂漠気候，地中海性気候が主だが，パミール高原の標高4,000 m付近の冷帯気候域や，標高が海面以下のカスピ海の南西岸の西岸海洋性気候まで棲息しており，様々な気候帯に分布していることが特徴的である．実際の環境は岩石砂漠，ステップ，岩場の多い丘陵地などの様々な乾燥地域に棲息する．穴を掘れる場所では深さ1 m長さ3～4 m以上にも達するシェルターを掘り，その中で北部や高地の個体群では冬眠を行い，南部の個体群では夏眠を行う．

雨が多く活動の盛んな時期は昼行性だが，夏眠をしていない場合は夏季や乾燥期には真昼の暑さを避け，朝方や夕方に活動することが多い．他の種類と比較して棲息環境の厳しさに適応してあまり緑の葉を多く摂取せず，野生では乾燥した草や葉などを摂取しているようであるが飼育下では野菜を問題なく摂取する．

飼育書などでは低温にも強く丈夫で飼育しやすいと記載されていることも多く，実際には飼育温度が低くてもそれなりに数年生きることはある．しかし，全く成長しなかったり，成長不良や病気に罹患して結局数年後に亡くなってしまう例が多い．つまり丈

図3-8　ギリシャリクガメ
この個体はコーカサスギリシャリクガメである．

図3-9　ヘルマンリクガメ
この個体はヒガシヘルマンリクガメである．

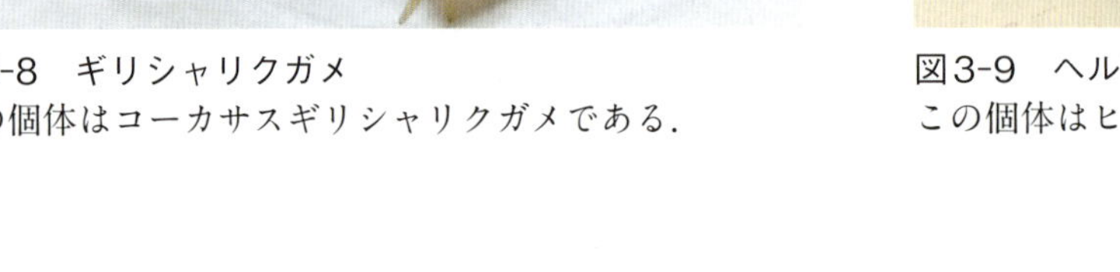

夫で飼育しやすいわけではなく，丈夫なため不適切な環境でもすぐに亡くならず数年は生きることはできるということである．

ギリシャリクガメ（図3-8）

学名： *Testudo gracea*
分類群： リクガメ科
自然分布： 地中海沿岸諸国，南ヨーロッパ，北アフリカ，ロシア西部など
身体： 甲長20～30 cm
寿命： 40～50年
食性： 草食性
性成熟： 甲長16 cm（オス7～8歳，メス12～14年）

基亜種とされるムーアギリシャリクガメ（*T. g. grecea*）を筆頭にアルメニアギリシャリクガメ（*T. g. anamurensis*），アラブギリシャリクガメ（*T. g. terrestris*），ニコルスキーギリシャリクガメ（*T. g. nikolskii*），イランギリシャリクガメ（*T. g. zarudnyi*），アナムールギリシャリクガメ（*T. g. anamurensis*），コーカサスギリシャリクガメ（*T. g. iberia*），キレナイカギリシャリクガメ（*T. g. cyrenaica*），アンタキヤギリシャリクガメ（*T. g. antakyensis*），レバントギリシャリクガメ（*T. g. floweri*）など10亜種以上に分けられているが，ギリシャリクガメの分類は現在も議論されている．本種は非常に広範囲に分布しているため地域の気象条件などにより，身体の大きさや甲羅の色彩が多様化しており，この相違が実は種の違いに起因するのか，あるいは亜種または地域変種か，まだ十分に調査研究されていない．

海岸近くから標高2,700 m前後の高原や山地までの様々な環境に棲息する．荒地を好み，まばらな灌木材，藪地や草原などに生息する．主に草を食べているが樹木の葉，果実や花も食べる．

冬眠に関しては生息地域の環境により異なり，冬眠する個体群でもその期間は1～5カ月と様々である．冬眠しない亜種や個体群でも気温が低い時期には活動性が低下し，気温が上昇した日に活動する．高温や乾燥によっても活動は低下するため，夏に夏眠したり，夜行性や薄明薄暮性型の活動を行ったりする個体群も多い．

ヘルマンリクガメ（図3-9）

学名： *Testudo hermanni*
分類群： リクガメ科
自然分布： アルバニア，ギリシャ，トルコ，南フランスなど
身体： 甲長15～30 cm
寿命： 40～50年
食性： 草食性
性成熟： 9～12歳（甲長10 cm）

地域変異が著しい種であり，基亜種のニシヘルマンリクガメ（*T. h. hermanni*），ヒガシヘルマンリクガメ（*T. h. boettgeri*），ダルマティアヘルメンリクガメ（*T. h. hercegovinensis*）の3亜種が存在し，流通量は圧倒的にヒガシヘルマンリクガメが多い．

背甲の模様がギリシャリクガメに似ているが，ギリシャリクガメにある後肢と尾の間にある蹴爪が本種ではない（**図3-10**）．臀甲板の枚数がギリシャリ

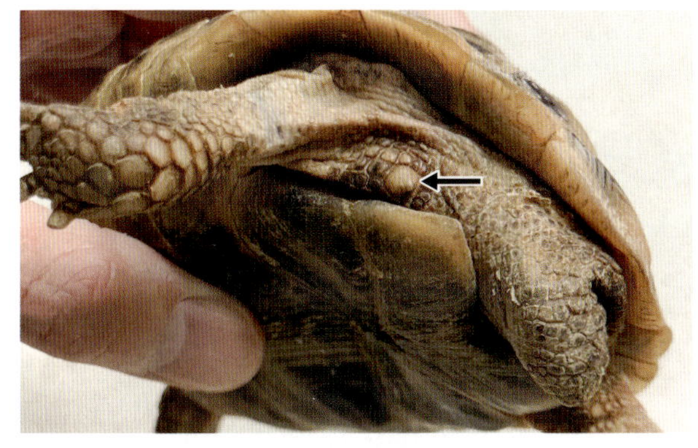

図3-10　ギリシャリクガメの後肢
後肢の尾側に蹴爪(矢印)が確認できる．ヘルマンリクガメには存在しない．

図3-11　ヘルマンリクガメの臀甲板(矢印)
この症例は臀甲板が2枚である．

図3-12　ギリシャリクガメの臀甲板(矢印)
この症例では臀甲板は1枚である．

図3-13　ケヅメリクガメ
かなり大型のリクガメであるが，来院数も多い．

クガメとの鑑別に用いられることがあり，1枚はギリシャリクガメで2枚は本種といわれるが，稀にギリシャリクガメでも2枚で本種でも1枚の個体がみられるため，臀甲板の枚数だけでは確実な判断はできない[5](**図3-11，12**)．

標高1,500 m前後までの乾燥した場所に生息し，常緑の照葉樹林を好み，草地，灌木の点在する丘陵地にもみられるが，高湿度の場所を嫌う．主に草を食べているが，多肉植物や木の葉なども食べる．果実類も食べるが，その量はかなり少ない．

生息地は日本と異なり夏場の降水量は少ないが四季のような気温変化があるため，冬には灌木の茂みに掘った穴で冬眠する．基本的に11月から翌年の3～4月までは冬眠期間だが，ニシヘルマンリクガメはイタリア以西に棲息しており，温暖な地域の個体群は冬眠をしない．ヒガシヘルマンリクガメはバルカン半島に分布しているため，基本的に冬眠をする．

ケヅメリクガメ(図3-13)

学名：*Centrochelys sulcata*
分類群：リクガメ科
自然分布：セネガルからエチオピアにかけてのサハラ砂漠南部一帯
身体：60～70 cm．他のカメと異なりオスがメスより大型となる．
寿命：50～150年
食性：草食性
性成熟：5～8歳

大型のリクガメであるが，小型の幼体時に販売されていることが多く，比較的丈夫で飼育下での成長は早く数年ほどで非常に大型になる．このため，数畳の広さで保温ができて比較的乾燥させた状態が保てる飼育場所が必要となる(**図3-14**)．つまり，一

図3-14　ケヅメリクガメの幼体
比較的成長は早く，数年で非常に大きくなる．

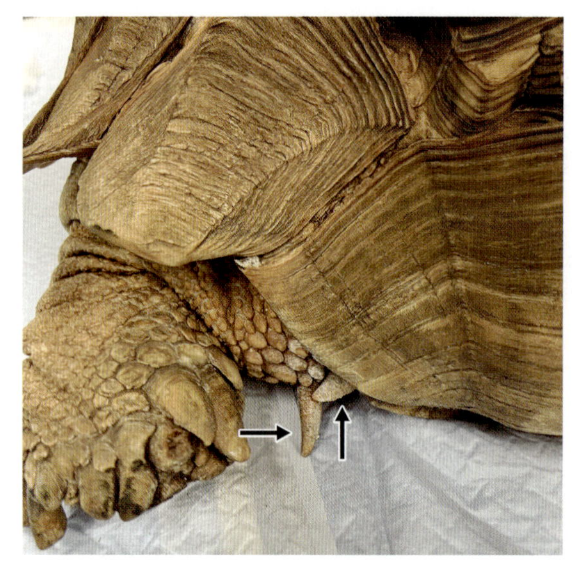

図3-15　ケヅメリクガメの蹴爪(矢印)
鱗が突起状になっており，蹴爪と呼ばれる．

部屋丸ごとカメのために用意できるぐらいでないと飼育できない．

尾と後肢の間に数本の蹴爪を持っており，ケヅメリクガメの和名の由来になっている(**図3-15**)．草食性でイネ科の植物や多肉植物を主食としており，双子葉植物や灌木の葉や花，果物も食べるがその割合は低い．飼育下でもある程度の大きさに成長した個体では，チモシーなどの牧草を混ぜて与えるとよい．

生息地域はサバナ気候，ステップ気候および砂漠気候で，砂漠の周縁部，荒地，乾燥したサバンナやアカシアの灌木の密集地が中心である．ほとんどの生息地で降雨の期間はごく短く，植物中の水分と代謝水で必要な水分を補っている．

生息地は極めて過酷な環境であり，日中は非常に高温で，夜間は急激に気温が下がるため，薄明薄暮性の生活をしている．穴を自分で掘ったり，他の動物が掘った穴を広げてシェルターとして日中や夜間はそこで過ごしている．幼体は小型哺乳類が掘った穴を利用している．シェルター内は幼体でも外敵に襲われる可能性は低く，温度も適温に近く，湿度も比較的高いため水分の損失を抑えられる．

有鱗目(トカゲ亜目)

フトアゴヒゲトカゲ(図3-16)

学名：*Pogona vitticeps*
分類群：アガマ科
自然分布：オーストラリア
身体：全長40～50 cm．体重285～510 g [6]
寿命：10～15年
食性：雑食性．幼体は肉食傾向が強いが，成長するにつれて野菜や花を食べる．
性成熟：9～24カ月齢，全長30～40 cm [6]

下顎の付け根から喉にかけてトゲ状の鱗を持ち，興奮すると喉を膨らませて鱗を逆立て，特に成熟したオスでは発情などの興奮時にこの部分が黒く発色することから，アゴヒゲトカゲと名付けられた(**図3-17**)．

オーストラリア中～東部の内陸側に広く分布し，森林地帯から乾燥した砂漠地域まで様々な環境に棲息しているが，基本的には乾燥した環境にいることが多い．地上棲傾向が強いように思われているが，実際は巧みに立体活動も行い，野生下では半樹上性ともいえる生活をし，低い樹木と地上とを行き来する行動が観察されている．飼育下では比較的地面にいることが多いが，昼行性で日光浴を好む．若齢時は食虫傾向が強い雑食性だが，成熟すると時折昆虫を食べる程度で草食傾向が優位になる [6~8]．しかしながら，実際に昆虫と植物をど

図3-16 フトアゴヒゲトカゲ
この個体はレッド系のカラーである.

図3-17 下顎が黒化したフトアゴヒゲトカゲ
発情したオスは下顎の鱗房が黒化するが，診察中に急に黒くなることもあるためストレスなども関係していると思われる.

図3-18 ヒョウモントカゲモドキ
現在では来院数が一番多い爬虫類である.

図3-19 トレンパージャイアント(右)
トレンパージャイアントと呼ばれる品種は通常の個体よりも明らかに大型である.

のような割合で食べるかは季節や生息地域により異なり，成熟した個体でも昆虫の割合が高いこともある[9]．花や葉といった植物質，昆虫以外にも小型の脊椎動物も摂食する[9,10].

原産地のオーストラリアでは野生動物の輸出入を禁止しているため，流通するのは基本的にCB(飼育下繁殖)個体となる.

ヒョウモントカゲモドキ(図3-18)

学名：*Eublepharis macularius*
分類群：トカゲモドキ科
自然分布：アフガニスタン南東部，パキスタン，インド北西部
身体：全長最大25 cm，平均20 cm．オスの方が大きくなる傾向にある.
寿命：10年前後，20年以上生きた例もある[11].
食性：肉食性
性成熟：1歳

英語名のレオパードゲッコーから「レオパ」の愛称で呼ばれているヤモリで，爬虫類の中でも特に流通量が多い種類であり完全にペットとしての地位を確立している．流通のほぼすべてが繁殖個体で多くの品種が作成されており，野生個体は最大で25 cm程だがトレンパージャイアントと呼ばれる品種は30 cmを優に超える(**図3-19**).

ヤモリだが眼瞼が可動して目を閉じることができるため，トカゲモドキに分類される(**図3-20**)(ヤモリはヘビと同様に眼瞼は動かない)．尾には脂肪分を蓄えることができ，栄養状態が良いと太くな

図3-20　ヒョウモントカゲモドキの眼
上下眼瞼が動き，眼を閉じることができる．

図3-21　ヒョウモントカゲモドキ
栄養状態が良いと尾に脂肪がついて太くなる．

る（**図3-21**）．

岩砂漠，荒地，ステップ，まばらな草地など様々な比較的乾燥した地域にみられ，低地から標高2,000 mを超える高地にまで生息する．砂漠のような地域には生息せず，ある程度は植物が生育している場所を好む．地上棲で日中は石の下や岩の裂け目，小動物の掘った巣穴などのシェルターに身を潜めているが，シェルター内はある程度の湿度が保たれている．夜行性であるが日が暮れて霧が立ち込め，一時的に湿度が高くなるような時間帯に活動する．活動中は捕食者に狙われる危険性があるため，暗くなってから明け方までずっと活動しているわけでない．また，気温が下がる時期は活動する時間が短くなり，冬季は冬眠する．一夫多妻制で，1頭のオスが複数のメスを抱えてハーレムを作る．野生では各種昆虫やクモ，ムカデ，サソリなどを主食とし，小型のヤモリなども捕食する．時には，小型の哺乳類であるバルチスタンコミミトビネズミも食べるとされている[12]．

グリーンイグアナ（図3-22）

学名：*Iguana iguana*
分類群：イグアナ科
自然分布：メキシコ，中米，カリブ海諸国
身体：全長平均120 cm，最大180 cm．メスよりオスの方が大きい．
寿命：15～20年
食性：草食性
性成熟：18カ月齢

図3-22　グリーンイグアナ
大型の種類のため成体になると，ケージ内ではなく部屋全体を使い飼育されていることが多い．

通常，イグアナという場合は本種を指す．イグアナはメキシコからブラジルに至る中米から南米の熱帯雨林に棲息する．高山には棲息せず，標高が低く温暖な地域に広く分布する．

イグアナは昼行性で半樹上性の生活をしており，水辺近辺に棲息していることが多い．水面上にせり出した枝や木の上を好み，危険を感じると水中に飛び込み，一目散に逃げ出す．泳ぎは上手く，地上では素早く駆け抜けて鋭い爪を利用して木を登り，手の届かない位置まで一瞬で逃げ去る（**図3-23**）．追い詰められると全長の3分の2を占める長い尾を鞭のようにしならせて攻撃し，掴まれば噛みつく．野生下では草，低木の葉，果実，花などを採食するが，基本的には決まった1～2種類を摂取し，ある程度の期間毎に変更することで食餌の多様性を保っていると考えられている[13]．

体幹は鱗で覆われており，幼体時には鮮やかな緑色であるが成体になると特にオスでは緑色がく

図3-23　グリーンイグアナの肢
爪が鋭いため，診察時も受傷しないように気をつける．

図3-24　グリーンイグアナの幼体
幼体時は鮮やかな緑色である．

図3-25　グリーンイグアナの成体
この個体はオレンジ色を帯びている．

図3-26　グリーンイグアナのオス
オスでは成体になると咽頭垂(矢印)が発達する．

すみ灰色，茶色やオレンジ色を帯びることが多い[14]（**図3-24，25**）．オス，メスともに，成体になると後頭部から尾にかけて棘状のクレストがみられ，オスでは特に下顎から伸びた大きな咽頭垂(肉垂，デューラップ)が発達してくる(**図3-26**)．色が濃く，青みがかっている幼体をブルーイグアナと称して販売されていることがあるが，実際にはそのような種類はなく，地域変種であると思われる．通常のグリーンイグアナでも幼体時は色が濃く，体色に青やターコイズブルーの色彩が含まれている．いずれも成長とともに幼体時の鮮やかな色彩は退色する．

頭頂部正中には小型の半透明な円形の頭頂眼と呼ばれる組織が存在する(**図3-27**)．解剖学的には眼球と同じ構造をしているが，視力があるわけではない．光刺激を受けることにより体温の調節，日光浴時間の調節および性ホルモンの分泌に関与しているといわれている[15]．

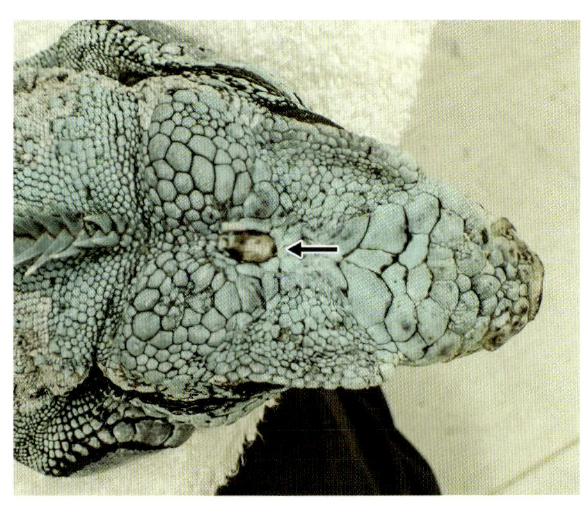

図3-27　イグアナの頭頂眼(矢印)
頭頂部にある眼様の構造物である．イグアナ以外の一部のトカゲにも存在する．

図3-28　エボシカメレオン
カメレオンの中で最も一般的な種類である．

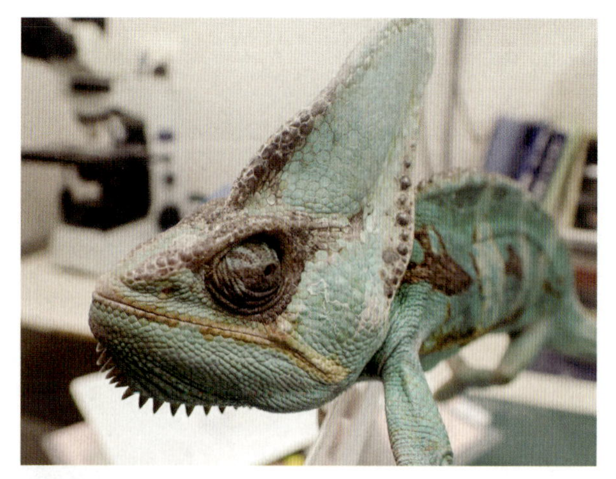

図3-29　エボシカメレオンのオス
成熟すると後頭部のカスクが高くなる．

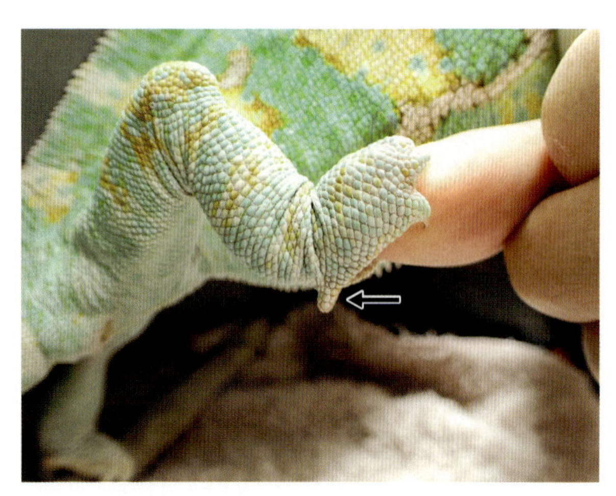

図3-30　エボシカメレオンのオス
後肢の踵に突起(矢印)が認められる．

図3-31　エボシカメレオンのメス
発情期には背側に青い斑点のある明るい緑色に体色が変化する．一般的に婚姻色と呼ばれる．

エボシカメレオン(図3-28)

学名：*Chamaeleo calyptratus*
分類群：カメレオン科
自然分布：イエメン，サウジアラビア南部
身体：全長40～60 cm．メスよりオスの方が大きい．体重メス90～120 g，オス90～200 g
寿命：4～8年．飼育下ではメス2～3年，オス5～6年[16]
食性：昆虫食傾向が強い雑食
性成熟：4～6カ月齢

比較的乾燥や高温などの環境の変化にも耐える丈夫な種類であるため，カメレオンの中では入門的な位置づけにされている．オスは成熟すると後頭部のカスクが非常に高くなり，平安時代の貴族が被っていた烏帽子のように見えるためこのような名前がついた(**図3-29**)．メスはオスほどにカスクは高くならないが，それでも他種のカメレオンよりは高い．体色は主に青みがかった黄緑色で，状態や気分，周囲の環境により変化する．オスはメスより大型になり，オスの後肢の踵には突起がある(**図3-30**)．発情期には濃緑色や茶色から，婚姻色と呼ばれる背中から側方に青い斑点のある明るい緑色へと体色が変化する(**図3-31**)．抱卵中は体色が暗くなり，一般的に妊娠色と呼ばれる[16,17]．

アラビア半島の中でも緑の多い地域であるイエメンの山岳部から南東部のインド洋側にかけて生息する．この地域は雨季と乾季があり，春には中程度に雨が降り，夏は本格的な雨季で多雨となる．冬季は乾季で雨がほとんど降らない．標高の高い荒地に分布し，藪地や山地のほか，街路樹や庭木のような人為的な場所でもよくみられ，乾燥地ではあるものの朝夕は霧が発生するような環境で暮らしている．

カメレオンは基本的には昆虫食であるが，本種は

特に成熟すると昆虫以外に植物質も食べる．飼育下では観葉植物のポトスなどの植物の葉や，野菜，果物も採食するため，水分摂取を兼ねて野菜も与えるとよい．

有鱗目(ヘビ亜目)

コーンスネーク(図3-32)

学名：*Pantherophis guttata*
分類群：ナミヘビ科
自然分布：アメリカ東部～南東部
身体：全長90～170 cm．体重800～1,000 g．オスの方がメスよりやや大きい．
寿命：15～25年
食性：肉食性
性成熟：約2歳

性格的に温和で国内外で盛んに飼育，繁殖されているペットスネークであり，多数の品種が作出されている．

野生下では砂漠以外の多様な環境に棲息しており，森林を好むが草原などにも棲息し，農作地や農園，緑地など人が活動する環境の周辺でもみられる．周囲に自然があれば庭先にも出現し，日本におけるアオダイショウのような感覚のアメリカでは身近なヘビである．

基本的に夜行性で日中は穴などに潜んでいるが，気温が低い時は暖かい日中に活動することもある．冬季から春先にかけては冬眠を行い，冬眠明けに繁殖期を迎える．棲息地域や個体群によっては冬眠を行わない場合もある．基本的に地上棲のヘビであるが，餌を追って木に登ったりする立体的な活動も行う．

食餌の中心は小型哺乳類で，げっ歯類などを主に捕食する．その他，鳥類とその卵，トカゲ類など小型の爬虫類も食べ，生息地によってはこれらのうちいずれかを中心に食べている．

図3-32　コーンスネーク
基本的な体色および模様は赤色，黒色，黄色の3色からなり，ノーマルは全体的に赤色系をしている．

ボールパイソン(図3-33)

学名：*Python regius*
分類群：ニシキヘビ(パイソン)科
自然分布：西アフリカから中央アフリカ
身体：全長100～130 cm．体重1.3～1.8 kg．一般的にメスの方がオスより大きい．
寿命：20～30年
食性：肉食性
性成熟：オス11～18カ月齢，メス20～36カ月齢

驚くとボール状に丸くなることから名付けられているが，性格はおとなしいというより臆病であり，WCの成体では防御のために突然咬みついてくる個体もいる[18](**図3-34**)．

乾燥地域で植物が群生している草原や耕作地，サバンナなどに棲息しており，げっ歯類が使用してい

図3-33　ボールパイソン
よく来院する比較的人気のあるヘビである．

図3-34　ボールパイソン
脅威に曝されると，頭を真ん中にしてボール状に丸まる防御姿勢をとる．

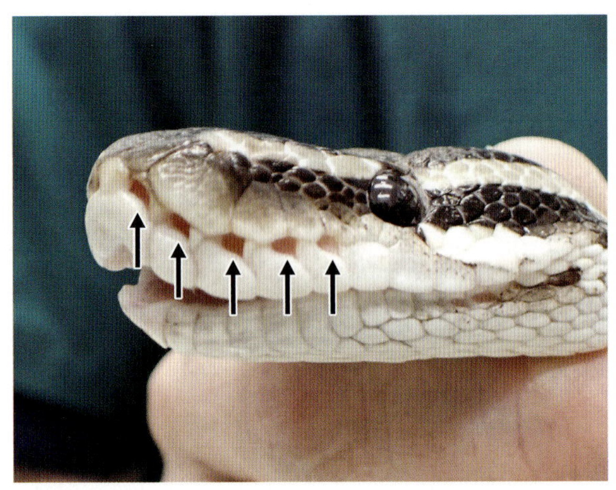
図3-35　ピット器官(矢印)
ボールパイソンでは上唇板に5対存在する．

た古い巣穴や，朽ちた蟻塚などをシェルターとしている．薄明薄暮性に活動をする夜行性であり，スナネズミなどの小型のげっ歯類を捕食している．

ボールパイソンや一部のヘビ(ボア科，ニシキヘビ科，マムシなど)ではピット器官と呼ばれる特殊な赤外線受容体を持っており，これにより完全な暗闇の中でも視覚に頼らないで獲物を感知し捕獲することができる．ピット器官は腔でありそのパターンと数はヘビの種類により異なるが，ボールパイソンでは上唇に当たる鱗(上唇板)に5対存在する(**図3-35**)．ピット器官は神経や毛細血管が非常によく発達しているため，わずか0.003℃の温度変化を検出できる[19]．

毒性種(弱毒)

ヘビでは人体に重篤な危害を及ぼす有毒種も存在し，ヘビ亜目の中で約3割が毒ヘビといわれている[20]．毒ヘビは唾液腺が毒腺に分化しており，毒牙により獲物に毒を注入する[21]．ヘビ亜目は2つの下目，そして4つの上科に分けられるが，ナミヘビ上科にのみ毒ヘビは存在する．ナミヘビ上科の中で毒ヘビといわれる種類は，コブラ科全種，モールバイパー亜科全種，クサリヘビ科全種およびナミヘビ科の一部である．コブラ科およびクサリヘビ科のヘビ(特定外来生物に指定されているタイワンハブは除く)は動物愛護管理法で特定動物とされ，飼育が規制されており愛玩目的での飼育は禁止されている．ナミヘビ科の有毒種は毒が弱いか，毒の量が少ないため人間にはあまり大きな害を与えないことが多く，一般的に弱毒種といわれている[22]．そのため特定動物に指定されていないが，アフリカに棲息するブームスラングや日本に棲息するヤマカガシでは人の死亡例も複数報告されている[22]．

蛇毒は二十数種類の酵素から構成されており，ヘビの種類によってもその成分は異なるが，神経毒と出血毒に分けて考えられることが多い．コブラ科，モールバイパー属は神経毒が主であり，クサリヘビ科とナミヘビ科は出血毒が主である[20]．

毒ヘビは毒牙の位置や形態によって前牙類，管牙類，後牙類の3つに分類される(**図3-36**)．この分類はかなり系統を反映したものといえるが，モールバイパー属やデスアダー属など一部形質が収斂的な例もみられる．

前牙類は上顎の前方に左右1対の牙を持つ．コブラ科のヘビがこれにあたり，管牙類と比べると明確に長い上顎骨の前方に毒牙が固定されている．ほとんどの種類でその長さは数ミリ程度しかない[23]．牙の側面に縦走する溝があり(溝牙という)，ここを伝って毒液が流れる．そのため牙を深く差し込まないと，相手の体に毒を送り込むことができない．溝ではなく完全な管状になっている種類もいる．ドクフキコブラで知られるリンカルスやクロクビコブラなど一部の種類では管の噴出孔が牙の前方に開

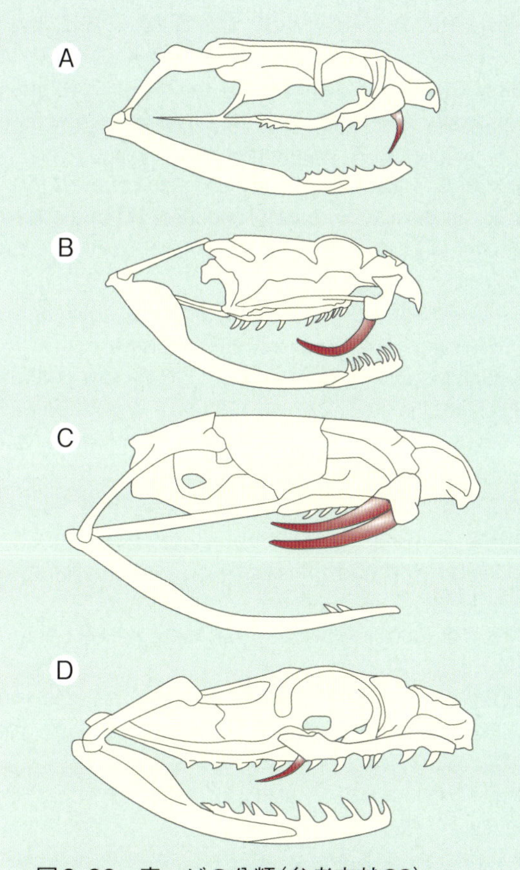

図3-36　毒ヘビの分類(参考文献23)
A：コブラ科(前牙類)の頭蓋の模式図
B：クサリヘビ科(管牙類)の頭蓋の模式図
C：モールバイパー(管牙類)の頭蓋の模式図
D：後牙類の頭蓋の模式図
基本的には前牙類，管牙類，後牙類に分類される．(A)上顎骨の前方に毒牙を持つ．(B)短い上顎骨の後方に管状になった毒牙を持つ．(C)クサリヘビ科とよく似た毒牙の構造をしている．(D)上顎骨の後方に肥大化した毒牙を持つ．

いているため，対峙した相手に毒液を吹きかけることができる．

管牙類は前牙類と同様に上顎の前方左右に1対の牙を持つが，牙は長く，口を閉じている時は後方に倒れている．攻撃の際には上顎骨を動かし，蝶番式に毒牙を立ち上がらせる．牙の中に空洞があり，1本の管になっている(管牙という)．毒液はこの中を流れて牙の先端から出るため，深く差し込まなくても毒を送り込める．そのため溝状の毒牙とは異なり，毒液は一瞬で注入される．クサリヘビ科のヘビがこれにあたる．また，イエヘビ科のモールバイパー属は系統的には，クサリヘビ科よりもコブラ科に近いが，牙の構造や動きは管牙類といえる[23]．モールバイパー属は地中性のヘビであり，口を開けることなく，片方の毒牙を口の横から側方に出して攻撃する[22]．

図3-37　セイブシシバナヘビ
普通にペットとして来院するが，後牙類のヘビであるため咬まれないように注意する．

後牙類は上顎の後方に1～2本の他の歯よりも大きい毒牙を持っている[20]．ブームスラングのように牙に溝があるものもいれば，ヤマカガシのように溝がなく，牙の付け根に毒腺からの導管の開口部がある種類もいる．ナミヘビ科に属するヘビはこれにあたり，ペットとして多く飼育されているセイブシシバナヘビも含まれている(**図3-37**)．実際にはセイブシシバナヘビによる咬傷は重症には至らない[24]．

有毒なトカゲはドクトカゲ科のアメリカドクトカゲとメキシコドクトカゲ2種とオオトカゲ科のコモドオオトカゲのみだが，コモドオオトカゲはペットにはならないため記載からは除外する．ドクトカゲ科の毒牙の構造は毒ヘビと異なる．毒腺は下顎に1対あるが(毒ヘビでは上顎)，毒牙と直接連絡していない．下顎のすべての歯に溝があり口の中に流れ出た毒は，噛んだ時に歯にある溝を通って傷に注入される．毒の成分は主に神経毒である．飼育には各自治体の申請許可が必要である．

参考文献

1. Kramer M.H. (2005): Red-eared Sliders. *Exotic DVM*, 7: 38-43
2. Doneley B. (2018): Taxonomy and Introduction to Common Species. In: Reptile Medicine and Surgery in Clinical Practice, 1-14, Wiley Blackwell
3. 安川雄一郎 (2007): アカミミガメ属 (スライダーガメ属) の分類と自然史①. In: クリーパー, No.36, 18-57, クリーパー社
4. Yabe T. (1994): Population Structure and Male Melanism in the Reeves' Turtle, *Chinemys reevesii*. *Jpn J Herpetol*, 15: 131-137
5. 小家山仁 (2003): リクガメカタログ　チチュウカイリクガメ属 . In: リクガメ大百科 , 39-52, マリン企画
6. Johnson J.D. (2006): Bearded Dragons. *Exotic DVM*, 8: 38-44
7. Raiti P. (2012): Husbandry, Diseases, and Veterinary Care of the Bearded Dragon (*Pogona vitticeps*). *J Herp Med Surg*, 22: 117-131
8. Doneley B. (2006): Caring for the Bearded Dragon. *Proceedings of The North American Veterinary Conference*, 1607-1611
9. Kubiak M. (2021): Bearded Dragons. In: Handbook of Exotic Pet Medicine (Kubiak M. ed.), 219-240, Wiley Blackwell
10. Metcalfe D.C., Hawkeswood T.J. (2013): Natural History Notes. *Herpetol Rev*, 44: 290-335
11. 小家山仁 (2019): ヒョウモントカゲモドキについて . In: ヒョウモントカゲモドキの健康と病気 , 5-16, 誠文堂新光社
12. 八木厚昌 (2010): ヒョウモントカゲモドキ *Eublephalis macularius*. In: 第9回 爬虫類・両生類の臨床と病理に関するワークショップ , 21-30, 爬虫類・両生類の臨床と病理の研究会
13. Baer D. (2003): Nutrition in the Wild. In: Biology, Husbandry, and Medicine of the Green Iguana (Jacobson E.R. ed.), 38-46, Krieger Publishing Company
14. Rodda G.H. (2003): Biology and Reproduction in the Wild. In: Biology, Husbandry, and Medicine of the Green Iguana (Jacobson E.R. ed.), 1-27, Krieger Publishing Company
15. O'Malley B. (2005): Lizards. In: Clinical Anatomy and Physiology of Exotic Species, 57-75, Elsevier
16. Kubiak M. (2021): Chameleons. In: Handbook of Exotic Pet Medicine (Kubiak M. ed.), 263-281, Wiley Blackwell
17. Coke R. (1998): Old World Chameleons: Captive Care and Breeding. *J Herpetol Med Surg*, 8: 4-10
18. 海老沼剛 (2012): 有鱗目ヘビ亜目 . In: 世界の爬虫類ビジュアル図鑑 , 166-223, 誠文堂新光社
19. O'Malley B. (2005): Snakes. In: Clinical Anatomy and Physiology of Exotic Species, 77-93, Elsevier
20. 今泉忠明 (2007): 爬虫類 . In: 猛毒動物の百科 第3版 , 51-86, データハウス
21. 鎮西弘 (1987): 毒蛇とその周辺 . *化学と生物* . 25: 130-140
22. 疋田努 (2002): 多様な爬虫類 . In: 爬虫類の進化 , 58-109, 東京大学出版会
23. 田原義太慶 , 友永達也 , 柴田弘紀 (2020): 毒ヘビとは何か . In: 毒ヘビ全書 , 6-9, グラフィック社
24. Kato K., Kato H., Morita A. (2019): A case of Western hognose snake bite. *J Cutan Immunol Allergy*, 2: 37-38

第4章　飼養管理

はじめに

爬虫類における疾患の多くは，飼育者の誤った知識による不適切な飼育環境や食餌管理，過剰なスキンシップなどに起因することが多い．つまり，病気自体は不適切な飼養管理の結果であり，病気を治すためには不適切な飼養管理を指摘して指導しなければならない．そのためには，飼養管理について熟知する必要があり，飼育者への聴取から飼育に不適切な要素があるかを判断しなければならないだけでなく，聴取により何を聞き出すかを判断する必要がある．病気を知ることももちろん大切であるが，それ以上に飼育環境の問題点を把握して適切な飼育指導を行うことができる知識や能力がより重要だと思われる．

爬虫類と一言で言っても種類や亜種により棲息地域や食性など様々であり，自然界での棲息環境を飼育環境下で人工的に再現できれば理想的である．しかしながら，ペットとして飼育するにあたり自然環境を完全に再現することは不可能である．このため飼育者は飼育する動物種のことを知った上でその種の人工的な飼育下での最適な環境作りを行っていく必要がある．

例えば，砂漠やサバンナに棲息する種類は日中，高温を好み強い紫外線を必要とする種類が多い．一方，夜行性のヤモリ類やヘビ類は強い光は好まず，シェルターがないとストレスを感じる種類もいる．熱帯雨林に棲息する種類では，やや高めの湿度を好む傾向があり，樹上性のトカゲ類やカメレオン類では，霧吹きなどにより人工的に雨を模して給水しなければ，水容器からは水を全く摂取しない種類もいる．また，リクガメといっても降雨が少なく乾燥した地域に棲息する種や，湿った林床に暮らす種など様々である．このように各々の種に対し一通りの生態を把握していないと，どのような環境設定やどのような飼育指導を行って良いかわからなくなってしまう．

特に昨今では様々な飼育用品が販売されており，爬虫類が飼育しやすくなり，これだけあれば飼育できるような印象が押し出されていることもある．しかし，飼育ケージは爬虫類を管理する入れ物ではなく，爬虫類が住む空間であり，その空間が飼育される個体にっとては生涯においてすべての世界となることを覚えておかなければならない．例えば，ヘビはトグロ3個分の広さがあれば大丈夫という情報もある．それには，爬虫類は狭い空間の方が安全だと感じるや，本来動き回らないため広い空間は必要ではないと一般的に誤解されていることが背景にあると考えられる[1]．このような科学的根拠も倫理的正当性もない考えにより爬虫類は狭いケージの中で飼育可能なペットといわれて販売されている．実際には爬虫類も哺乳類と同様に感情があり，不安や恐怖，苦痛やストレス，喜びも感じることがわかっている[2]．他の動物と同様に爬虫類も自発的に動くことができる空間を必要としており，狭い空間はストレスとなる．また，必要な時には自発的に隠れ場所を探すため，シェルターも必要であり，動けるスペースも必要ということである．だからといっても，ケージも広ければ広いほど良いわけではなく，特に幼体やWC(野生捕獲)個体の飼育当初では狭い環境にシェルターを設置した方がよい．

実際にはヘビは腸の不快感をとるために，直線姿勢をとることが必要とされているが，自分の体の長さより短い幅のケージの中では，真っすぐに伸びる姿勢をとることができない[3]．そのため，ヘビではケージの一片は全長以上，もう一片は全長の40％以上が必要であり，樹上性の種類では高さも全長以上が必要とされている[3]．また，樹上棲の爬虫類では，平面ではなく高さに広い空間をとり上下運動できるような環境が良いと一般的にいわれているが，それも種類により様々である．キノボリトカゲではそのような環境でも構わないと思われるが，同じく樹上棲のカメレオンは上下運動

図4-1　飼育ケージの例
好みによりレイアウトは異なるが，その種の生活に合うような環境を心懸ける必要がある．

をするわけではなく樹上で水平方向に移動するため，平面的な広さも必要である．以上のように，一般的な情報を元にしながら実際にその爬虫類がその環境で快適なのかを考えて，QOLを考えた飼育指導をする必要がある．

最近では爬虫類用の飼育用品が充実しており，それらを駆使して理想的な飼育環境を模索することとなる．同じ種類の爬虫類であっても飼育環境は飼育される地域や居住環境を含めて飼育者により千差万別である．このため，以下に爬虫類全般の飼育に必要な飼育設備，温度や湿度，照明，食餌など，最低限の飼育環境を整備するために必要な基本的な要素について記載する．

図4-2　パンサーカメレオンの飼育ケージの一例
樹上棲の種類では木や枝などを設置し，登れる環境を用意する．

飼育ケージ

飼育ケージは爬虫類の種類により選択することとなる．陸棲(地上棲，地中棲)，樹上棲，半樹上棲，半水棲，水棲などの棲息環境を考慮し，その種類に適した選択を行う．例えば，地上棲のリクガメでは高さよりも底面積を重視し，樹上棲のトカゲには立体的な活動ができるある程度の高さがある飼育ケージを選択する．さらに種類や個体によりケージ内にレイアウトとして様々な物を設置することがある(**図4-1**)．例えば，神経質な個体では体が隠れるスペースをシェルターや木，岩などを設置することで作り出す必要があり，樹上棲の種類では木や枝を設置して上下運動ができる環境にする必要がある(**図4-2**)．これらの物をレイアウトとして設置する場合はそれを見越して，ケージの大きさを選択する必要がある．狭い飼育ケージではケージ内の温度勾配を作り出す設計が困難になり，熱中症や低温火傷の原因や，運動不足により肥満になる可能性がある(**図4-3**)．逆に広いと環境設計は容易になるが，適切な飼育温度を維持するための保温器具が複数必要になる可能性があり，衛生状態を管理するにも労力が必要となる．導入初期の個体では広すぎるケージは採食行動や飲水行動ができないこともリスクとなる．また，個体の成長した大きさの予測や，運動量や性格も考慮して適切なケージを選択する必要がある．最終的には種類と飼育者の飼育スタイルにあった飼育ケージを選択することとなる．

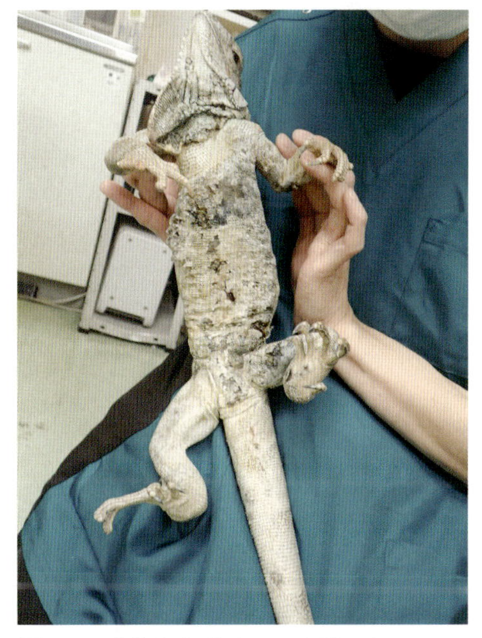

図4-3　火傷したグリーンイグアナ
不適切な環境温度の中，常にパネルヒーター上にいたことで火傷したと思われた．

図4-4　飼育ケージの例
カメレオンではメッシュ製ケージが使われたり，カメではタライが使用されていることもある．

図4-5　オニプレートトカゲの飼育ケージの一例
全面が開く爬虫類専用のケージは日々の世話がしやすく，様々な大きさも販売されているためよく用いられている．

一般的に爬虫類飼育に用いられるケージ，アクリル製やガラス製の水槽，衣装ケースやプラスチックケース，メッシュ製ケージ，鳥かごなどである(**図4-4**)．水槽は視認性が高く，湿度を保つのに適しているが，重たく割れやすいため掃除などの際に苦労することがある．メッシュ製ケージ中や鳥かごは通気性が良いが，湿度を保つことは難しい．木製ケージを自作して用いている飼育者もいる．前面が開くようになっている爬虫類専用の飼育容器も用いられることが多い(**図4-5**)．

シェルター，陸場

自然界では天敵から逃れるために巣穴に身を潜めて隠れたり，岩場や落葉の下で棲息している種類には，ストレス回避のためにシェルターを用意する．例えば，地上棲のヤモリ，陸棲のカメやヘビなどには必要となる．

シェルターには岩のように見えるロックシェルター，コルク樹皮，陶器で作られた天井部に水を張って多湿に保てるウェットシェルターなどが販売されており，素焼きの植木鉢や木箱なども用いることができる(**図4-6**)．簡易的にはお菓子などの箱やトイレットペパーの芯なども利用できる(**図4-7**)．また，石，流木や枝，植物のレイアウトにより隠れるスペースを確保できれば，シェルターを用いなくてもよい(**図4-8**)．レイアウト用品は，植物による中毒や木についている虫の繁殖を懸念して，人工植物が選択されることもある．

シェルターは隠れるだけではなく，体温を下げる

図4-6　ウェットシェルターを使用しているヒョウモントカゲモドキ
ヒョウモントカゲモドキではウェットシェルターが用いられていることが多い.

図4-7　ローソンアゴヒゲトカゲのレイアウトの一例
トイレットペーパーの芯をシェルターとして使用している.

図4-8　隠れているオニプレート
シェルターがなくても，石や流木の隙間に隠れる.

図4-9　ミシシッピアカミミガメのレイアウトの一例
陸場が設置されている.

ための日陰を作ったり，紫外線の過剰照射から身を守る場所にもなる．また，ヘビやトカゲでは脱皮時の取っ掛かりとしても利用される．シェルターは大きすぎるよりも，他の個体が入り込めない程に狭い方が適している．

水棲種や半水棲種では陸場を設ける必要がある種類もいる．陸場は水中から這い上がりやすく，また降りやすいものがよい．流木や岩，レンガ，あるいは人工的に作製された陸場や専用で市販されている浮島も使用できる(**図4-9**)．一般的に陸場はホットスポットとなるようにライトを照射して，体温を高め，体を乾燥させる目的で設置する．

床材，水場

床材は天然物と人工物に大別され，爬虫類の種類，自然棲息環境や生態などの動物的要因と，保湿性や誤食した場合の影響など床材自体の特性を考慮し総合的に選択する．現時点では，どれが一番優れているかや，この種類にはこの床材と決まっている物はない．床材はケージ内の温度や湿度を左右する因子となり，衛生面や管理面にも影響を及ぼし，病気を引き起こすきっかけになり得るため，床材の選択は重要である．一般的に天然物を使うと外観的な見栄えは良いが，衛生面で問題が生じることもあり，人

図4-10　ウォールナッツサンドを用いた飼育例
ウォールナッツサンドも乾燥系の床材であり，クルミ殻を粉砕したもので通気性に優れている．セイブシバナヘビをウォールナッツサンドを用いて飼育している．

図4-11　デザートサンドを用いた飼育例
ヒョウモントカゲモドキをデザートサンドを用いて飼育している．

図4-12　赤玉土を用いた移動用キャリー
ニホンヤモリの移動用プラスチックケージに赤玉土が用いられている．

図4-13　バーミキュライト
タッパーにいれて孵卵床に使われることが多い．

工物は利便性に優れているが，微妙な環境設定を行うことは難しい．

天然物は乾燥系と湿潤系があり，人工物は基本的に乾燥系である．天然物の乾燥系にはデザートサンドやデザートソイル，バークチップやアスペンチップなどがある（**図4-10**）．デザートサンドは潜って隠れることができ，熱源から伝わる熱の保温にも役立つ（**図4-11**）．デザートソイルは粒が大きく多孔質で排泄物の匂いを吸着して軽減する効果があり，適度に霧吹きをすることにより軽度な湿潤環境を提供できる．バークチップは松の樹皮を砕いた物で，アスペンチップは広葉樹の木材を細かくした物であり，いわゆるウッドチップである．両方とも保温性に優れている．湿潤系には黒土，赤玉土，バーミキュライトなどの園芸用土や湿潤系ソイル，植物が原料であるピートモス，ヤシガラ，ミズゴケなどがある．黒土や赤玉土は水を含みやすいため適度に湿らすことで湿度を保ちやすく，穴を掘っても崩れにくい（**図4-12**）．バーミキュライトは軽くて通気性，保水性に優れた鉱物であり，爬虫類の産卵床や孵卵床に用いられることが多い（**図4-13**）．湿潤系ソイルは湿潤環境を作りやすく，吸着効果により水を浄化する働きもあるとされている．粒が崩れやすいた

図4-14　ヤシガラを用いた飼育例
バシリスクカメレオンをヤシガラを用いて飼育している．

図4-15　ミズゴケ
保湿性に優れているため，湿度を保つ目的で用いられる．

図4-16　ロシアリクガメの飼育の一例
床材としてペットシーツを使用している．

め，地面を掘ったりする生体には不向きである．ピートモスは大昔のミズゴケ等が地中で炭化したものであり，保湿性に優れているが，長い繊維が混ざっているため特に誤食に注意が必要である．ヤシガラはココヤシの皮や実の繊維をプレスして板状にしたものであり，通気性や排水性に優れており乾燥系，湿潤系のどちらの環境にも対応できる(**図4-14**)．ミズゴケは優れた保湿性で重宝され，タッパーなどに入れてケージ内の湿度を保つウェットポイントとして利用することが多い(**図4-15**)．

人工物としてはペットシーツ，キッチンペーパー，新聞紙，人工芝やタイルなどが挙げられる．ペットシーツ，キッチンペーパー，新聞紙は汚れたら容易に廃棄できるため利便性に優れており，衛生面を管理しやすい(**図4-16**)．しかしながら，水分で湿りやすく，湿潤系の環境設定には利用困難である．

人工芝は見栄えも良く，汚れても洗浄して何回も使用できる．しかし，草食性の爬虫類では餌と間違えて誤食する恐れがあるため注意が必要である．人工芝はいくつかの種類が販売されているが，プラスチック製の硬い質感の物は誤食する可能性が一番低いと思われる．タイルはジョイントタイプの物を床材として利用できる．すのこのように上げ底になっているため，尿などの水分は下に流れて，乾燥した状態が保たれる．

水棲種と半水棲種は水場を設ける必要があるが，水への依存度により水場の容積を考える．底砂を用いる場合は大磯砂など水質を変化させないものを用いる．時に硅砂，サンゴ砂などを用いることもあるが，これらの床材は水質をアルカリ性に傾ける性質があるため弱アルカリ性を好む種類に利用される[4]．底砂を敷くことで滑りづらくなり見栄えも良くなるが，餌の食べかすや排泄物が溜まり不衛生になり，掃除もしづらくなるため水質管理に気をつける必要がある．水質管理を重要視した場合は，底砂を用いないベアタンクと呼ばれる飼育方法も選択肢となる(**図4-17**)．

床材の選択時には飼育動物が簡単に飲み込めないような素材や大きさで，もし誤食しても問題にならないようなものを選択するということを第一に考える．また，乾燥したり，粉砕して粉塵が出るものも呼吸器疾患の原因になる可能性があるため注意する．

図4-17　カブトニオイガメの飼育の一例
ベアタンクで飼育しており，水換えを行いやすい．

図4-18　バスキング中のオニプレートトカゲ
昼行性のトカゲはバスキングを行う．

保温器具

爬虫類は哺乳類，鳥類などの恒温動物のように自らの代謝を利用して一定の体温を保っておらず，外部熱により体温調節する外気温動物である．そのため，飼育下でもその種類の棲息環境の気温を再現できれば理想的である．しかしながら，地上棲息種と一言で言っても日陰，日向，地中でも温度域は異なり，活動する時間帯によっても気温は異なる．また季節により気温が変動する地域もあれば，昼夜の温度差がかなり激しい地域もあり，これらの複雑な自然環境を人工的に完全に再現することは困難である．そのため，飼育下では熱源を用いて環境温度を至適環境温度域(Preferred Optimum Temperature Zone: POTZ または Preferred Optimum Temperature Rang: POTR)に設定して至適体温(Preferred Body Temperature: PBT)を維持することが重要である．

体温は生理機能と大きく関係しており，PBT を維持できないと消化機能，免疫機能などが低下するため，臨床現場では不適切な設定温度に起因した食欲不振や感染症を発症している症例によく遭遇する．また，PBT でなければ正常な代謝と異なるため，薬の代謝にも影響を及ぼし治療の妨げとなる．

外気温動物は自ら体温を下げることができないため，体温を下げたい場合にはより温度の低い場所や，日陰，シェルター，水場などへ移動して体温調節を行う．このため，基本的にケージ内は POTZ 内での上限の高い温度域と低い温度域の温度勾配ができるように環境設定する．そのように設定することで，動物が必要に応じて自分で移動して体温調節を行うことができる．季節やエアコンの使用，日中や夜間でも温度は常に変化するため，温度管理に当たっては，最高最低温度計によりケージ内の温度を測定し，サーモスタットを用いて管理するのがよい．

自然環境下での熱源である太陽光の代用として，飼育下では保温器具を用いる．爬虫類が体温を上昇させる方法には日光温性と熱伝導性の2つがある[5]．日光温性はバスキングによる放射熱から体温を上昇させる方法で，基本的に昼行性の爬虫類(特にトカゲ)が行っている(**図4-18**)．熱伝導性は暖かい地面や物の表面に接触することにより，直接的に体温を上昇させる方法であり，夜行性の爬虫類や森林に棲息している爬虫類が主に行っている．特に，鱗が薄い種類では熱伝導の効率がよい．そのため昼行性の爬虫類には，赤外線が含まれた白熱電球(保温球とバスキングライト)をメインに用いることが多く，夜間も常時使用できる夜間用の保温球もある．夜間用保温球は爬虫類には見えにくい光を出している．他の保温器具にはセラミックヒーター，遠赤外線上部ヒーターやプレートヒーターなどがあり，夜行性の爬虫類ではこれらを主に用いることが多い．

白熱電球には集光型と散光型がある．集光型は光に方向性を持たせることで1箇所を集中的に加温することができ，レフ球がこれにあたり一般的にバスキングライトと言われる(**図4-19**)．散光型にはクリア球があり，熱源を中心に熱が拡散するためケージを全体的に保温したい時に用いる(**図4-20**)．集光型では周囲より温度が高いホットスポットを作り出すことができ，爬虫類はホットスポットでバスキング(体温を上昇させるために行う日光浴)を行う

図4-19　レフ球
集光型の白熱電球であり，バスキングライトと呼ばれる．

図4-20　クリア球
散光型の白熱電球であり，一般的に赤外線ライトや保温球と呼ばれる．これは夜間も点灯できるタイプである．

図4-21　バスキング中のコバルトツリーモニター
ホットスポットでバスキングを行っている．

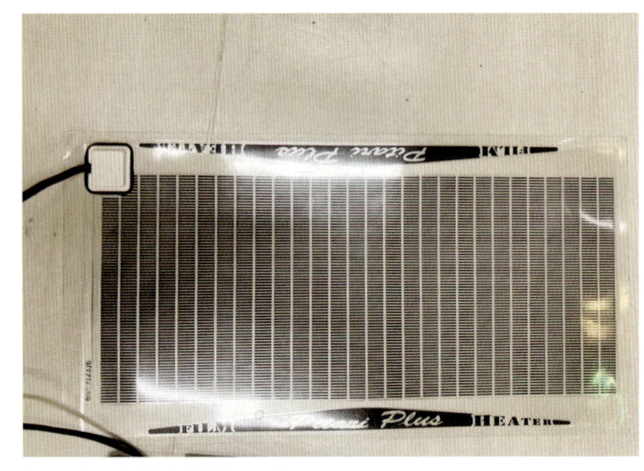

図4-22　爬虫類用のプレートヒーター
遠赤外線ヒーターであり，接触しているもしくは密接した部分を保温する．

(**図4-21**)．一般的にはホットスポットはPOTZの上限よりも高く設定されている[6,7]．セラミックヒーターも赤外線によりケージ内を保温し，光が出ないため夜間も使用できる．プレートヒーターはヒーター自体が温かくなる哺乳類用の物と，ヒーター自体はそれ程高温にならないが，ヒーターに接触したり近くにいることで暖まれる遠赤外線ヒーターがあり，爬虫類では遠赤外線ヒーターを用いることが多い[8](**図4-22**)．遠赤外線上部ヒーターはケージの上部に設置して用いるヒーターであるが，商品によっては設置下30 cmで環境温度から4℃程の上昇であるとされている．このため，単独のみの使用では十分な保温が達成できない場合があるため注意が必要である(**図4-23**)．

ホットスポットに使用する電球の設置場所は，ケージの中央よりも端の方が温度勾配を作りやすいが，この環境を再現するためには，ある程度広いケージを必要とする．ケージが小さい場合，ホットスポット一つでもケージ内全体の温度が高温になってしまうため注意する．一般的に昼行性であるカメ類やトカゲ類のPBTは高く活発に活動するためホットスポットを設置し，夜行性であるヤモリ類やヘビ類のPBTは低く，ホットスポットは必要ない．しかしながら，ホットスポットが必要な種類でも，入院中の衰弱した個体では自ら移動できない状態であることが多いため，ホットスポットは設けない方がよいこともある．そして，自然界では調子が悪い爬虫類はより高い気温の場所を積極的に探すため，ケージ全体をPOTZの上限に維持するがよいとされている[5]．

つまりは，飼育ケージ全体を適切な温度に保つための基本となる第一熱源(エアコン，保温球，セラミッ

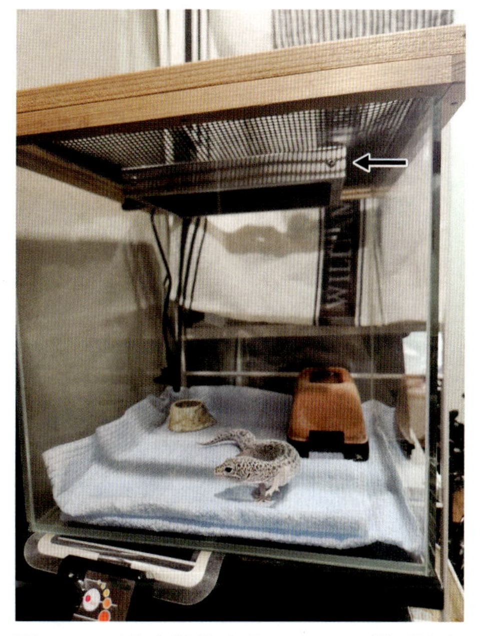

図4-23　遠赤外線上部ヒーター（矢印）を用いている飼育例
遠赤外線上部ヒーター使用する際は，動物がいる場所が適切に保温できているかしっかり確認する．

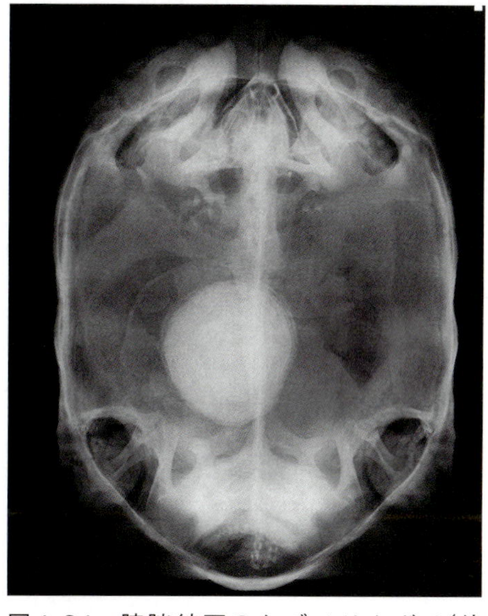

図4-24　膀胱結石のケヅメリクガメ（幼体）のX線DV像
過度の乾燥も膀胱結石の一因になるといわれている．

図4-25　紅斑と水疱が認められたボールパイソン
ヘビでの水疱性皮膚炎は高湿度が原因と言われている．

クヒーターなど）と，温度勾配を作り出すための第二熱源（バスキングライトなど）が必要となる[9, 10]．

湿　度

一般的に爬虫類の飼育では温度管理が重要であるため温度を優先して考える傾向があるが，湿度も温度と同様に重要な環境要因の一つである．一般的に砂漠やサバンナなどの乾燥地帯に棲息する種類は乾燥に強く，湿度を低く設定し，熱帯雨林に棲息する種類は多湿にする．時折，フトアゴヒゲトカゲなどで水を入れていない環境で飼育されている症例に遭遇するが，乾燥地帯に棲息する種類に水が不要というわけではない．湿度はケージや床材の種類，熱源の有無，水場の設置状況によっても変化する．温度を高温に維持しようとすると乾燥しやすくなるため，温度も含めて総合的に判断すべきである．特に冬場はエアコンを使用することで乾燥するため，種類によっては大きめの水容器や加湿器などを使用して過度な乾燥に注意する必要がある．また，散水や霧吹きも一時的に加湿できるため，定期的に行うとよい．

湿度管理の不手際は食欲不振を引き起こす可能性があり，乾燥は膀胱結石やグリーンイグアナにおける慢性腎不全，ヘビやレオパードゲッコーにおける脱皮不全，高湿度はヘビやトカゲにおける皮膚炎の原因となり得る[8, 11]（**図4-24, 25**）．また，低湿度環境での飼育はケヅメリクガメにおいて背甲の各甲板の隆起が高くなると報告されており，ハコガメなどの乾燥を好まない陸棲種では甲羅の成長障害がみられるとされている[12, 13]．一方，幼体のカザフスタンヨツユビリクガメでは湿度を高く維持すると水分摂取量が少なく甲高は低く成長し，湿度が低いと水分摂取量が多くなり甲高が高く成長するともいわれている[14]．このように湿度管理は病気だけでなく成長にも影響

図4-26　爬虫類用紫外線灯
様々なメーカーから販売されており，商品により紫外線量も異なる．

表4-1　Ferguson Zones（参考文献15より引用・改変）

ゾーン	特性	UVIレンジ（1日平均）	最大UVI
1	薄明薄暮性日陰を好む	0～0.7	0.6～1.4
2	早朝から午前中部分的な日光浴を行う	0.7～1.0	1.1～3.0
3	早朝から午前中の日光浴を行う	1.0～2.6	2.9～7.4
4	日中の全身の日光浴を行う	2.6～3.5	4.5～9.5

UVインデックス（UVI）は人体に影響を与える度合いを示すために紫外線の強さを指標化した国際的な数値である．

を及ぼし，特にカメの甲羅の成長障害は一度発症すると完治は困難であるため，発症させないために適切な知識とその種にあった湿度管理が求められる．

照　明

光は動物においてサーカディアンリズムを調整する役割を果たしており活動性や消化，内分泌などの代謝に大きな影響を与える．爬虫類においても同様であるが，飼育管理における照明は他の動物種と比較して特に重要視されており，照明に関する知識は爬虫類の飼育に必要不可欠なため，光の性質を理解して飼育指導や治療する必要がある．

日光の中でも特に中波紫外線（波長280～315 nm）（UV-B）はカルシウムの代謝に関わる重要な環境因子である．動物の体内でコレステロールは代謝を受けてプロビタミンD_3になると，これが皮膚で紫外線の作用によりプレビタミンD_3となる．それが体内でビタミンD_3となり，最終的に腎臓で活性化された活性型ビタミンD_3（カルシトリオール）が体内で重要な働きをしている．活性型ビタミンD_3は腸管からのカルシウムの吸収を促進させ，腎臓でのカルシウムの再吸収を増加させる．また，骨芽細胞に直接作用して骨形成を促進する．そのため特に昼行性の爬虫類において，紫外線照射不足は代謝性骨疾患（Metabolic bone disease: MBD）を発症する大きな要因となる．

一般的に砂漠地帯に棲息するリクガメや赤道直下に分布するグリーンイグアナなどの種類は紫外線の要求量が高く，夜行性種は要求量が低い．このため，飼育下では一般的に夜行性種やヘビ類は紫外線灯が不要とされている[16～19]．しかしながら，夜行性種であるヒョウモントカゲモドキやコーンスネークはUV-B照射によりビタミンDを実際には合成することができる[18, 20]．このことや，サーカディアンリズムの観点から夜行性種でも紫外線照射を勧めている人もいる[18, 21, 22]．

野生の爬虫類は直接日光を浴びることで，サーカディアンリズムを保っている．特に日光は紫外線の供給源として最も優れているが，飼育下の爬虫類を日光浴のみで継続的に飼育することは困難であるため，日光の代替として爬虫類用紫外線灯を用いる（**図4-26**）．現在では様々な種類の紫外線灯が販売されているが，商品により紫外線の照射量や照度が異なる．このため，種類や生態により適切なものを選択する必要がある．間違った器具の使用や使用方法により，紫外線性角結膜炎や紫外線性皮膚炎などが起こるため必ず爬虫類用を用いる[23, 24]．実際の紫外線照射量はFerguson Zoneと呼ばれる紫外線要求量の指標があり，それを参考にするのがよい[15, 23]（**表4-1**）．Furguson Zoneは種類ごとの生息域で測定された紫外線強度と，バスキングの習性に基づいて4つに分類しており，飼育下の個体における紫外線照射強度の目安となるものである（**表4-2**）．

表4-2　各品種とそれに対応するFerguson Zone，生息環境の気温等(参考文献23, 24より引用・改変)(続く)

	Ferguson Zone	バスキングゾーン表面温度(℃)	日中気温		夜間気温	
			夏	冬	夏	冬
グリーンバシリスク *Basiliscus plumifrons*	2	30～35	25～30	—	24～26	—
パーソンカメレオン *Calumma parsonii*	3	30～35	20～30	20～30	15～26	15～24
エボシカメレオン *Chamaeleo calyptratus*	3	35～40	25～35	—	23～25	—
ヒョウモントカゲモドキ *Eublepharis macularius*	1	32	25～29	15～20	20～24	10～15
パンサーカメレオン *Furcifer pardalis*	3	35～40	25～30	24～28	18～24	18～24
トッケイヤモリ *Gecko gecko*	1	35	30	—	25	—
モモジタトカゲ *Hemisphaeriodon gerrardii*	2	35	25～30	20～25	20～25	20
ヒガシウォータードラゴン *Intellagama (Physignathus) lesueurii*	2	35	25～30	20～25	20～25	10～15
アオマルメヤモリ *Lygodactylus williamsi*	2～3	30～32	26～28	22～24	20～22	20
アシナシトカゲ *Ophisaurus apodus*	2	30～35	24～28	2～6	16～22	2～6
キガシラヒルヤモリ *Phelsuma klemmeri*	3	30～35	25～30	—	23～25	—
インドシナウォータードラゴン *Physignathus cocincinus*	2～3	30～40	26～28	22～24	20～22	18～20
フトアゴヒゲトカゲ *Pogona vitticeps*	3～4	40～45	25～30	25～30；15～20(休眠)	20～25	20～22；10～15(休眠)
ツノミカドヤモリ *Rhacodactylus auriculatus*	2	29	25～29	—	20～25	—
オウカンミカドヤモリ *Rhacodactylus ciliatus*	1	28	25～28	19～23	23～25	16～20
キタチャクワラ *Sauromalus ater*	4	50	24～30	—	18～20	—
トゲチャクワラ *Sauromalus hispidus*	4	50	30～35	25～30	25～30	15～20
オオヨロイトカゲ *Smaug (Cordylus) giganteus*	4	35	20～30	10～15	15～20	5～10
ハスオビアオジタトカゲ *Tiliqua scincoides*	2～3	35～45	28～32	18～28	20～24	14～20
アカメカブトトカゲ *Tribolonotus gracilis*	1	28～32	23～28	—	23～25	—
ブラックアンドホワイトテグー *Tupinambis merianae*	3	35～40	25～30	5～20	20	5～10
エジプトトゲオアガマ *Uromastyx aegyptia*	4	45～50	30～38	25～30	20～25	18～20
ゲイリートゲオアガマ *Uromastyx geyri*	4	45～50	28～35	20～25	16～18	10～18
エダハヘラオヤモリ *Uroplatus phantasticus*	1	～	20～25	16～20	18～20	15～18
クロホソオオトカゲ *Varanus beccarii*	3	40～50	28～35	28～30	23～26	21～23

各品種とそれに対応するFerguson Zones，生息環境の気温など，上記表は参考である．

表4-2 (続き)各品種とそれに対応するFerguson Zone, 生息環境の気温等(参考文献23, 24より引用・改変)

	Ferguson Zone	バスキングゾーン表面温度(℃)	日中気温		夜間気温	
			夏	冬	夏	冬
サバンナモニター *Varanus exanthematicus*	3～4	55～65	30～40	28～35	23	23
ミドリホソオオトカゲ *Varanus prasinus*	2	35～40	28～32	26～30	24～26	22～25
レースオオトカゲ *Varanus varius*	3	34～36	28～30	25～27	—	—

各品種とそれに対応するFerguson Zones, 生息環境の気温など, 上記表は参考である.

点灯時間に関しては, 24時間点灯を続けることはサーカディアンリズムの観点からは望ましくなく, 自然界と同様に明暗の時間を設定する. 夏期は14時間点灯して10時間消灯, 冬期は12時間点灯して12時間消灯を基本と考えるが, より厳密的に四季周期を再現した方が良いと提言する人もいる[7, 9, 25].

設置する際の注意点としては, UV-Bはガラスやアクリル樹脂, 水面を透過することができない[7, 23]. そのため, ガラスやアクリル樹脂のケージであればそれらを透過せず生体に照射できる位置に設置するようにし, 半水棲種であれば陸地側に設置するようにする.

また, UV-B照射によるビタミンD_3の合成は温度にも依存しているため, POTZに管理されていなければ効率的に合成されない[7, 23]. このため, 紫外線照射だけしていれば良いわけでなく, 同時に温度管理もしっかり行う必要がある.

食　餌

爬虫類を適切に飼育する上では飼育環境と食餌の2つが重要である. 不適切な食餌が病気の原因になることも多いため, 十分理解しておく必要がある.

爬虫類を飼育するにあたり, それぞれの種が本来野生下で食べている餌を真似して, そのすべてを与えることは不可能である. そのため基本的に飼育下で与える餌は, 入手しやすく継続的に与えることができるものになる. 特定の餌のみで飼育されるため, 飼育下では栄養に関連した問題が起こることが多く, 飼育者の知識不足が栄養性疾患を引き起こす. 爬虫類は食性で大別すると, 肉食性, 草食性, 雑食性の3つに分けられ, 細かくは種類により異なり, なかにはアリやトカゲ, 鳥類の卵, 巻貝などを専門に採食している種類もいる. また成長に伴い食性が変化する種類もおり, ミシシッピアカミミガメ, フトアゴヒゲトカゲやテグーは雑食性だが幼齢では肉食傾向が強く, 成長するに従って植物を食べるようになる[26]. 種類別の食性の詳細については, 飼育書や図鑑などを参考にして頂きたい.

食性にかかわらず専用の配合飼料が販売されている種類もいる. リクガメ, 半水棲のカメ, ハコガメ, グリーンイグアナ, フトアゴヒゲトカゲ, ヒョウモントカゲモドキ, クレステッドゲッコーなどが挙げられる(**図4-27**). 配合飼料はこれらの爬虫類が必要とするすべての栄養素をバランスよく, 消化吸収しやすい形で含んでいるとされており, 中には配合飼料のみを与えるだけで良いとしている製品もある. しかし, 実際には爬虫類の必要栄養要求量は季節や代謝, 繁殖などでも変化し, 本来の食性では食べないようなものも配合飼料の原材料として使われている. このため, ミシシッピアカミミガメなどの長年飼育されている半水棲種以外では, 単品の人工飼料のみで問題ないかは十分に評価されていない. 経験的に水棲のカメは配合飼料のみの給餌でも問題ないと考えるが, それ以外の種類では配合飼料のみの給餌は推奨しない. また, 配合飼料を与えていない個体ではサプリメント, 特にカルシウムの添加を行うべきである.

肉食性

肉食性爬虫類は蛋白質(25～60%)と脂肪(30～60%)を多く必要とし, 炭水化物(乾物量として10%以下)は少なくてよい[27]. 肉食性爬虫類は, す

図4-27　配合飼料
様々な動物種に対応する配合飼料が販売されている．

べてのヘビ，サバンナモニターなどのオオトカゲ類，グリーンアノール，ヒョウモントカゲモドキやニシアフリカトカゲモドキ，ジャクソンカメレオンやパンサーカメレオンなどの多くのカメレオン，オオアタマガメやマタマタなどが含まれ，脊椎動物や無脊椎動物を餌としている．一般的には脊椎動物ではマウスやラット，ヒヨコやウズラ，無脊椎動物ではコオロギ(フタホシコオロギ，ヨーロッパイエコオロギなど)，ワーム(ミルワーム，ジャイアントミルワーム，ハニーワーム，シルクワームなど)，ゴキブリ(デュビア，レッドローチ)が餌として用いられることが多い(**図4-28**)．他には，牛や鶏のハツやレバーといった一部位や魚もたまに用いられる．基本的にはヘビやオオトカゲでは脊椎動物，中～小型のトカゲでは無脊椎動物を与える．餌のサイズは個体の大きさにより判断するが，ヘビではヘビの一番太い胴幅と脊椎動物の胴幅が同じくらいのサイズが目安であり，トカゲに与える無脊椎動物はトカゲの目の幅位が目安である[26]．オオアタマガメでは無脊椎動物や魚またはペレットを与える．マタマタは餌を追いかけて食べるわけでなく目の前に来た餌を吸い込んで食べるため，魚以外は餌付きづらい[28]．

図4-28　ヨーロッパイエコオロギ
爬虫類の餌としてよく用いられる．フタホシコオロギよりも小さく柔らかいが，動きが速い．

餌としての脊椎動物は必要な栄養素をバランス良く含んだものと考えられおり，脊椎動物を丸ごと与えるヘビでの栄養性疾患は稀である[27, 29]．脊椎動物の栄養構成に影響を与える要因として，年齢や健康状態，食餌や飼育環境などが挙げられる．例えば，生まれて産毛が生えるまでのマウスはピンクマウスと呼ばれ，成長するにつれてファジー(産毛が生えてから開眼するまで)，ホッパー(毛が生え揃い性成熟するまで)，アダルト(性成熟後)，リタイア(繁殖

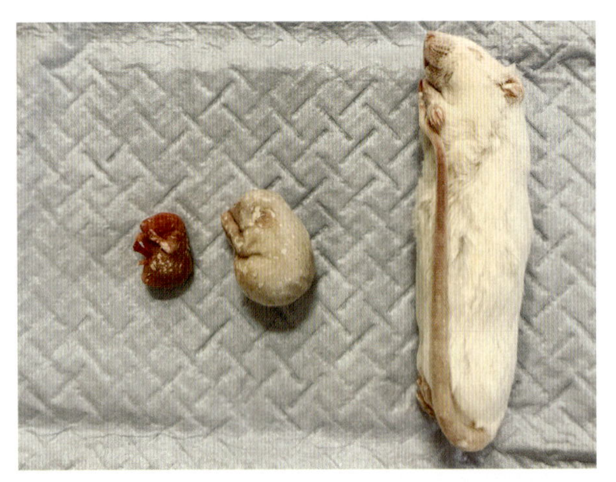

図4-29　冷凍マウス
左からピンクマウス，ファジー，アダルトと呼ばれる．

図4-30　冷凍無脊椎動物
コオロギ以外も販売されている．

表4-3　マウスのカルシウム，リン含有量(参考文献30引用・改変)

生後日齢	1〜2日目	7日目	成体
カルシウム(%)	1.6	1.43	0.84
リン(%)	1.8	1.29	0.61
カルシウム：リン(比)	0.9：1	1.1：1	1.4：1

成長段階による栄養素の変化が認められる．

図4-31　ダスティング
コオロギに粉のカルシウム剤をまぶしている．

終了後)と呼び名が変わるが，呼び名や大きさだけでなく栄養素も変化する(**図4-29**)．生まれたてのピンクマウスは胃内容物がほとんど含まれておらず，骨格もまだ十分に発達していないためミネラルが少ない上にカルシウムとリンの比率もほぼ均等か，わずかにカルシウムの方が少ない[30]．生後1週間経てばカルシウムの割合の方が高くなるため，ファジー以降であればカルシウムの割合の方がリンよりも高くなる[27](**表4-3**)．アダルトは骨格が発達し，消化管内容物も含まれており栄養素の観点では優れている[17]．リタイアには脂肪が多く含まれている[31]．

脊椎動物を活き餌として与えることは倫理的な問題と活き餌による咬傷の可能性があるため推奨されていない．そのため通常は冷凍して販売されている物を解凍して与えることになる．解凍方法として，お湯やホットスポットで温める，電子レンジ，流水や自然解凍などがある．冷たかったり部分的に凍った餌を与えることは，胃腸の機能不全の原因となり，消化を遅らせる可能性があるためしっかり解凍させてから与えるようにする[27]．解凍時の餌の腸内細菌の過剰な増殖が問題になるため，解凍直後に給餌するべきであり，特に室温で数時間かけて自然解凍した場合にはこの問題が生じやすい．

無脊椎動物の中でも特にコオロギは様々な形状や大きさ(成長段階)で販売されており，一番用いられている餌である．活き餌もあれば，冷凍や乾燥，缶詰などもあるため，活き餌が苦手な飼育者でも他の物で代用できる(**図4-30**)．コオロギはカルシウム含有量が低く，リンとの比率も不均衡であるため，主食として与える場合はガットローディング(適切な栄養を取らせること)やダスティング(粉状のカルシウム剤やビタミン剤などを振りかけること)をして与えるようにする(**図4-31, 表4-4**)．ミルワーム(チャイロゴミムシダマシの幼虫)とジャイアントミルワーム(ツヤケシオオゴミムシダマシの幼虫)も使われることが多いが，硬いキチンの外骨格を持っているため消化しづらい(**図4-32, 33**)．コオロギと同様にカルシウム含有量が低く，リンとの比率も不均衡であるためガットローディングやダ

表4-4　無脊椎動物の栄養成分表（参考文献32引用・改変）

餌	水(%)	エネルギー(kcal／g)		蛋白質	脂肪	炭水化物	カルシウム	リン
		給餌基準	乾物基準	(% kcal)			(mg／kcal)	
ヨーロッパイエコオロギ *Acheta domestica*	62	1.9	4.8	50	44	6	0.2	2.6
シルクワーム *Bombyx mori*	76	1.0	4.2	54	43	3	0.5	0.6
ミルワーム *Tenebrio molitor*	58	2.1	5.0	37	60	3	0.1	1.2
ハニーワーム *Galleria mellonella*	63	2.1	5.7	27	73	0	0.1	0.9

コオロギとミルワームはカルシウムとリンの比率のバランスが悪いことが確認できる．

図4-32　ミルワーム
カルシウム含有量が低くリンとの比率も不均衡であるため，ガットローディングやダスティングが推奨される．

図4-33　ジャイアントミルワーム
ミルワームより大型であるがミルワームと同様に，ガットローディングやダスティングが推奨される

スティングをして与える．活き餌はふすま（小麦の外皮）を入れた容器で販売されているが，そのままではなく，野菜やペットフードを入れてガットローディングをする（**図4-34**）．ミルワームは缶詰も販売されている．ハニーワーム（ハチノスツヅリガの幼虫）は柔らかくて嗜好性が高く，高脂肪高カロリーのため，体力が落ちた個体や産後の個体に向いているが，ビタミンAは少なく単食には向いていない[27]（**図4-35**）．シルクワーム（蚕）も柔らかくて嗜好性が高く，カルシウムも豊富で栄養のバランスも良いとされているが，脂肪が少なくカロリー自体は少ない[27]（**図4-36**）．デュビア（アルゼンチンフォレストローチ）やレッドローチ（トルキスタンローチ）は嗜好性ならびに栄養価が高いがリンに対してカルシウムの含有量は少ない．デュビアはコオロギより大型のため大型爬虫類に使いやすく，臭気が少なく壁も登らず，飛翔能力もないため扱いやすい．

図4-34　ガットローディング
ふすまが入っているが野菜などを入れてガットローディングする．

レッドローチも壁は登れないが動きは速く脱走の恐れがある．両種ともにコオロギよりも丈夫で水切れ

図4-35　ハニーワーム
嗜好性が高いため，食欲不振の個体に用いられることが多い．

図4-36　シルクワーム
ハニーワームと同様に嗜好性が高いため食欲不振の個体に用いられることが多い．シルクワーム自体の飼育に特別なフードが必要となる．

にも強いため，管理はしやすい．冷凍の牛ハツが餌用として販売されているが，ハツやレバーの生肉は感染症を予防するために，洗浄，加熱や冷凍などの処理が必要である．骨がないため，カルシウムがほとんど含まれておらず，リンの割合が高いため骨の成長や維持には不十分である．このため主に副食として利用し，短期間主食にする場合もサプリメントを併用した方がよい．

草食性

草食性爬虫類の食餌の平均的な組成は蛋白質15～35%，脂肪10%未満，炭水化物50～75%（その中で15～40%が粗繊維）である[27]．特にリクガメ類ではカルシウムとリンの比が少なくとも1.5～2：1でなければならないとされている[33]．草食性の爬虫類は生息地に生えている様々な種類の野草を摂取して生活している．飼育下では特定の植物のみを与え続けると栄養の偏りが出るため，可能な限り多くの種類の植物を与えるように心がける必要がある．

草食性の爬虫類にはほとんどのリクガメ，グリーンイグアナやチャクワラ，トゲオアガマ，オマキトカゲ，トゲオイグアナなどのトカゲが含まれる．

基本的には野菜を主食として人工飼料，果物，牧草や野草を追加で与える．野菜では小松菜，青梗菜，大根の葉，サラダ菜，紫蘇，セロリ，人参などが用いられることが多い（**図4-37**）．カルシウムが豊富なモロヘイヤ，カルシウムやビタミン類が少ないレタス，栄養価が高い小松菜，ヨウ素の吸収を阻害するキャベツなどを与えない人もいるが，植物の一部

図4-37　小松菜を食べているグリーンイグアナ
様々な野菜を与えるのが望ましい．

の成分のみにこだわると，与えることができる植物は限られてしまい，また1種類の植物で必要な栄養素をすべて含んでいるものは存在しない．キャベツや，ほうれん草など一般的には与えない方が良いとされる野菜もあるが，これらの野菜も餌として何種類かの植物の中の1つとしてであれば与えても問題となることはほとんどない[29]．

リクガメ用やイグアナ用の配合飼料が販売されており利用できる．これらの飼料は，とうもろこし，ふすま，小麦や大豆粕が主原料であるため，一般的に蛋白質の過剰摂取が懸念されるが，最近では主食として記載されていることもある[34]．

果物はミネラルに乏しく糖分が多く，正常な腸内細菌叢を乱し肝リピドーシスを引き起こす可能性がある．このため，果実は食餌全体の5%以下に留めるのが良いとされている[36～36]（**図4-38**）．

図4-38　いちごを食べているギリシャリクガメ
果物も食べるが，与え過ぎないようにする．

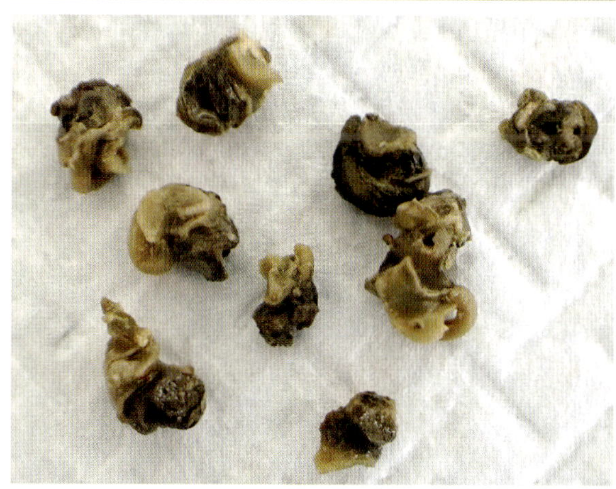

図4-39　餌用として販売されているカタツムリの缶詰
殻が除去されている．

基本的に草食性の種には大きな消化管の活動を維持するため，毎日あるいは少なくとも1日おきにフードを与える[29]．

雑食性

雑食性爬虫類の食餌の平均的な組成は蛋白質15～40%，脂肪5～40%，炭水化物20～75%である[27]．多くの雑食性爬虫類は成長してからよりも幼齢時の方が蛋白質と脂肪の需要が高いため，幼齢時の方がより多くの動物質を摂取する[27]．

ミシシッピアカミミガメ，クサガメなどの多くの半水棲カメ，ハコガメ類，エロンガータリクガメ，モリセオレガメなどのセオレガメ属，アカアシガメ，キアシガメ，スペングラーヤマガメ，フトアゴヒゲトカゲ，アオジタトカゲ，クレステッドゲッコー，エボシカメレオン，テグーやヒルヤモリなどが含まれる．雑食性といっても何でも均等に食べるわけではなく，種類により肉食か草食かの傾向は異なり，食べ物自体やその比率は大きく異なる．基本的には肉食性と草食性の餌の中から組み合わせて与える．テグーやアオジタトカゲの食餌例にドックフードが含まれていることがあるが，ドッグフードやキャットフードは，爬虫類に対しては蛋白質，脂質やビタミンDの含有量が多いとされているため，状況により判断する必要がある[26, 30, 37, 38]．

例えば，ミシシッピアカミミガメ，クサガメなどの半水棲カメは水棲カメ用配合飼料のみを与えていても問題ない．ハコガメ類，リクガメ科のエロンガータリクガメやモリセオレガメも野菜，果物，野草，キノコの他にリクガメフードや雑食性トカゲフード，無脊椎動物などの動物質を餌として与えることができる．アメリカハコガメ属は動物質と植物質を50%ずつの割合で与える[35]．モリセオレガメはリクガメ科の中では最も動物食傾向が強い種類の一つであるが，動物質を主食にする必要はない．植物質を70～80%として，動物質を30～20%とする[28]．アカアシガメとキアシガメは主に草食性で果実や花もよく食べるが動物質も多少は食べる程度であり，80～90%は植物質を与える．特に果実や花を食べるため果物の割合を食餌全体の20%程度まで増やしてもよい[34～36]．スペングラーヤマガメは動物食傾向が強く，無脊椎動物を主体として果物を副食程度で与える．

フトアゴヒゲトカゲは成長すると食餌中の植物質の割合が増えるため，アダルト個体では無脊椎動物50%，植物質50%を目安にして与える[39]．アオジタトカゲは野菜50%，果物25%，無脊椎動物25%を目安にするが，無脊椎動物としてカタツムリを与えるのもよい（爬虫類の餌用として殻を除去したカタツムリの缶詰が販売されている）[26]（**図4-39**）．アルゼンチンテグーは無脊椎動物や脊椎動物を50%，果物を50%与える[26]．クレステッドゲッコーやグランディスヒルヤモリは無脊椎動物を中心として，すり潰した果物やクレステッドゲッコー用の配合飼料を副食として与える．エボシカメレオンは40〜70%を無脊椎動物とし，残りを植物質のものを与える[26]．

冬眠について

冬眠は体温の低下に伴い，消化，呼吸や運動などの機能を抑制することで代謝を低下させて冬季を乗り切る手段である．代謝を低下させて消耗を最小限に抑えることによって，ほぼ食餌をとらないにも関わらず，冬眠期間中の体重減少は通常10%以下であり，理想的な条件下であればチチュカイリクガメ属のリクガメでは1%以下の体重減少である[5, 35, 40]．すべての爬虫類が冬眠するわけではなく，温帯に棲息している種類のみが行い，熱帯に棲息している種類は冬眠しない．野生下での生活サイクルを考えると，本来冬眠する種類では，飼育下でも冬眠させることが可能であれば，冬眠させた方が良いのかもしれない．中には冬眠させた方が長生きすると考える人もいる[41]．しかしながら，冬眠しなければ健康に過ごせないわけではなく，飼育下で冬眠させることは実際には簡単ではなく，リスクを伴うことも知っておく必要がある．飼育下で冬眠させるかどうかは飼育者の判断に委ねられる．冬眠させることに自信がない場合や疾病時や幼体時などには，無理に冬眠させずに保温飼育を継続した方がよい．冬眠させる場合には夏場に十分な栄養をとらせておくことと徐々に温度を下げていくことが重要であり，夏から秋にかけて体調を崩した個体，体重が減少している個体，幼体で冬眠のリスクが高いと思われるものは，冬眠を見合わせた方がよい．

参考文献

1. Warwick C., Arena P., Lindley S., Jessop M. Steedman C. (2013): Assessing reptile welfare using behavioural criteria. *In Pract*, 35: 123-131
2. Lambert H., Carder G., D'Cruze N. (2019): Given the Cold Shoulder: A Review of the Scientific Literature for Evidence of Reptile Sentience. *Animals*, 9, 821
3. Warwick C., Arena P., Steedman C. (2019): Spatial considerations for captive snakes. *J Vet Behav*, 30: 37-48
4. 小家山仁 (2017): 飼育の基礎知識 . In: カメの家庭医学百科 , 26-86, アートヴィレッジ
5. O'Malley B. (2005): General anatomy and physiology of reptiles. In: Clinical Anatomy and Physiology of Exotic Species, 17-39, Elseviera
6. Doneley B. (2018): Taxonomy and Introduction to Common Species. In: Reptile Medicine and Surgery in Clinical Practice, 1-14, Wiley Blackwell
7. Barten S., Simpson S. (2019): Lizards. In: Mader's Reptile and Amphibian Medicine and Surgery (Divers S.J., Stahl S.J. eds.), 3rd ed., 152-161, Elsevier
8. Varga M. (2019): Captive maintenance. In: BSAVA Manual of Reptiles (Girling S.J., Raiti P. eds.), 3rd ed.,36-48 , British Small Animal Veterinary Association
9. Rossi J.V. (2019): General Husbandry and Management. In: Mader's Reptile and Amphibian Medicine and Surgery (Divers S.J., Stahl S.J. eds.), 3rd ed., 109-130, Elsevier
10. McKeown S. (1996): General Husbandry and Management. In: Reptile Medicine and Surgery (Mader D.R. ed.), 9-19, W.B. Saunders
11. Divers S.J. (1999): Clinical Evaluation of Reptiles. *Vet Clin Exot Anim*, 2: 291-331
12. Wiesner C.S., Iben C. (2003): Influence of environmental humidity and dietary protein on pyramidal growth of carapaces in African spured tortoises (*Geochelone sulcata*). *J Anim Physiol a Anim Nutr*, 87: 66-74
13. 小家山仁 (2015): 飼育環境要因と病気 . In: エキゾチック臨床 vol. 14 カメの診療 , 43-54, 学窓社
14. 横井正一 (2003): チチュウカイリクガメの飼育要項 . In: HER・PET・OLOGY, 30-37, 誠文堂新光社
15. Baines F., Chattell J., Swatman M., et al. (2016): How much UV-B dose my reptile need? The UV-Tool, a guide to the selection of UV lighting for reptiles and amphibians in captivity. *J Zoo Aquarium Res*, 4: 42-52
16. Robert Davies, Valerie Davies (1998): 爬虫類の飼育方法 . In: 爬虫類両生類飼育入門 , 千石正一監訳 , 10-45, 緑書房
17. 霍野晋吉 , 中田友明 (2017): キーワード . In: カラーアトラス エキゾチックアニマル 爬虫類・両生類編 , 479-518, 緑書房
18. Kubiak M. (2021): Corn Snakes. In: Handbook of Exotic Pet Medicine (Kubiak M. ed.), 283-304, Wiley Blackwell
19. Adkins E., Driggers T., Owens T. et al. (2003): Ultraviolet Light and Reptiles, Amphibians. *J Herp Med Surg*, 13: 27-37
20. Gould A., Molitor L., Mitchell M. et al. (2018): Evaluating the Physiologic Effects of Short Duration Ultraviolet B Radiation Exposure in Leopard Geckos (*Eublepharis macularius*). *J Herp Med Surg*, 28: 34-39

21. Kubiak M. (2011): Management, Care and Common Conditions of Leopard Geckos. *Vet Times*
22. Hedley J. (2021): Boas and Pythons. In: Handbook of Exotic Pet Medicine (Kubiak M. ed.), 305-325, Wiley Blackwell
23. Baines F.M. (2018): Lighting. In: Reptile Medicine and Surgery in Clinical Practice (Doneley B., Monks D., Johnson R., Carmel B. eds.), 75-90, Wiley Blackwell
24. Baines F.M., Cusack L.M. (2019): Environmental Lighting. In: Mader's Reptile and Amphibian Medicine and Surgery (Divers S.J., Stahl S.J. eds.), 3rd ed., 131-138, Elsevier
25. de Vosjoli P. (1999): Designing enviroments for captive amphibians and reptiles. *Vet Clin Exot Anim*, 2: 43-68
26. Kischinovsky M., Raftery A., Sawmy S. (2018): Husbandry and Nutrition. In: Reptile Medicine and Surgery in Clinical Practice (Doneley B., Monks D., Johnson R., Carmel B. eds.), 45-60, Wiley Blackwell
27. Boyer T.H., Scott P.W. (2019): Nutrition. In: Mader's Reptile and Amphibian Medicine and Surgery (Divers S.J., Stahl S.J. eds.), 3rd ed., 201-223, Elsevier
28. 安川雄一郎 (2021): カメ類の餌やり . In: 爬虫類 長く健康に生きる餌やりガイド , 28-83, グラフィック社
29. Donoghue S., McKeown S. (1999): Nutrition of captive reptiles. *Vet Clin Exot Anim*, 2: 69-91
30. Frye F.L. (1991): Nutrition-Related Illness and Its Treatment. In: A Practical Guide for Feeding Captive Reptiles, 47-82, Krieger
31. 安川雄一郎 (2021): 爬虫類の「餌」と栄養素 . In: 爬虫類 長く健康に生きる餌やりガイド , 6-27, グラフィック社
32. 疋田努 (2002): 爬虫類の生理 . In: 爬虫類の進化 , 32-40, 東京大学出版会
33. McArthhur S.D.J., Wilkinson R.J., Barrows M.G. (2001): Tortoises and turtles. In: BSAVA Manual of Exotic Pets (Meredith A., Redrobe S. eds.), 4th ed.,208-222, British Small Animal Veterinary Association
34. Boyer T.H., Boyer D.M. (2019): Tortoises, Freshwater Turtles, and Terrapins. In: Mader's Reptile and Amphibian Medicine and Surgery (Divers S.J., Stahl S.J. eds.), 3rd ed., 168-179, Elsevier
35. Boyer T.H. (1998): Turtles, Tortoises, and Terrapins. In: Essentials of Reptiles: A Guide for Practitioners, 23-72, Elsevier
36. Chitty J., Raftery A. (2013): Husbandry. In: Essentials of TORTOISE MEDICINE AND SURGERY, 41-53, WILEY Blackwell
37. Rendle M. (2019): Nutrition. In: BSAVA Manual of Reptiles (Girling S.J., Raiti P. eds.), 3rd ed.,49-69, British Small Animal Veterinary Association
38. Barten S., Simpson S. (2019): Lizards. In: Mader's Reptile and Amphibian Medicine and Surgery (Divers S.J., Stahl S.J. eds.), 3rd ed., 152-161, Elsevier
39. Raiti P. (2012): Husbandry, Diseases, and Veterinary Care of the Bearded Dragon (*Pogona vitticeps*). *J Herp Med Surg*, 22: 117-131
40. Derickson W.K. (1976): Lipid Storage and utilization in reptiles. *Am Zool*, 16: 711-723
41. 千石正一 (1993): 飼育総論 . In: 爬虫類両生類飼育図鑑 ,65-100, マリン企画

第5章　臨床手技

はじめに

臨床手技としては哺乳類と同様に便検査，血液検査，X線検査，超音波検査などは一般的な検査であり，注射や点滴，鎮静や全身麻酔下での処置や手術も必要である．しかしながら，様々な手技の中で最も重要なのは問診である．何度も述べているように，不適切な飼養管理が様々な症状の原因になっていることが多いため，飼育環境の問題点を指摘して改善しない限りは完治が見込めない．そのためには，問診で不適切な飼育箇所を聞き出す技術と知識が必要となる．食性や棲息環境（水棲か陸棲かなど）により問診で聞かなければならないポイントは異なり，動物種により採血や注射部位なども異なるため，それらについて本章に記載した．一般的にペットとして飼育されないムカシトカゲやワニ類は，記載から除いている．

問　診

爬虫類の診察で最も重要なのは問診である．爬虫類は外部環境に依存した代謝機能を持つため，不適切な飼養管理に起因して疾患に罹患していることが多い．そのため，まずは飼育環境や食餌について詳細な問診を行う[1]．飼育環境については実際に写真を見せてもらうことでより把握しやすいため，写真の有無を確認するとよい．飼養管理に関する問診の後，主訴，経過，随伴症状に関する問診を行う．さらに既往歴や，同居個体や他の飼育爬虫類の有無，他の個体がいる場合はその個体の状態も確認する（**表5-1**）．

実際に身体検査やX線検査，血液検査などで異常が確認できない場合も多く，問診が治療の取っ掛かりとなることが多い．これは爬虫類を診察する上での特有のポイントである．

視　診

爬虫類は長時間の保定によりストレスがかかり，身体検査によって得られる情報も少ないため，視診が大切になる．まずは視診によりその症例の状況を判断する必要がある．しかしながら，カメの神経質な個体では，触ったり音を出しただけで頭部と四肢を甲羅の中に引き込んでしまい，それ以降甲羅内に引っ込んだままになり全く観察できなくなることがある（**図5-1**）．特にハコガメ類やヒョウモンガメ，ケヅメリクガメなどの大型のカメでよくみられる．このようなことを避けるため，触って刺激を与える前に全体的な視診を行う．もしカメが甲羅内に引っ込んで待っていても出てこない場合は，カメの頭側を前方へ傾けたり，背甲後部を擦ると頭や四肢を出すことがある．また，頭と四肢が甲羅内に引っ込む前に四肢を押し込むことで頭部を引っ込めることができなくなり，頭部の視診が可能になることもある．

まずは全体的に意識レベルや反応性，歩様と起立姿勢，呼吸様式などを確認する．それから，脱水や栄養状態の判断をする．最後に局所的に眼，嘴，口腔内，耳，鼻孔，カメでは甲羅の色調や形態，甲羅や皮膚病変の有無，四肢や尾，爪，総排泄孔などを観察する．

一般状態

キャリー内などで全身状態を確認する．こちらを見て警戒したり怒ったり，普通に動き回っているなら通常は大きく問題ないが，両眼を閉じていたり，ほとんど動かなかったり刺激に対して反応性の乏しい場合はかなり状態が悪いことが示唆される（**図5-2**）．リクガメでは甲羅に閉じこもってじっとしていて判断がつかないことがあるが，重症の場合は頭部や四肢を甲羅から力なく出している（**図5-3**）．神経症状を呈してる個体ではキャリーを開ける際の刺激や光による刺激により急に発作が起こったり，行動や反応がおかしいことが確認できる（**図5-4**）．トカゲでは頭や胸を地面につけているなどの起立姿

1 生物学的な分類
2 知っておくべき爬虫類の解剖と生理
3 一般的に来院する爬虫類とその特徴
4 飼養管理
5 臨床手技
6 主な疾患
索引

表5-1　爬虫類における問診事項の例

プロフィール	年齢	不明なこともある，年齢により好発疾患が異なる
	動物種	稟告が間違っている場合がある，適切な飼育温度帯などを判断するためには必須，爬虫類ではCITESや特定動物などの法的な問題も関連する
	性別	不明や間違っていることもある，外観からは判断できないこともある，メスの卵胞，卵関連の問題が起こりやすい
	入手方法	ショップやイベントなど，イベントでの購入個体は販売や移動などにより大きなストレスを受けている可能性がある
	入手経路	WC(Wild Caught:野生捕獲)個体またはCB(Captive Bred:飼育下繁殖)個体か，一般的にWC個体は馴化までに時間がかかり飼育自体がストレス因子になっている
	飼育期間	長い程飼育環境に問題がない可能性がある
飼育概要	飼育場所	屋内または屋外か，特に半水棲ガメでは屋外のこともある，冬眠と関連する
	飼育ケージの大きさ，種類	保温効率，温度勾配に影響する
	ケージ内のレイアウト	シェルターの有無や種類なども確認する
	ケージ内の行動	飼育温度を確認しても，実際に動物がどこにいるか，どのように行動しているかを確認する必要がある
	床材の種類	湿度や呼吸器疾患に関係する
温度，湿度管理	環境温度や温度管理の方法，使用器具	日中温度と夜間温度，および高い所と低い所を確認する
	温度計の有無，設置場所	動物が行動する高さで設置しているか
	湿度と換気	水容器，床材，ケージの種類に関連する
	使用ライトの種類や有無	種類を理解していない場合がある
	UVライトの使用期間	交換しているか，交換頻度，半年～1年程での交換が推奨されている
	UVライト設置場所	ガラスとアクリルを紫外線は通過しないため有効な照射になっているか
	照明時間	タイマーの使用または手動か，季節により変更しているか
	掃除頻度	どこまで掃除しているか
水，給水	水棲，半水棲種では水場面積，水深，水交換頻度，水質	水棲種，半水棲種では飼育水を衛生的に適切に管理することが非常に重要
	陸棲種では水容器の有無，給水方法，水交換頻度	給水方法には容器や滴下，スプレーなどがあり，容器を用いている場合は容器の大きさも確認する(体が入れる大きさか)，実際に水を飲んでいるかも確認する
食餌	食餌内容，頻度	種類やサイズ，量，体格や栄養状態と合わせて判断
	食餌の与え方	活き餌ではピンセットで与えているか，ケージ内に放しているか
	食餌の時間帯	昼行性，夜行性を考慮しているか
	サプリメントの有無や使用期間，内容	特にカルシムに加えてビタミンD_3が含まれているか
同居動物	同ケージ動物の有無	咬傷や感染症の可能性，他個体の状態を確認する
	他の飼育動物の有無	部屋全体の温度に影響する
病歴	既往歴	以前にも同じ症状はなかったかなど
	現在の症状と経過	いつからか，飼育環境の変化はなかったかなど

勢の異常は状態が悪い徴候である(**図5-5**)．脊椎や四肢の変形を伴った場合も起立姿勢は異常になるが，その場合は代謝性骨疾患を疑う．跛行している場合も，骨折や脱臼，関節炎，外傷や痛風に加えて

図5-1　ギリシャリクガメ
神経質なカメは甲羅内に一度引っ込むと，なかなか頭を出さず身体検査が困難になる．

図5-3　状態の悪いヒョウモンガメ
頭に力がなく甲羅から出したままであり，かなり状態が悪いことが示唆される．

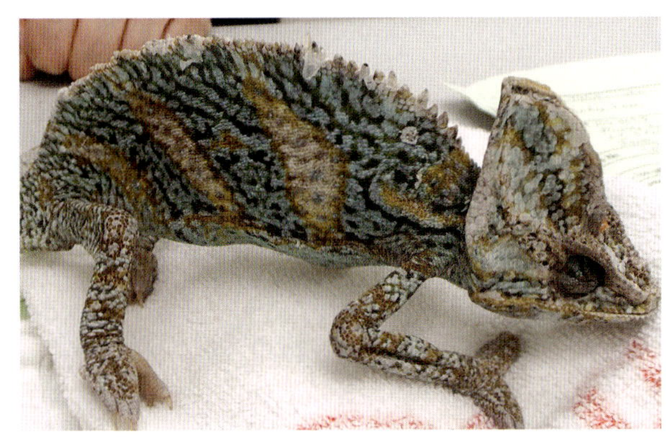

図5-5　状態の悪いエボシカメレオン
頭を落とした姿勢であり，状態が悪いことが視診から判断できる．

図5-2　重篤な状態のヨツユビリクガメ
持ち上げてもほとんど反応がない状態である．

図5-4　神経症状
発作を起こしているヒョウモントカゲモドキ(A)と，正常な姿勢を維持できないカリフォルニアキングスネーク(B)

代謝性骨疾患が鑑別に入る．骨折や脱臼では哺乳類と同様に特定の肢の跛行が認められることがあるが，肢の骨折や脱臼をしていても爬虫類では跛行がほとんど認められず，採食行動の変化が唯一の疼痛の徴候のことがある[2]．後躯不全麻痺や四肢の痙攣も代謝性骨疾患に伴った低カルシウム血症が原因の可能性があり，メスでは抱卵や産卵後に低カルシウム血症による不全麻痺などを発症することがある．

通常爬虫類は鼻呼吸をしており，開口呼吸は重度の呼吸困難時にみられる．カメでは頸を伸ばし

図5-6　開口呼吸をするヘルマンリクガメ
鼻炎による呼吸困難のため開口して呼吸している．

図5-7　スターゲイジング姿勢のボールパイソン
開口呼吸もしており，呼吸器疾患が疑われる．

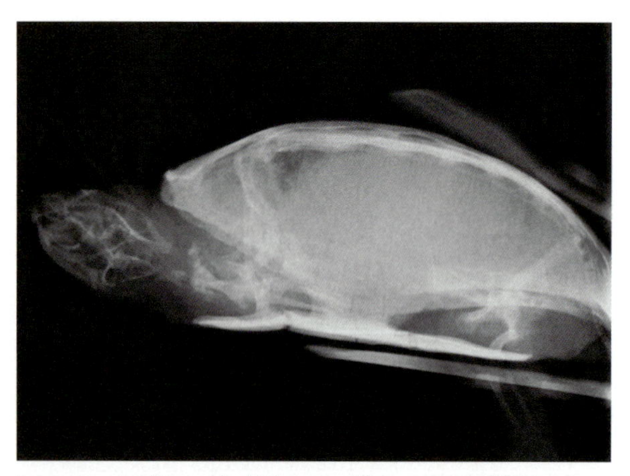

図5-8　カブトニオイガメのX線ラテラル画像
体腔内占拠物により肺部が圧排され，ほとんど肺野が確認できない．

図5-9　脱水と削痩がみられるカーペットパイソン
皮膚の弾力性が低下し，皮膚のたるみやしわが目立つ．

たり，前肢を非常に大きく前後に動かす動作は努力性呼吸であり，これも呼吸困難のサインである（**図5-6**）．ヘビでは頭部を持ち上げて，上を向いている動作はスターゲイジングと呼ばれ，これも呼吸困難の症状の可能性がある（**図5-7**）．呼吸困難の原因としては肺炎，胸腹水の貯留，特にカメでは卵胞うっ滞や卵停滞などの肺の拡張を制限する体腔内占拠性病変も挙げられる（**図5-8**）．

爬虫類では脱水の評価は難しく，削痩は重度にならないと肉眼では確認できない．これは爬虫類が絶食に長期間耐える能力を有し，飢餓状態になると代謝を低下させ，カロリー消費を抑えるからである．そのため肉眼で脱水や削痩が明らかにみられた時には，慢性疾患か重篤な状態であることが多い．爬虫類の脱水の主観的な評価は，眼瞼と皮膚の張り（ツルゴール）や弾力性，眼の外観（陥没してるかしっかり開いてるか），口腔粘膜の粘つきや唾液の粘稠度などにより行う[3]．哺乳類では特にツルゴールの反応により脱水の程度を判断することが多いが，爬虫類の皮膚は哺乳類のような弾力性はないが，爬虫類でも脱水の目安にはなる場合もある[4]．脱水によりトカゲやヘビでは皮膚の弾力性が低下し，体幹部皮膚のたるみやしわが増えて目立つようになる[3,5]（**図5-9**）．ただし，ヒョウモントカゲモドキのような鱗の薄い種類では，脱皮前にも類似した皮膚の質感となることがあるため注意が必要である．眼球

図5-10　脱水が認めれるホシガメ
眼球陥没が確認できる．

図5-11　脱水が認められるグールドモニター
唾液の粘稠度が増加している．

図5-12　重度に削痩しているフトアゴヒゲトカゲ
四肢の筋肉や側頭筋の萎縮がみられる．

陥没は，脱水により眼窩に存在する脂肪パッドが縮小することで認められるようになり，トカゲとカメでよくみられる所見で重度の脱水時に観察される(**図5-10**)．口腔粘膜の粘つきや唾液の粘稠度の増加は口腔内の乾燥により現れる(**図5-11**)．

爬虫類における脱水の目安としては，3%の脱水で口腔内の軽度乾燥，活動性の低下，尿量の減少，7%の脱水で口腔内の乾燥，食欲不振，反応性の低下，ツルゴール反応の遅延，角膜の透明感の低下やスペクタクルの張りの低下，10%の脱水で傾眠から昏睡状態，ツルゴール反応の消失，粘膜の乾燥，眼球陥没，無尿とされている[4]．

栄養状態は一般的に体幹や四肢の筋肉のつき方(椎骨や肋骨の浮き方)などにより評価するが，削痩時には側頭筋が萎縮するため頭部もよく観察する[6](**図5-12**)．種類ごとにより詳細に評価するポイントがあり，トカゲ類では体腔内の下腹部両側にある脂肪パッドが指標となる．脂肪パッドはX線検査を用いると容易に評価できるが視診のみでは評価困難である(**図5-13**)．しかしながら，明らかな肥満は，視診で判断できることもある(**図5-14**)．ヒョウモントカゲモドキなどのトカゲモドキ類は尾に脂肪を貯蔵することから，尾の太さで栄養状態を把握することができる[7,8](**図5-15, 16**)．カメ類では頭と四肢を引っ込めた時に，甲羅からはみ出す組織の有無により評価する(**図5-17**)．削痩時は頭部の引っ込み具合が深くなり，四肢の付け根あたりの皮膚の緩みが多くなる(**図5-18**)．

頭部

眼はしっかり開いているか，腫れがないか，眼の表面の白濁がないかなどを確認する．一般状態が低下しているだけでも眼を閉じていることがよくある．このため，眼を閉じている症例では眼の問題か全身性の問題かを鑑別する必要がある．特に爬虫類は理由によらず閉眼して，物を見えない状態では食餌を取らないことが多い．ヒョウモントカゲモドキでは脱皮不全に伴い眼を閉じていることが多い(**図5-19**)．半水棲ガメではビタミンA欠乏症に起因するハーダー腺炎による眼瞼腫脹がみられることがあり，カメレオンでも同様の所見が認められることもある(**図5-20**)．ヘビでは脱皮前にアイキャップの白濁がみられるため，眼の表面が白く見えるがこれは正常な生理的変化である(**図5-21**)．

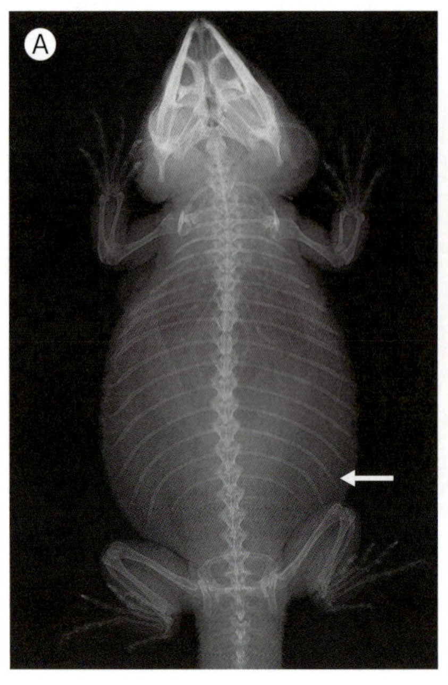

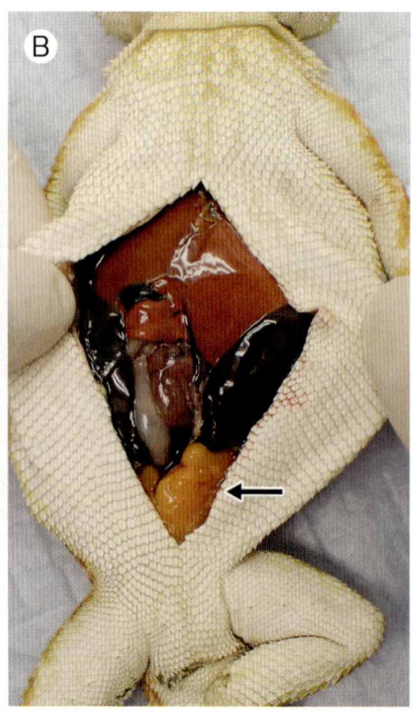

図5-13　肥満のフトアゴヒゲトカゲのX線DV画像(A)と脂肪パッド(矢印)の肉眼的所見(B)
X線画像では下腹部左右の脂肪パッド(矢印)の拡大が確認できる．

図5-14　肥満のレッドテグー
視診だけで肥満と判断できる．

図5-15　ヒョウモントカゲモドキのボディーコンディションスコア(BCS)(参考文献9, 10)
A：BCS1，尾だけでなく全身的に脂肪がない．
B：BCS3，尾に中程度に脂肪を蓄えている．
C：BCS4，尾と同様に大腿も太くなっている．
尾の太さの変化だけでなく，四肢や体全体の肉付きも変化する．

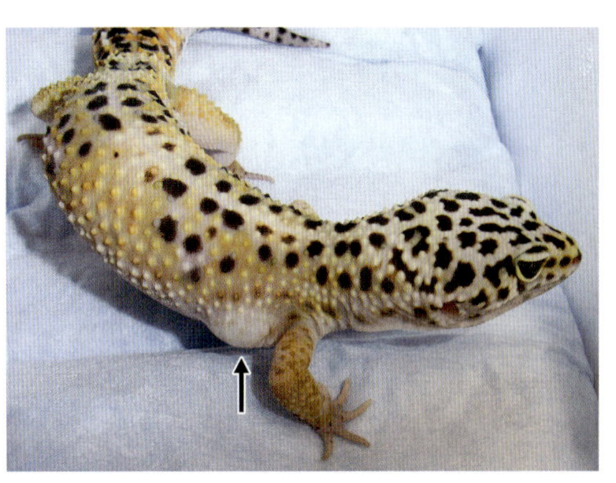

図5-16　肥満のヒョウモントカゲモドキ
腋窩部に脂肪が付く個体もいる（矢印）.

図5-17　肥満のミシシッピニオイガメ
肥満のため頭部を甲羅内に引っ込めることができない.

図5-18　削痩したクサガメ
四肢の付け根の皮膚がゆるくなり，頭部がより深く引っ込んでいる．カメでは削痩の判断は難しい.

図5-19　眼を閉じてるヒョウモントカゲモドキ
本症例は脱皮後から閉眼しているため，脱皮不全に伴う症状と疑われた.

図5-20　眼が腫れているパンサーカメレオン
問診，症状および経過からビタミンA欠乏症が疑われた.

図5-21　脱皮前のコーンスネーク
アイキャップの白濁が認められる.

図5-22　嘴過長があるヨツユビリクガメ
上顎の嘴の過長が認められる．

図5-23　口腔内検査
A：フトアゴヒゲトカゲ
B：ボールパイソン
口腔内や口唇の確認を行うが，嫌がる個体では損傷する可能性があるため無理して行わない．

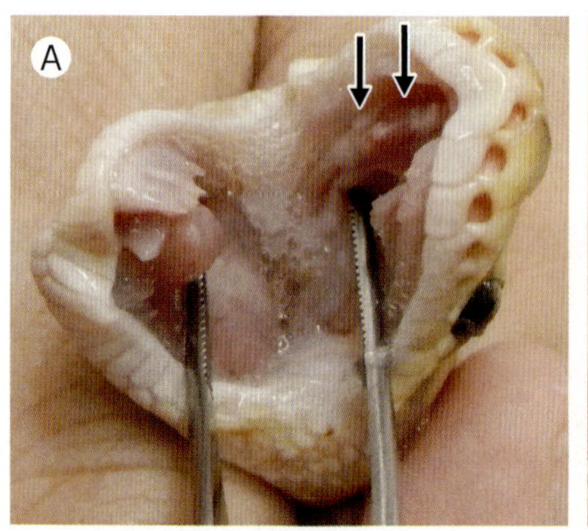

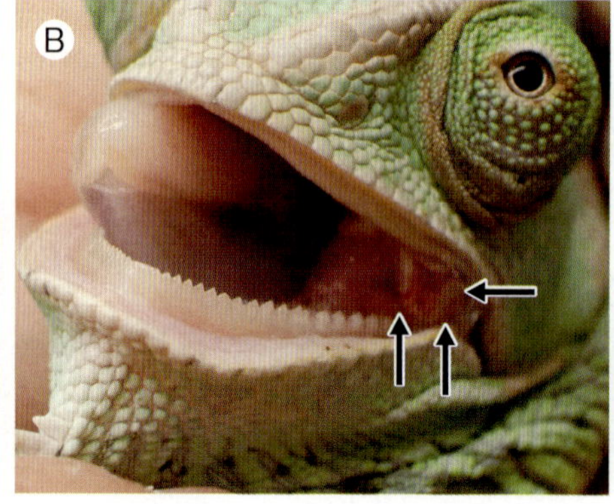

図5-24　口腔内の異常所見
(A)口内炎(矢印)により唾液の貯留が認められるボールパイソン．(B)口腔内に腫瘤(矢印)が認められるエボシカメレオン．(C)口腔内に膿の貯留が認められるクサガメ

嘴の過長は陸棲ガメに多くみられ，食餌起因性による摩耗不足，代謝性骨疾患，外傷や蛋白質摂取の過剰などが原因と考えられているが，実際には同じ飼育環境で飼育している同居個体が発症していないこともあるため，はっきりとした原因が不明なことも多い[11](**図5-22**)．

口腔内は発赤，潰瘍や膿，唾液の貯留がないか確認する(**図5-23**)．これらは口内炎を疑う所見であるが，唾液の貯留は呼吸器疾患でも起こるため，呼吸状態や鼻音の確認をする(**図5-24**)．他にも口唇の痂皮の付着や，後鼻孔の膿や壊死組織の貯留も口内炎の症状であるため，後鼻孔もしっかり確認する(**図5-25，26**)．口腔内スワブや膿のスタンプ標本の鏡検や細菌培養感受性検査は重要であり，嫌気性菌も原因となることがあるため嫌気培養も行うのがよい．

図5-25　口唇に痂皮が認められるボタンカメレオン
口唇炎が疑われる．このような症例では口腔内も確認する．

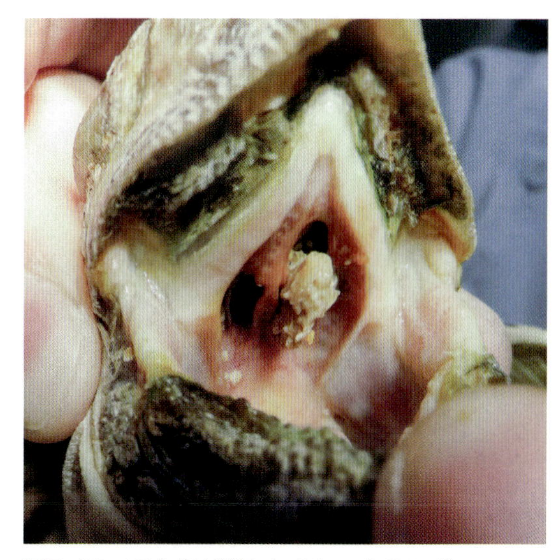

図5-26　口内炎が疑われるヒョウモンガメ
後鼻孔に壊死組織や膿を疑う白色物が認められる．

図5-27　中耳炎のミシシッピアカミミガメ
右鼓膜が突出している．

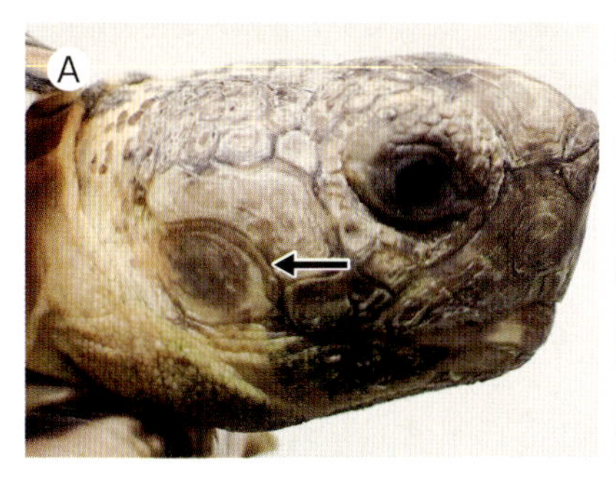

図5-28　耳の外観
A：ヒョウモンガメ，B：ヒョウモントカゲモドキ，C：カーペットパイソン
カメでは鼓膜（矢印）が露出しており，トカゲでは外耳道がある種類もいる．ヘビは耳が退化しているため耳孔がない．

耳の形態は種類により異なる．カメでは鼓膜が露出しており，中耳炎による鼓膜の腫脹が半水棲のカメの幼体でみられることが多い（**図5-27**）．真上から見ると，鼓膜が突出している様子がよく確認できる．トカゲではカメのように鼓膜が露出している種類と短い外耳道を持つ種類に分かれるが，カメレオンでは外耳道はなく鼓膜が鱗に覆われている．ヘビは耳が退化しているため，耳孔はない（**図5-28**）．

鼻孔からの分泌物は異常であり，鼻炎や肺炎などが考えられる．特にリクガメでは鼻炎が多くみられる（**図5-29**）．分泌物以外にも鼻音や外鼻孔の閉塞，外鼻孔の腫れの有無，外鼻孔の左右対称性を確認する．明らかな鼻汁が確認できなくても，カメでは頭部を保定した際や興奮した時に鼻汁が出てくることがあり，これらも異常所見である．

図5-29　鼻炎のヘルマンリクガメ
左鼻孔に鼻汁が認められる.

図5-30　代謝性骨疾患のロシアリクガメ
甲羅の扁平化と軟化が認められる.

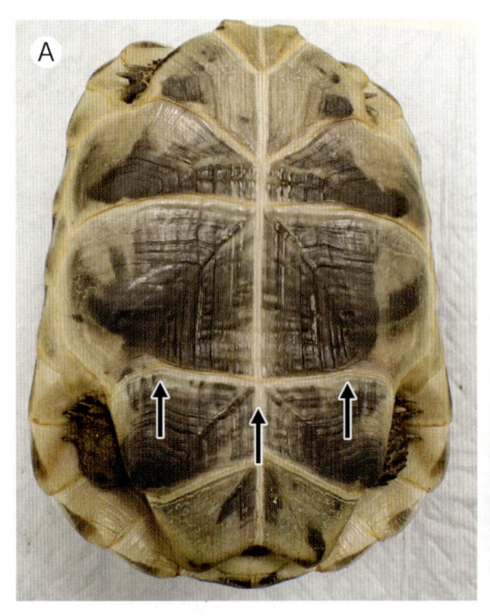

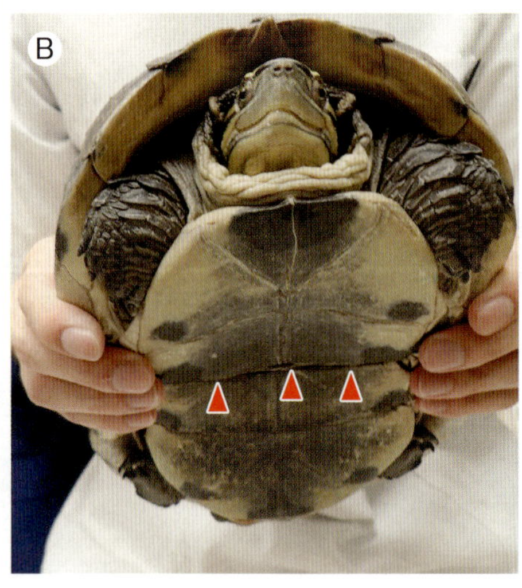

図5-31　腹甲の蝶番
A：ギリシャリクガメの腹甲
B：マレーハコガメ
(A)蝶番(矢印)があるが，ハコガメ類のように完全に閉じた箱にはなれない．(B)蝶番(矢頭)を軸に腹甲を動かすことで頭側と尾側を完全に閉じることができる.

体幹，四肢

甲羅の異常はカメでは一番目立つ所見であり，甲羅全体の形状と硬度，甲羅の外観の異常や病変の有無を確認する．代謝性骨疾患では甲羅の形状が大きく歪んだり，扁平化することがある[12](**図5-30**)．また甲羅の成長遅延や形態異常がみられる個体では，頭や四肢を甲羅内に引っ込められなかったり，外観上正常個体とは異なる印象を受けたりする．代謝性骨疾患では外観の異常だけでなく，甲羅の軟化が認められ甲羅を押すと容易にへこむなどの異常が確認できる．しかし，幼体は正常でも甲羅は柔らかく，一般的に6～12カ月齢で徐々に硬くなり，18カ月齢には成体と同じ硬さとなる[12, 13, 14]．パンケーキガメは危険を感じると岩の隙間などに潜り込み，その場所で肺に含気することで甲羅を膨らませて外敵から引き出されないようにして身を守っている．このような防御能力を持っているため，パンケーキガメの甲羅は平べったく柔軟性があることを知っておく必要がある.また,腹甲の骨板に蝶番構造を持つ種類(ヨツユビリクガメ以外のチチュウカイリクガメ属など)はやや柔軟性がある[12](**図5-31**)．他には水棲ガメでは甲羅の糜爛や潰瘍，点状出血や滲出液，脱皮不全，色調の変化，甲羅の形成(発達)異常の有無など，リクガメでは甲板のピラミッド状変化(角錐化)，色調の変化などを確認する．甲羅の糜爛，潰瘍は水質汚染が原因となっていることが多く，点状出血は敗血症などが示唆される[15](**図5-32**)．甲羅の軟化に伴って甲板と骨板の間に滲出液がみられることがあるが，多臓器不全や敗血症などを併発している場合が多く予後が非常に悪い徴候である[12](**図5-33**)．水棲ガメで古い角質甲板が残存している場合は脱皮不全であり，新しい角質甲板との間に溜った汚れが

図5-32　腹甲に潰瘍がみられるイシガメ
水質汚染が原因となることが多く，一般的にシェルロットと呼ばれる．

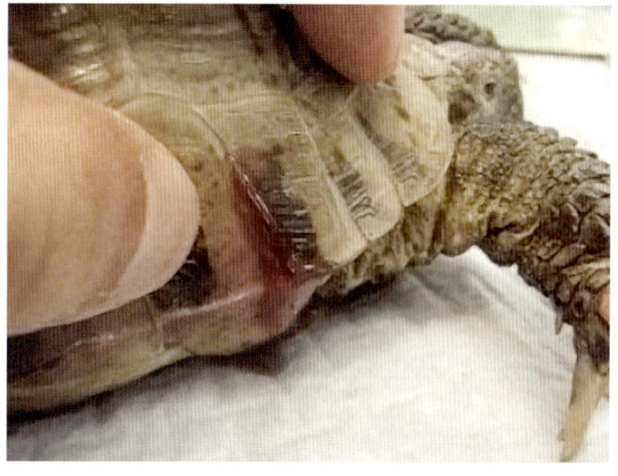

図5-33　甲羅から滲出液が認められるロシアリクガメ
非常に予後が悪い可能性が高い症状である．

図5-34　脱皮不全が認められるクサガメ
水棲ガメでは周期的に角質甲板単位または細片化した角質甲板が脱落するため，角質甲板の重層化が認められれば脱皮不全である．

図5-35　フチゾリリクガメの背甲
陸棲ガメでは角質甲板は脱落せず，新しい甲板の上に積み重なり年輪を形成するが，年齢を表すものではない．

図5-36　甲羅の変形がみられるクサガメ
問診と甲羅の形状から乾燥による甲羅の成長障害が疑われた．

感染源となり得る[16](**図5-34**)．なお，リクガメでは甲板の基部で新たな角質層が加わって成長して行くため，甲板の脱皮はせず甲羅の脱皮不全は起こらない(**図5-35**)．甲羅に白色のスポットができている場合は細菌や真菌感染などを疑う[17]．半水棲ガメでは水深が浅い飼育環境や水がない環境で長期間飼育されていると甲羅の成長障害により変形が起こるため，これを代謝性骨疾患と間違えないように注意する[18](**図5-36**)．リクガメでの各甲板のピラミッド状の変形はインドホシガメなどでは生理的とされているがほとんどの種類では病的であり，特にケヅメリクガメで多くみられる[12, 17]．原因としては高温や低湿度の環境，食餌中の過剰な蛋白質，不適切なカルシウムとリンの比率や食物繊維不足，急速な成長，紫外線不足などが推測されているが，まだ詳細は解明されていない[12, 17]．

皮膚では脱皮片，寄生虫，腫瘤，浮腫，潰瘍，体色などを確認する．脱皮方法は動物種により異なり，ヤモリやヘビでは1枚で全身の鱗を丸ごと一気に脱皮するが，カメやトカゲでは身体の部分ごとに小片状に脱皮する(**図5-37, 38**)．そのため，カメやトカゲでは脱皮片が残っていても異常ではないが，ヤモリとヘビでは部分的に脱皮片が残存している場合

図5-37　ボールパイソンの脱皮片
ヘビでは一度に全身丸ごと脱皮する．

図5-38　脱皮をしているオニプレートトカゲ
トカゲは部分的に小片状で脱皮をする．

図5-39　脱皮不全のヒョウモントカゲモドキ
頭部と四肢の指に脱皮片が遺残している．

図5-40　ダニが寄生しているグリーンイグアナ
体表に赤いダニが多数認められ，トカゲダニ(*Ophionyssus natricis*)が疑われた．

図5-41　浮腫が認められるフトアゴヒゲトカゲ
下眼瞼や頸部に浮腫が認められる．この症例は検査により心疾患が疑われた．

は脱皮不全となる(**図5-39**)．外部寄生虫は半水棲ガメでは蛭類，トカゲやヘビではダニがみられることがある(**図5-40**)．体表部腫瘤は膿瘍，肉芽腫および腫瘍などの可能性があるが，カメレオンなどでは皮下の糸状虫(フィラリア)により鱗が隆起していることもある．浮腫はカメで認められることが多く，頭頸部や四肢周辺で認められ，皮下組織が膨らんだ外観になるが肥満個体も同様の外観を呈するため，触診で浮腫か肥満かを鑑別する(**図5-41**)．潰瘍は細菌感染，真菌感染，火傷，外傷などが原因となる(**図5-42**)．鼻先の潰瘍はケージで擦っている擦過傷の可能性が高い(**図5-43**)．カメレオンやトカゲでは診察時の緊張や興奮，威嚇などで体色を変化させるものも多く，異常との鑑別が困難となる(**図5-44**)．またカメレオンはオスとメスで体色が異なるため体色で性別を判断できることもあるが，種類によっては発情や抱卵することで体色が変化し，メスでは発情すると婚姻色が現れ，抱卵した場合は全体が暗褐色に変化し，妊娠色と呼ばれる色に変化する[19, 20]．

四肢は腫れおよび浮腫，関節の腫れ，足底皮膚炎の有無を確認する．四肢の腫れでは骨折，骨髄炎や

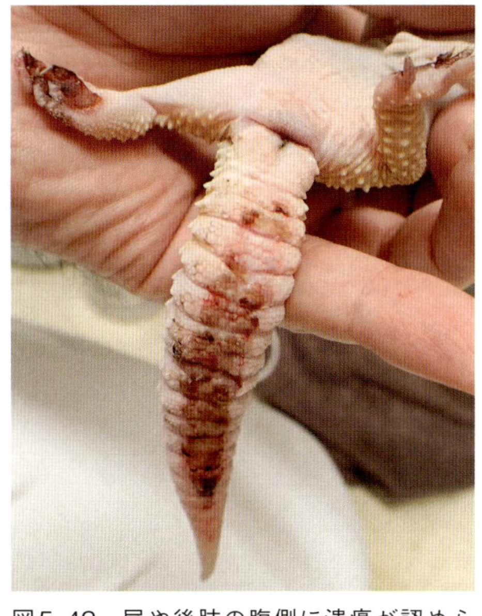

図5-42　尾や後肢の腹側に潰瘍が認められるヒョウモントカゲモドキ
皮膚病変および飼育環境から低温火傷が疑われた．

図5-43　鼻先の潰瘍が認められるブルーテールモニター
病変から擦過傷が疑われた．

図5-44　エボシカメレオンの体色の変化
A：処置前，B：処置後（A,B ともに同日の同個体）
処置や保定により体色の変化が認められる．特にカメレオンでは顕著である．

図5-45　全身の関節の腫脹が認められるフトアゴヒゲトカゲ
この症例は検査により痛風と診断された．

代謝性骨疾患，浮腫では腎不全，肝不全，循環不全や低蛋白血症が示唆される[21]．関節の腫れは痛風，感染，膿瘍，骨関節炎，脱臼および偽痛風などが疑われる[21]（**図5-45**）．足底皮膚炎は水棲ガメで多発し，足底への過剰もしくは慢性的な体重負荷に起因する．これらは，肥満が原因というよりは浅い水深や水場から出ている時間が長いなど環境不備が原因であることがほとんどであるため，生活環境を確認する（**図5-46**）．

爪は長さや脱皮片の付着などを確認する．リクガメでは環境によって爪の過長や摩耗がみられる．過度な爪の過長は歩行に支障を来すことがある．ミシシッピアカミミガメのオスは二次性徴により前肢の爪が長く伸びるため，これを異常と間違えないようにする（**図5-47**）．ヒョウモントカゲモドキでは脱皮片が爪に残存していることがあり，指にも残存していると絞扼により指や爪が脱落することがある（**図5-48**）．

尾，総排泄孔

尾は状態や質感，皮膚炎や壊死の有無を確認する．トカゲでは血行不良や感染に伴う壊死が認めら

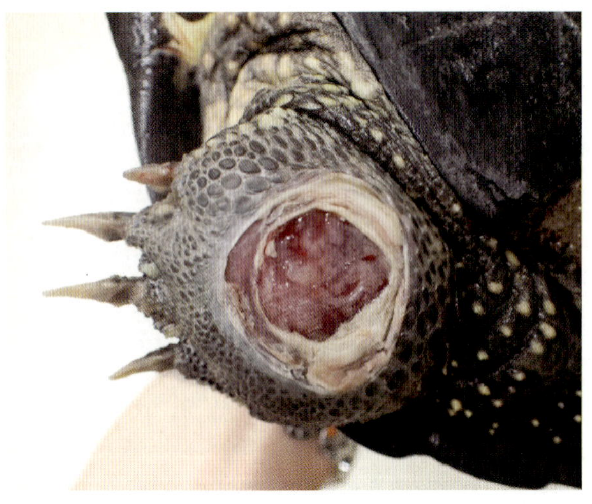

図5-46　クサガメの後肢の足底潰瘍
浅い水深などの飼育環境が原因のことが多いため，飼育環境を具体的に確認する．

図5-48　指が腫れて短くなっているヒョウモントカゲモドキ
脱皮不全により左後肢の第一指が腫れて短くなっている．

れることがあり，グリーンイグアナなど尾が長い種類ではケージ内で物理的損傷により炎症や壊死がみられる(**図5-49**)．レオパードゲッコーでは脱皮不全に伴う絞扼による尾の先端壊死がみられる(**図5-50**)．カメ類，特に半水棲ガメの尾では，水深が浅いことや不衛生な環境，同居個体による咬傷などで尾に損傷が加わっている可能性があるため，生活環境を確認する．またトカゲでは尾の自切が起こることがあり，自切後に再生尾が生えてくる種類と，生えてこない種類がいる．再生尾は生えてきても，元の尾と模様や色は異なる(**図5-51**)．カメレオン，アガマ，ドクトカゲ，モニターは自切能がなく，オウカンミカドヤモリ(クレステッドゲッコー)などイシヤモリ科のヤモリは自切後に再生尾が生えないことが多い[15](**図5-52**)．

総排泄孔は緊張感，組織の脱出，浮腫や腫脹の有無などを確認する．ヒョウモントカゲモドキなどのオスでは総排泄孔尾側のクロアカサックの腫脹や発赤，塞栓物の有無などを確認する．通常では総排泄

図5-47　ミシシッピアカミミガメのオス
前肢の爪は長くて正常である．

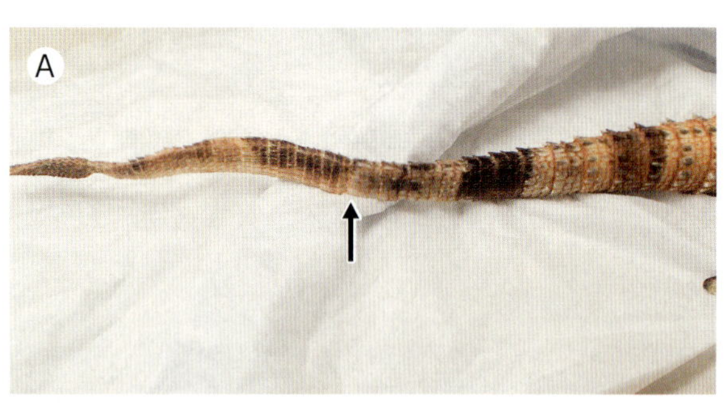

図5-49　尾の変形が認められるバナナスパイニーテイルイグアナ
(A)矢印尾側で尾の変形が認められる．(B)矢印の部位で脱落した．

図5-50　尾の先端壊死(矢印)が認められるヒョウモントカゲモドキ
脱皮不全に伴うことが多いと思われる．

図5-51　再生尾のヒョウモントカゲモドキ
再生尾は元々の尾の模様や色とは異なる．

図5-52　尾が自切したオウカンミカドヤモリ
再生尾が生えてこない種類として有名である．

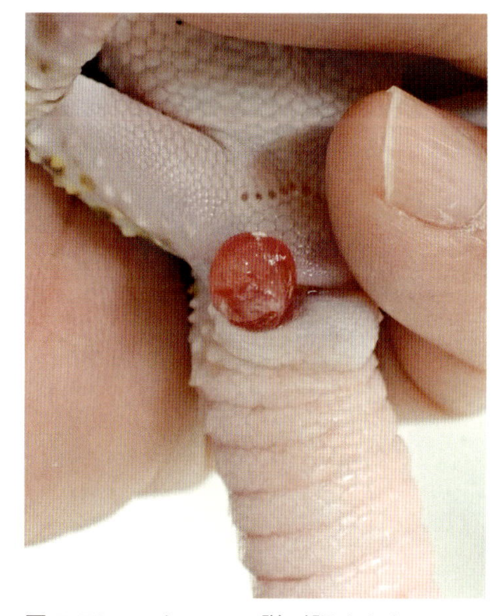

図5-53　ヘミペニス脱が認められるヒョウモントカゲモドキ
右ヘミペニスがクロアカサックから逸脱している．

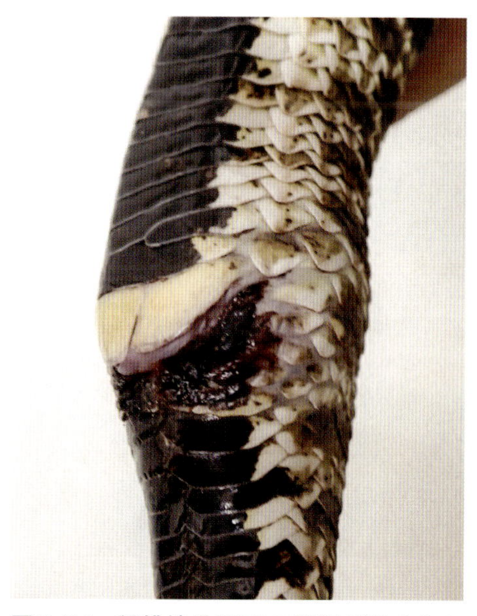

図5-54　総排泄孔周囲の腫脹が認められるセイブシシバナヘビ
感染に伴う炎症が疑われた．

孔は閉じており，開いた状態では神経的異常が疑われるため，そのような場合は尾を触診して反応や反射を確認する．組織の脱出は陰茎脱(半陰茎脱)と卵管脱が多く，直腸脱や稀だが膀胱脱も起こることがある(**図5-53**)．性別や脱出している組織を確認して判断する．総排泄孔の浮腫や腫脹は，感染に伴う炎症，腹圧亢進や総排泄腔内の閉塞が疑われる(**図5-54**)．腹圧亢進は便秘，卵塞，膀胱結石，体腔内腫瘤などが原因として挙げられ，総排泄腔内の閉塞では卵や結石の総排泄腔での停留が疑われる．クロアカサックでは栓子が詰まったり，膿瘍が形成されることがある．このような原因によりクロアカサックの腫脹，発赤，痂皮の付着や総排泄孔から貯留した栓子が出てきたり，目視できる場合がある(**図5-55**)．

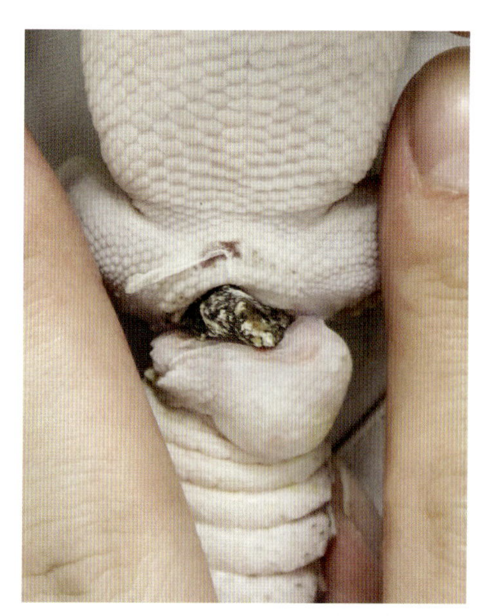

図5-55　クロアカサックの腫脹が認められるヒョウモントカゲモドキ
貯留した栓子が総排泄孔から視認できる．

図5-56　小型ガメの保定
A：ギリシャリクガメの幼体
B：カブトニオイガメの幼体
小型のカメは片手で保定できる.

図5-57　暴れる個体の保定
滑り落ちる危険があるため，両手で保定する.

図5-58　大型ガメの保定
両手で甲羅の左右から保定する.

保定法

爬虫類でも保定者が怪我をしないで，動物にも危害が加わらないように保定をすることは基本である．特に爬虫類の場合は動物種が多く，その種を知らないとどのような性格(攻撃性)で，どのような動きをするかの予想することが困難であり，事故の一因になり得る．トカゲは種類により尾を自切することがあり，その中でも特にヤモリ類は注意が必要である．ヤモリ類の中には皮膚も保定により裂ける可能性がある種類もいる．そのため，できる限り動物に与えるストレスを最少限に短時間の保定を心掛ける．

カメの保定

多くのカメは性格が温和で普通に取り扱うことができる．しかし，大型で攻撃性の高いカミツキガメ，ワニガメ，スッポン科のカメは取り扱いに注意が必要である．ミシシッピアカミミガメの成体もよく噛み付いてくるため注意する．

小型のカメは背側から背甲の両側を片手で掴むか，側方から背甲と腹甲を片手で保定する(**図5-56**)．保定を嫌がりずっと四肢をバタつかせる個体では，手が滑りカメを落とす危険性があるため両手で保定する(**図5-57**)．

口腔内検査などをする際に頭部を保定するには，カメが自発的に頸を伸ばすのを待ち，カメの後方からそっと頭の後ろを指で押さえるとよい．この際にカメの頭側から手を出すと，驚いて甲羅の中に引っ込んでしまうことがある．中～大型のカメでは両手で左右から甲羅の中央部を掴んで保定する(**図5-58**)．背甲の頭側と尾側を摑んで保定することも可能であるが，大型種では急に四肢や頭を引っ込めた際に，保定者の指が巻き込まれて怪我をすることがあるため，注意が必要である．スッポンや頸

図5-59　ワニガメの保定
大型の個体では後肢あたりの甲羅を両側から両手で掴む.

図5-60　スッポンの保定①
スッポンも咬み付いてくるため，尾側をしっかり掴む.

図5-61　スッポンの保定②
タオルなどで包み込むと落下事故になりづらい.

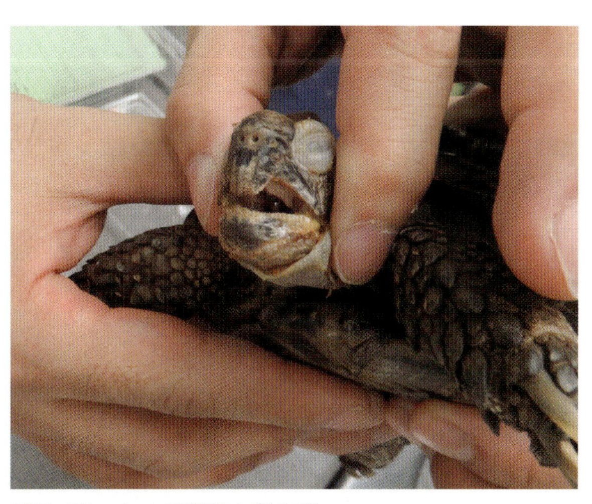

図5-62　カメの頭部の保定①
顎関節尾側を掴んで牽引する.

の長い曲頸類では頸を伸ばしても咬まれないように，甲羅の尾側を持つ.

カミツキガメやワニガメは大型の個体は40 cm以上に達し，顎の力も強く，噛まれると指が切断される可能性もあるためで噛まれないように注意し保定する．小型のものでは片手での保定も可能であるが，大型の個体では後肢あたりの甲羅をしっかりと両手で両側から摑むように保定する(**図5-59**)．ワニガメは頭と四肢を甲羅の中に引っ込めることはできないため，見ためよりも頸が伸びることはなく，背甲の頭側と尾側を掴んだ保定もできる．カミツキガメはワニガメよりも頸が長く俊敏に頸を伸ばして噛み付こうとしてくるため，頭側に手を近づけるべきでない．スッポンは甲羅が扁平で，なおかつ柔らかい皮膚で覆われているため掴みにくい．保定は両手で尾のあたりの甲羅をしっかり掴む(**図5-60**．保持時に滑って落とすアクシデントを防ぐためにはタオルなどで包み込むようにするとよい(**図5-61**)．スッポンも頸が長く，よく噛み付こうとするため，カメの頭側に手を出さないようにする．噛まれる危険がある場合は，タオルなどで頭部も覆うとよい.

カメでは採血や強制給餌の際に頭部の保定が必要となる．基本的には顎関節の尾側を両側から掴んで牽引する(**図5-62**)．頭を掴んでも嫌がり頭を引っ込めるため，カメの力が抜けて楽に頭部が牽引できるようになるまで力をかけてじっと待つ．その後，カメの頸部の皮膚の皺がなくなるまでしっかり牽引する．小型のカメでは一人で行うこともできるが，体と頭部に分けて二人で行う方が安定する.

頭を甲羅内に引っ込めて出てこないカメでは，頭が出てくるまで触らずに静かにしてそっと待つ．頭を出しても少し出しただけで完全に頭を出さない個体では，頭頂部と下顎を掴まえて頭部をゆっくり引っ張り出してから，顎関節に持ち変える(**図5-63**)．全く頭を出さない個体では金属製のフックなどを上嘴に引っ掛けてゆっくり牽引するこ

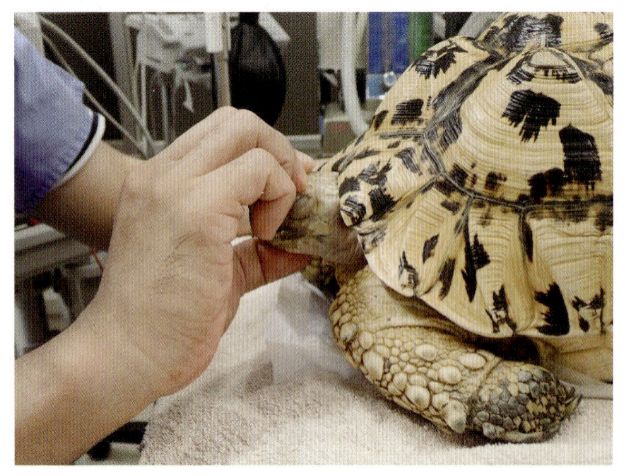

図5-63　カメの頭部の保定②
顎関節を掴めない場合は，頭頂部と下顎の吻側を掴んでゆっくりと牽引する．

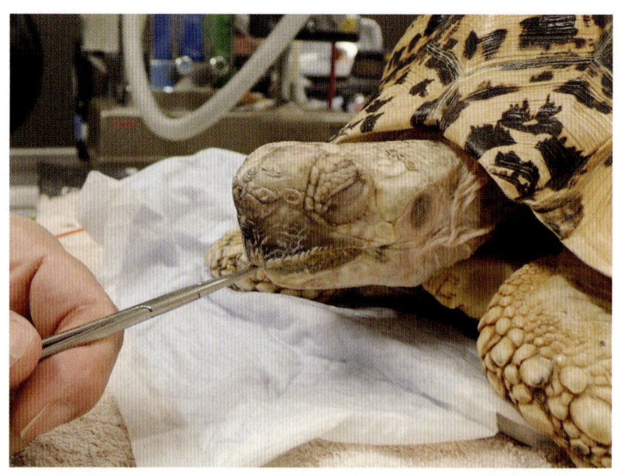

図5-64　カメの頭部の保定③
頭部を指で保定できない場合は，曲鉗子などを嘴に引っ掛けてゆっくり牽引することもできる．

図5-65　ヒナタヨロイトカゲの保定
それぞれの個体の大きさに合わせた保定をする．

図5-66　ヒョウモントカゲモドキの保定
小型のトカゲは片手でも保定できる．

とで頭部を引っ張りだすことができるが，嘴を損傷するリスクがあるため慎重に行う(**図5-64**)．大型のカメでは力が強いため，このような方法でも上手く頭部を保定することは困難であり，無理に頭部を保定しようとすると怪我に繋がるため鎮静や全身麻酔を検討した方がよい．

トカゲの保定

トカゲは掌に乗るほどの小さなものから，2 m 近くに達するものまであり，それぞれの大きさに適した保定が必要となる(**図5-65**)．また，種類により性格も異なり，尾の自切の有無や皮膚の繊細さも異なるため，これらを考慮した保定を行う．しかし，強く保定しようとすればするほど，嫌がって逃げようとしたり攻撃的になることがあるため，落ち着いている状態であれば無理に保定しようとせず，うまくハンドリングすることがコツである．

小型のトカゲの場合は，ケージやキャリーから取り出そうとした瞬間に逃げ出すことがあるため注意する．小型のトカゲは種類によっては片手で保定することもできる．ヒョウモントカゲモドキなどは親指と中指あるいは人差し指と中指で頸部を挟みこみ，体幹はそのほかの指と掌で保持することで保定できる[22](**図5-66**)．フトアゴヒゲトカゲなど中型のトカゲではおとなしい種類や個体では片手の掌で腹側から体を支えて親指を背中に添える程度で保定できる(**図5-67**)．この保定法が困難な場合は両手で肩周囲と股関節周囲を抑えることで保定する．注

図5-67　おとなしい中型トカゲ（フトアゴヒゲトカゲ）の保定
片手でも保定できる．

図5-68　中型トカゲ（フトアゴヒゲトカゲ）の注射時の保定
上半身と大腿部と尾をしっかり保定する．

図5-69　大型トカゲ（ガイアナカイマントカゲ）の保定
おとなしい個体であればこのような保定で十分である．

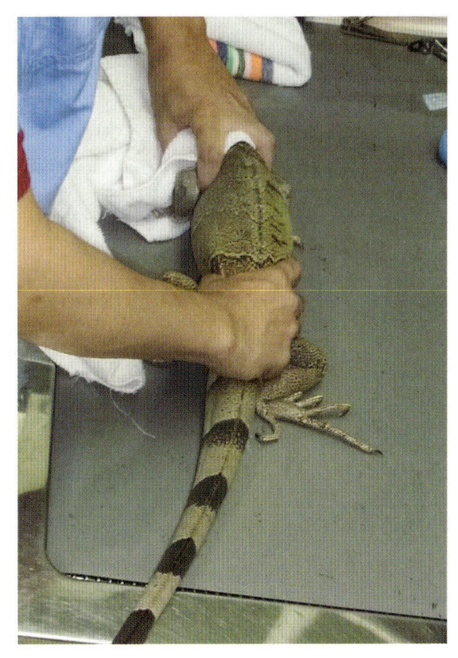

図5-70　グリーンイグアナの保定
暴れる個体では，頭部をバスタオルなどで覆うとよい．

射時などしっかり保定したい場合は片手で上半身と頭部を保定し，もう一方の手で大腿部を掴み胴と平行になるように後肢を伸ばし尾も一緒に保持する[23]（**図5-68**）．しかしながら，トッケイヤモリのように非常に攻撃的で咬み付いてくる種類では保定も困難であり，種類による性格も大まかに把握しておく必要がある．

大型のトカゲは保定者が受傷する可能性があるため注意して取り扱う．テグーやモニター類は噛む力が強く，イグアナなどは歯や爪だけでなく尾にも注意しなければならない．通常は胸と前肢を下から支え，後肢と尾の付け根を上から抱えることでおとなしく保定できるが，しっかり保定する時は前肢を胸部の側面に沿って抑え，後肢は尾の側面に沿って抑えつける[1, 24]（**図5-69**）．攻撃的なトカゲや非常に暴れて保定しづらいものでは，バスタオルやブランケットを頭に被せたり，体全体を覆って保定するとよい（**図5-70**）．トカゲは頭を覆われ視界を遮るこ

図5-71　トッケイヤモリの自切した尾
尾を掴まなくても，重度なストレスがかかるだけでも自切することがある.

図5-72　バクチヤモリ
鱗が剥がれやすいため，基本的に保定しないようにする.

図5-73　グランディスヒルヤモリ
ヒルヤモリも鱗が剥がれやすいため，基本的には保定を避ける.

図5-74　カメレオンの保定
カメレオンは最小限の保定でよく，取り扱いは他のトカゲとは異なる.

とで比較的おとなしくなることを利用した方法だが，噛まれることや爪で引っかかれることからも防御できる．ただし，頭部はしっかりと固定しておく必要がある．これらのことを行っても保定できない大型のトカゲでは，安全に保定し検査するには鎮静や全身麻酔を考慮する.

尾を自切する種類では絶対に尾を掴まないようにする．保定時に尾を強くつまむと，自分で尾を切断して逃げようとする(**図5-71**)．切れた尾は種類によっては再生するが完全に元の状態までは戻らず，再生尾が生えてこない種類もいる.

鱗が繊細なトカゲは，どうしても必要な場合以外はできる限り保定を避ける．バクチヤモリやヒルヤモリがこれに当たり，尾を自切するだけでなく，鱗が剥がれやすく(皮膚も裂けやすく)なっており，外敵に襲われると皮膚全体が向けるように鱗が取れる(**図5-72, 73**)．基本的にこれらの種類では保定を行わずに，虫かごのようなプラスチックケージに入れて視診のみ行う.

カメレオンは掌に乗せるか指に乗せるだけの最小限の保定で十分であり，取り扱いは他のトカゲと異なる注意が必要である(**図5-74**)．上から掴むことは外敵に襲われるのと同じ状況のためかなりのストレスとなるので，目線の下に手を差し伸べてカメレオンが自ら乗ってくるのを待つ．手に乗せた後にパニックになり手から飛び降りるカメレオンもいるので，落下には細心の注意を払う．手の上を勢いよく

図5-75　ヘビの保定①
おとなしい個体であれば，体全体を下から持ち上げるだけよい．

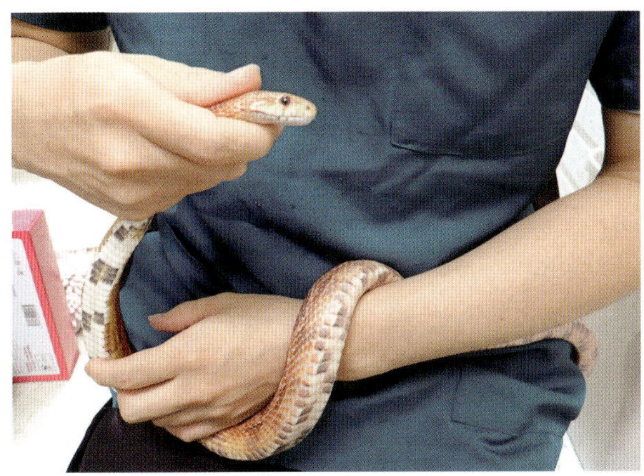

図5-77　ヘビの保定③
保定時に体を腕に巻き付かせた方が落ち着くこともある．

動くカメレオンの場合には，効率よく手のひらを使ってハンドリングしながら落ち着くのを待つようにする．丸めたタオルや枝などを手の代わりに用いることもできる．

ヘビの保定

ヘビでは攻撃的な種類や個体もいるためキャリーから取り出す前に，頭がどこにあるかを確認してから取り出す．攻撃的な種類や性格の不明な個体であれば，飼い主からその個体の性格，普段の反応を聴取してから触るようにする．おとなしい種類や触れることに慣れてる個体では，体全体を下からゆっくりと持ち上げる(**図5-75**)．保定する際には，頭の後方から手を伸ばして，親指と中指で頭蓋骨側面，人差し指で頭頂部を保持して保定し，もう一方の手で腹に手を差し入れてすくい上げるように持ち上げる(**図5-76**)．その後，頭を持っているとストレスがかかるため，おとなしいヘビでは頭から手を離して，両手を用いてヘビの体の2箇所以上を支えるように保定する．ヘビを持ち上げたら，できるだけヘビの動きに逆らわないように左右の手を交互にヘビの進行方向に合わせて前へ差し出して保定する．また，小型～中型のヘビでは保定時に腕に巻きつかせた方が落ち着くことも多い(**図5-77**)．小型のヘビなどでは頭の後ろをそっとつまんで，手のひらに乗せることもできる(**図5-78**)．

図5-76　ヘビの保定②
片手で頭を保定し，もう片手で体を支える．

図5-78　小型のヘビ(コーンスネークの幼体)の保定
小型のヘビでは手のひらに乗せることもできる．

図5-79　ヘビの不適切な保定の例
体をしっかり支えずに不安定だとヘビが動き，身体検査などを行うことができない．

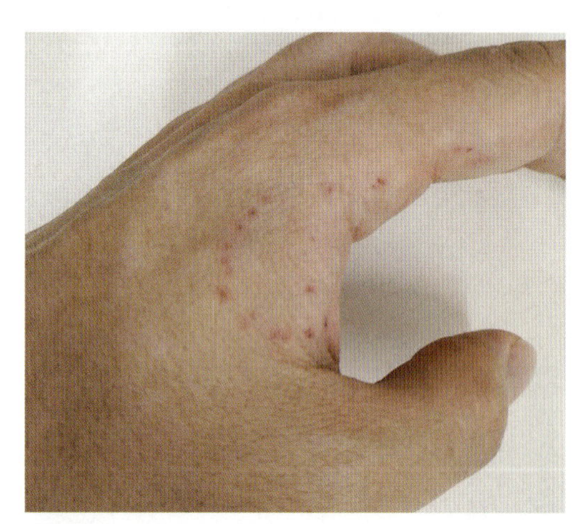

図5-81　ヘビの咬傷
ヘビに咬まれたら鉗子などでヘビの口をやさしく開いて引き離す．

図5-80　鱗が剥離したカーペットパイソン
ヘビの状態によっては保定により皮膚(外皮)を痛めるため注意する．

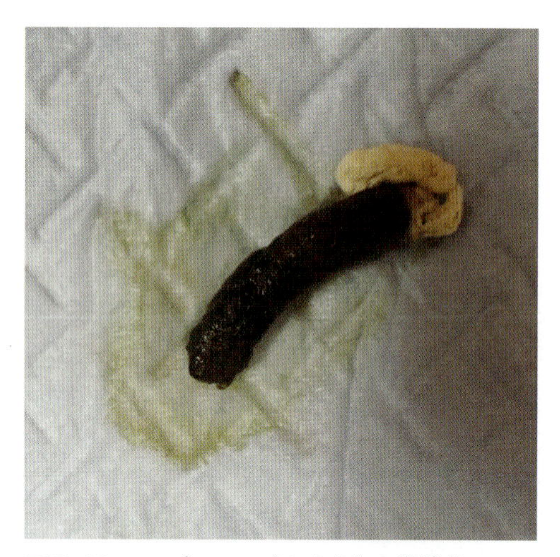

図5-82　アブロニア(トカゲ)の排泄物
排泄物は便，水分尿と尿酸である．

警戒心が強い個体，威嚇行動をとる個体では，咬まれないようにブランケットやバスタオルなどを用いて取り出す．タオルなどでヘビの体全体を覆い，タオルの上からヘビの頭部を探し頭部を保持する．このような個体では布袋(筆者はバスタオルの3辺を縫い合わせて作った袋を用いている)に入れて，必要な部位のみを布袋から出して検査することもできる．大型のヘビの場合は一人ではなく，二～三人で保定を行うが，そういう個体は力が強いため頭部を自由に動かせないようにしっかり保持する．

頭部や頸部だけを保持した保定は暴れた場合に脊椎損傷の原因となる可能性があるため行うべきでなく，ヘビを保定する場合には必ずヘビの体を支えるようにする[23](**図5-79**)．また，脱皮前は非常に鱗がもろく，鱗が剥離する可能性があるため脱皮前や脱皮中の保定は極力避ける[23](**図5-80**)．基本的にヘビは神経質なので必要以上に保定，触診しないようにする．

もしもヘビに噛まれた場合は，頭を保定して鉗子などで口を開いてから引き離すようにする．ヘビの牙は尾側に向いているため，噛まれた状態で引き離そうとしても離せない(**図5-81**)．

糞便検査

爬虫類では便の肉眼的異常以外にも，元気食欲低下や便秘などでも便検査を行うことが多い．また，肉眼的異常が認められない場合でも，健康診断などで飼い主が便検査を希望することも多く，便検査を行う機会は多い．排泄物は便，水分尿と尿酸からなり，一緒に排泄されるため下痢と多尿の区別が必要である(**図5-82**)．まずは肉眼的に糞便の色，形状，内容物，寄生虫の有無を確認する(**図5-83**)．基本的には黒色～黒緑色であるが，色付きペレットや食べる物に合った色になることがある(**図5-84**)．食

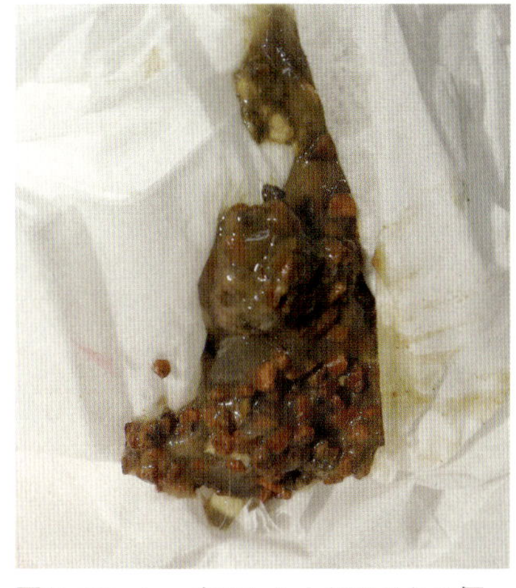

図5-83　ヒョウモントカゲモドキの便
床材が付着だけでなく混入もしており，床材の誤食が考えられる．

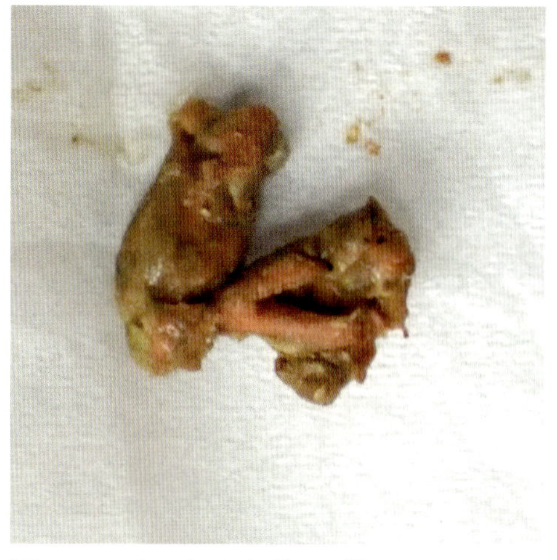

図5-84　キアシリクガメの便
人参をよく食べているため，一部に人参の色が強く出ている．

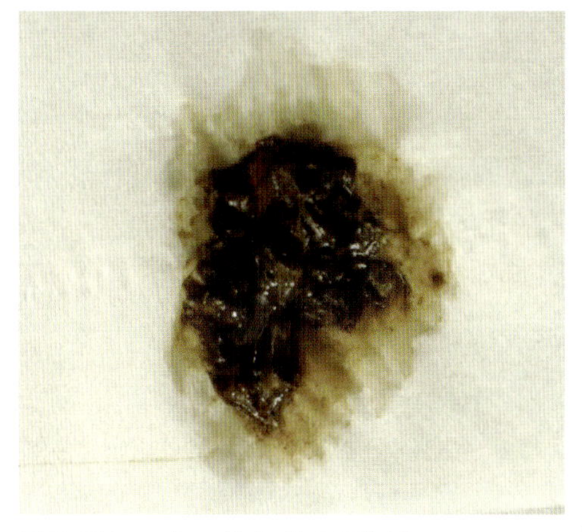

図5-85　ロシアリクガメの軟便
糞塊の形状を保っておらず，やや未消化な様子がある．

図5-86　ミシシッピニオイガメの排泄物
水棲種は便の異常の判断は難しい．

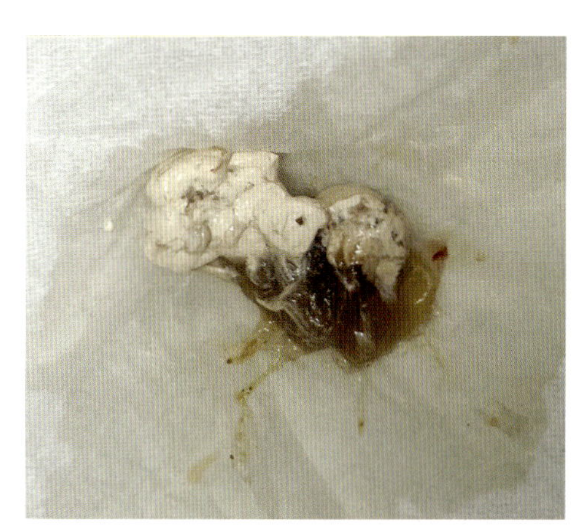

図5-87　フトアゴヒゲトカゲの排泄物
水分尿，尿酸と粘液が排泄されており，少し出血も認められ腸炎が疑われた．

餌内容により便に植物片や昆虫片，マウスなどの被毛などが混じっていることがある．また，蟯虫や回虫などの線虫が混じっていることも多い．軟便は軽度であれば哺乳類と同様に生理的なこともあれば，飼育温度の低下や消化器疾患などの影響により生じることもある(**図5-85**)．水棲種は水中で排泄するため，便の形状はわかりにくい(**図5-86**)．水様便，粘液便や大量の未消化物を含んだ便は異常であることが多い(**図5-87**)．

排便から時間が経過した便は硬くなり，便検査の精度も低下するため院内で採取できた便で検査を行うのが望ましい．カメでは来院中や診察中に「びっくり便」と呼ばれる軟便をすることも多い．また，温浴時に排便することが多いため，どうしても便検査を実施したい症例では院内で温浴をして排便を促すのも一つの方法である．便検査は哺乳類と同様に直接鏡検および飽和食塩液浮遊法を行う．この2つの方法では検出しづらいクリプトスポリジウムのオーシストを検出するために，簡易迅速ショ糖浮遊法も実施する(**図5-88**)．簡易迅速ショ糖浮遊法

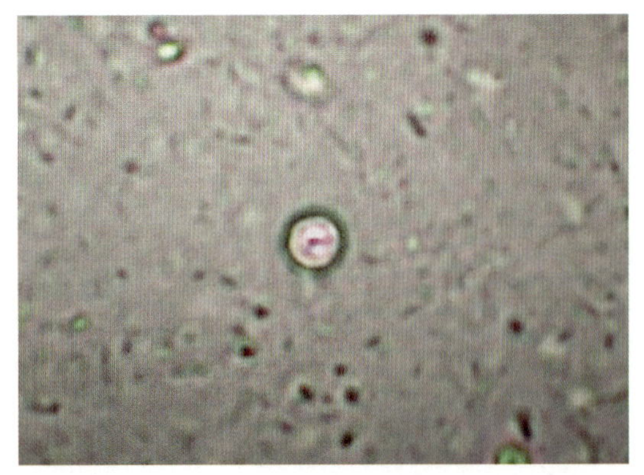

図5-88　クリプトスポリジウムのオーシスト
簡易迅速ショ糖浮遊法ではクリプトスポリジウムのオーシストはピンク色に見え，検出しやすくなる．

に用いるショ糖液は，グラニュー糖50 g を精製水32 mL で湯煎して溶解し，腐敗防止にホルマリンを1滴加えて作成する．クリプトスポリジウムは特にヒョウモントカゲモドキで検出されることが多いが，他のトカゲ，ヘビやカメでも報告されており来院する爬虫類全般で検出される可能性がある[25, 26]．

尿検査

爬虫類での尿検査は，解剖学的，生理学的特徴から有用性は低いとされていたが，全く意味のない検査ではない[27〜32]．特に，尿沈渣による炎症や感染の細胞学的評価は有用とされている[30]．哺乳類と同様に，尿検査には肉眼的評価，尿検査用試験紙による定性検査，比重測定，沈渣の鏡検が含まれる．

腎臓で生成された尿は哺乳類のように直接膀胱へ行くわけではなく，尿管を通って尿生殖洞から総排泄腔に流れ込み，それから膀胱に行って貯留する．膀胱は尿を貯留するだけでなく，水分を再吸収する機能も持つ[33]．ヘビと一部のトカゲには膀胱はなく，膀胱のない種類では総排泄腔から遠位結腸まで尿が逆流して，そこで水分が再吸収される[30, 34, 35]．排泄時には，尿は総排泄腔をもう一度通過して，総排泄孔から体外に排出される．そのため，排泄された尿は糞便と混じり汚染されている．このため尿サンプルの採取として，膀胱穿刺が推奨されている[30]．しかしながら，膀胱は薄くて破れやすいため，穿刺後の尿の漏出や体腔炎のリスクがある[30]．

まずは尿の色調の評価を肉眼的に行う．通常では透明から淡黄色だが，飢餓や肝疾患ではビリベルジンの生成を促進し，尿色が黄緑色に変わることがある[27〜30, 32]（**図5-89**）．

図5-89　ヒョウモンガメの尿
正常はこのように透明から淡黄色である．

爬虫類の腎臓はヘンレ係蹄がなく血漿の浸透圧値を超えて尿を濃縮できないため，尿比重は腎機能の評価としては有用ではない[28〜30]．そもそも，どのように採尿したとしても尿サンプルは腎臓で生成された後に膀胱または遠位結腸，総排泄腔で水分の再吸収されているため，腎機能を正確に反映していない．しかも，海や砂漠に棲息する種類とリクガメ以外の草食性の爬虫類では腎臓に塩類腺があるため，これらの種類では尿管尿でさえも腎臓による浸透圧調節を反映するものではない[34]．

尿検査用試験紙による定性検査は，一部の項目は有用と考えられている．草食性であるリクガメの尿 pH は通常アルカリ性で，雑食性のハコガメではわずかに酸性とされている[30, 32]．サバクゴファーガメの尿 pH は5.6〜7.3，ミシシッピアカミミガメでは5.9〜6.2と報告されている[30]．トカゲやヘビの尿 pH に関する報告はない．草食性のリクガメにおいて，食欲不振が長期間続くと尿が酸性になり，食欲が回復すると尿 pH はアルカリ性に戻ることが確認されている[28, 30, 32]．そのため，草食性爬虫類の尿 pH は一般状態を表す指標になる可能性がある．尿蛋白や尿糖は通常では陰性であるが，両項目とも腎疾患により検出される可能性が示唆されてい

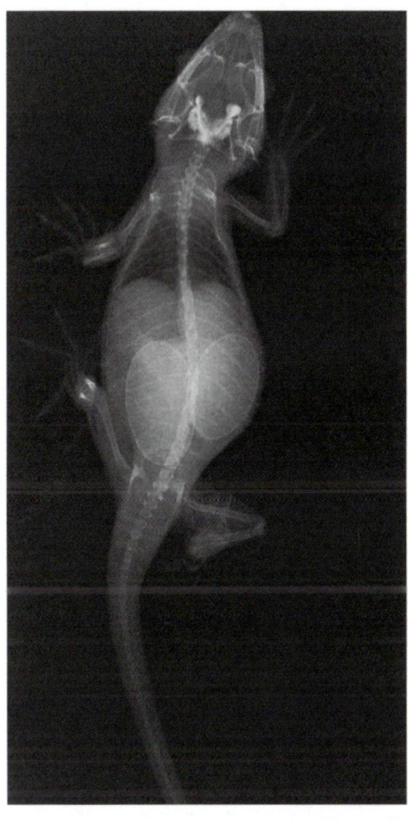

図5-90　ツノミカドヤモリのX線DV像
有殻卵が2つ確認できる．X線検査は卵殻卵の確認には有用である．

る[29, 30, 32]．潜血は哺乳類と同様に赤血球，ヘモグロビン，ミオグロビンに対して陽性反応を示す場合もある[30]．ケトンとビリルビンは現状では有用性はない．

尿沈渣では，ある程度の細菌の存在は正常である．単一の細菌群の増殖，多量の酵母は感染を疑う所見である[30, 32]．時折，寄生虫がみられることがあるが糞便による汚染が原因の場合もあれば，腎臓に寄生している場合もある．カメでは腎臓に寄生するヘキサミタが報告されている[30]．

X線検査

X線検査は爬虫類においても非常に有用な検査であり，骨の構造，有殻卵，肺炎や肺肉芽腫，消化管内異物，便貯留，骨折や甲羅の損傷，膀胱結石など様々な状態の評価を行うことができる(**図5-90**)．特にカメは甲羅があるため，他の爬虫類よりも身体検査や超音波検査の有用性が低く，X線検査の重要度が増す[36]．筆者らは基本的には鎮静などは行わずに撮影している．しかし，無麻酔で撮影が困難な症例ではX線撮影の重要性に応じて鎮静下での検査を検討する．

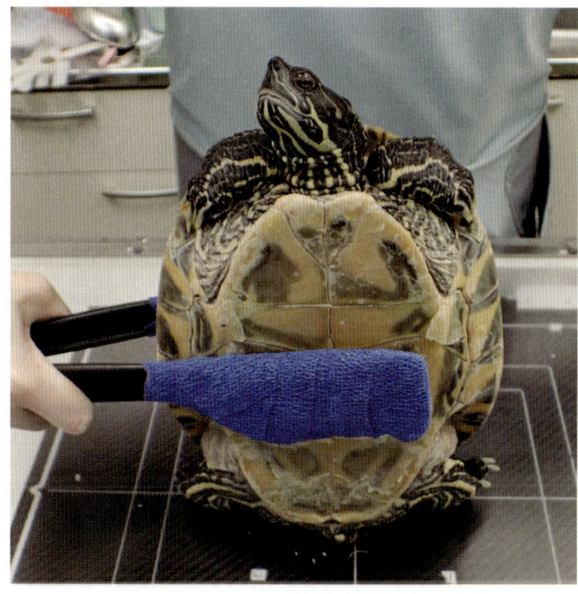

図5-91　カメ(クサガメ)の頭尾側像のX線撮影
筆者はトングなどで保定して撮影している．

カメでは3方向(背腹像，側方向像，頭尾側像)の撮影を行う．背腹像では甲羅と腹部臓器が重なるため肺野は不鮮明となり，側方向像と頭尾側像では肺野は腹部臓器とは重ならないが側方向像では左右の肺，頭尾側像では頭尾側部が重なって写る．そのため，3方向で評価しないと肺の病変を見逃してしまう可能性があるためである．通常，背腹像は無保定で撮影可能であるが，動き回る個体は，頭を触るなどして頭を甲羅に引っ込めた瞬間を狙って撮影する．側方向像と頭尾側像は成書には水平ビームにより体位を変えずに撮影することが推奨されているが，筆者らはトングなどによりカメを保定し(垂直ビームによる)撮影をしている[37](**図5-91**)．四肢や頭部が甲羅の中に入っていることで肺野が圧迫されX線画像の見え方が異なるため，四肢や頭部は甲羅の中に入っていないタイミングでの撮影が望ましい[36, 37](**図5-92**)．そのため，腹甲のみ接触するような大きさの台に置いて撮影する方法も提案されている[36, 37]．

トカゲは基本的に2方向(背腹像，側方向像)の撮影を行う．大型のトカゲで呼吸器の評価を行う場合は左右の側方向像が推奨されているため3方向から撮影する[38]．背腹像はあまり動かない個体であれば無保定で撮影できる(**図5-93**)．小型で素早い個体はプラスチックケースに入れたまま撮影したり，タイミングによっては蓋だけ外して撮影を行う．中型

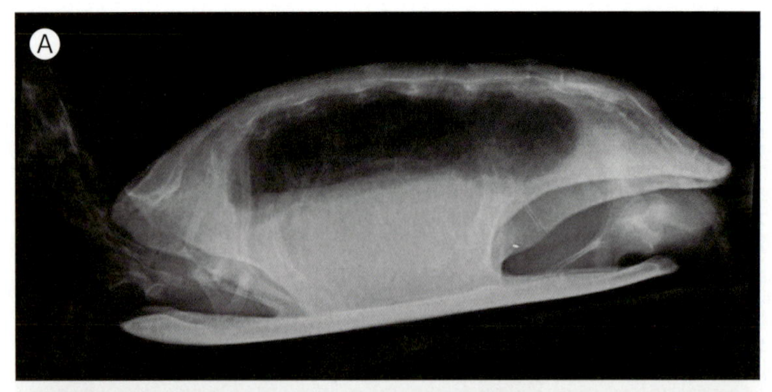
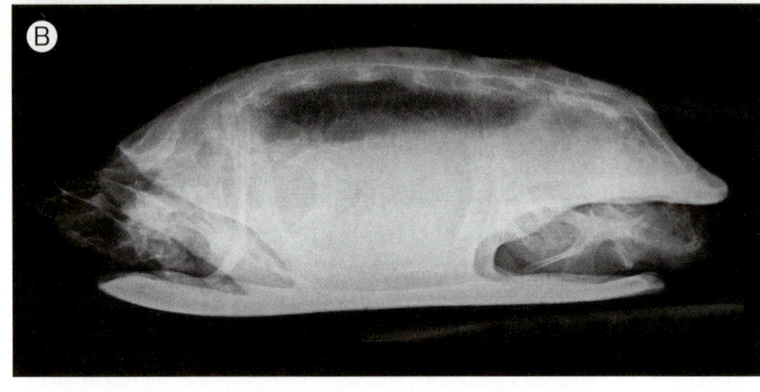

図5-92　クサガメのX線ラテラル像
A：頭部，四肢が甲羅から出ている時
B：頭部，四肢が甲羅に入っている時
四肢や頭部が甲羅に入っていることで，肺野の見え方が異なる点に注意

図5-93　トカゲ(ヒョウモントカゲモドキ)のX線DV像撮影
おとなしい種類や個体であれば無保定で撮影できる．

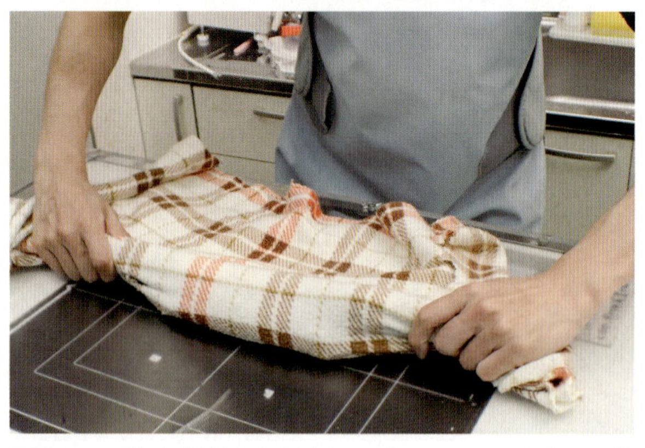

図5-94　動く中型トカゲ(オニプレートトカゲ)のX線撮影
ブランケットに包んでX線撮影を行っている．

で動く個体ではタオルやブランケットに包んで撮影する(**図5-94**)．大型で動いたり暴れる個体では迷走神経反応(閉じた眼にわずかな圧迫を加えることで誘発され，心拍数と呼吸数が低下してあまり動かなくなる反応)を利用したり，頭部と尾部をしっかり保定して撮影する[38~40]．カメレオンは棒などに捕まった状態の方が動かないため，プラスチックケージの縁などに止まった状態で撮影することもある．側方向像はカメと同様に水平ビームでの撮影が推奨されており，垂直ビームでの側方向の撮影はカメと異なり無麻酔では困難な場合も多い[38, 39]．トカゲでは側方向像の撮影のために，頭部と尾を保定し体を倒すと暴れることが多い．特に四肢が地面に着いていないと暴れることが多いため，出来る限り前肢と後肢を保定した状態でトカゲの掌に手をつけるようにして撮影している．

図5-95　ヘビ(ボールパイソン)のX線撮影
できる限り真っすぐに保定して撮影する.

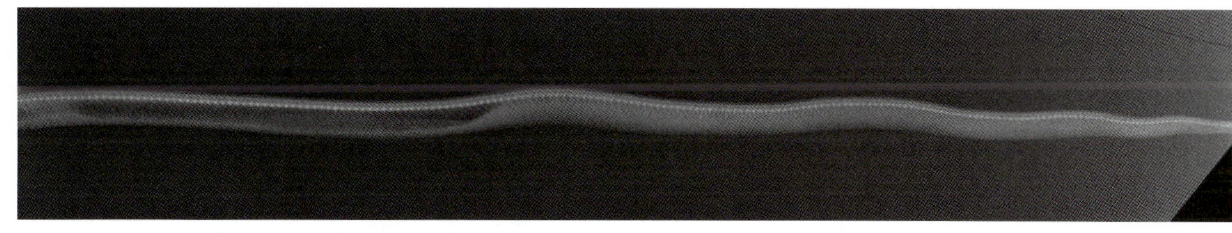

図5-96　コーンスネークのX線ラテラル像
無麻酔の撮影では脊椎の湾曲や歪みが出ることが多い.

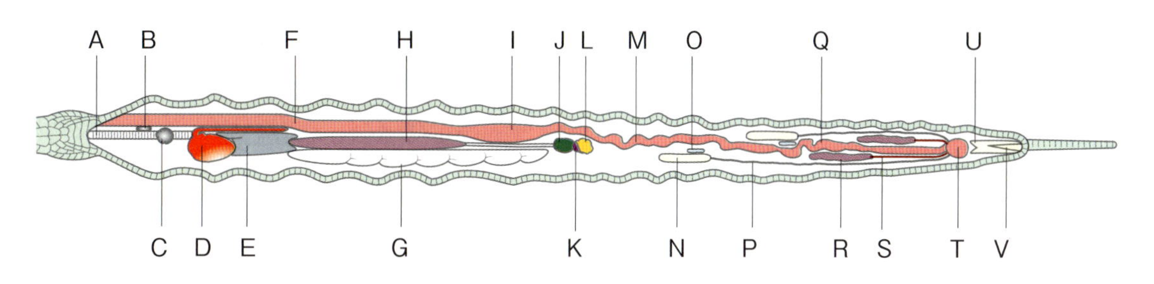

図5-97　オスのヘビの解剖イラスト(参考文献42引用・改変)
このようなイラストもX線画像を読影する際に参考になる. A：気管, B：胸腺, C：甲状腺, D：心臓, E：右肺, F：食道, G：気嚢, H：肝臓, I：胃, J：胆嚢, K：脾臓, L：膵臓, M：小腸, N：精巣, O：副腎, P：精管, Q：結腸, R：腎臓, S：尿道, T：総排泄腔, U：臭腺, V：ヘミペニス

ヘビも基本的に2方向(背腹像, 側方向像)の撮影を行う. 側方向像の撮影には他の爬虫類と同様に水平ビームでの撮影が推奨されている[37, 41]. 背腹像の撮影でもとぐろを巻いたままの状態ではなく, 真っすぐ保定して撮影する(**図5-95**). とぐろを巻いたままの撮影は動物にかかるストレスは低く, 卵や異物など容易に判断できる物もあるが, 病気の診断のためには推奨されていない[37, 41]. 背腹像と側方向像どちらともできるだけ真っすぐに保定して撮影する. しかしながら, どれだけ真っすぐにしようとしても, 無麻酔下では筋肉の収縮に伴う脊椎の湾曲や歪みが残ってしまうことが多い(**図5-96**). また, かなり小型ではない限り全身を1枚で撮影できないため, 何枚かに分けて撮影する必要がある. その際は放射線不透過性のマーカーを皮膚にテープで貼り付けてマーキングを行い撮影することが推奨されている[37, 41]. 撮影したい部位が決まっている場合はその局所のみを撮影しても良いが, 肉眼的にその部位がどこにあるのかを判断するのに苦慮することが多い. 一般的には外から見て動いている心臓を確認して, そこをランドマークに他の臓器の位置を推測したり, 全長に対する頭からの距離により推測する(**図5-97, 表5-1**).

採　血

哺乳類と同じように, 血液検査は病気を診断するためには欠かせない検査であるが, 爬虫類では血管

表5-1　ヘビ類(ボア科)における臓器の位置の目安(参考文献39引用・改変)

器官	吻端から総排泄腔までの長さに対する割合(%)	体を3等分(頭側部，中央部，尾側部)した場合の位置
気管	0～22	頭側部
心臓	22～33	頭側部
肺	33～45	中央部
気嚢	45～65	中央部
肝臓	38～56	中央部
胃	46～67	中央部
腸	68～81	尾側部
右腎臓	69～77	尾側部
左腎臓	74～82	尾側部
結腸とおよび総排腔	81～100	尾側部

全長に対する頭からの距離で臓器の位置を推測する．

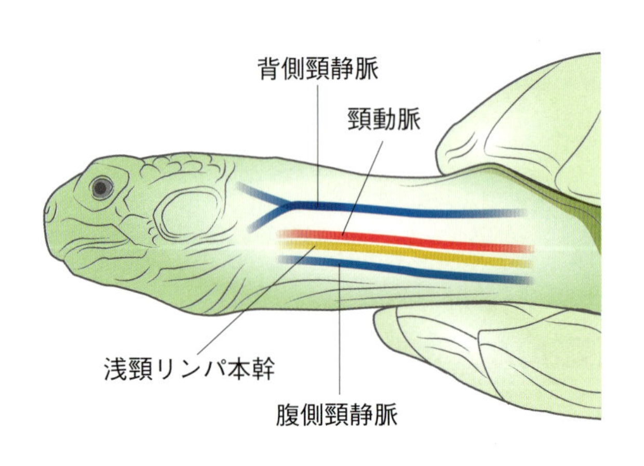

図5-98　カメの頸静脈(参考文献27, 46引用・改変)
多くのカメは背側と腹側に2本の頸静脈(外頸静脈と内頸静脈)があり，表層を走行している．

図5-99　クサガメの頸静脈採血
頭部を引き出せる個体で選択される．

を視認できないことが多く盲目的な採血になる．そのため，保定者がうまく症例を保定できないと採血も困難となるため，哺乳類よりも保定がより重要となる．

爬虫類の血液の抗凝固処理は以前はヘパリンリチウムを用いるのが一般的とされていたが，最近はEDTAの方が優れているとされている[43]．しかしながら，カメでは種特異的にEDTAにより溶血する種類がいるため，ヘパリンリチウムやヘパリンナトリウムを用いて行う[43, 44]．

カメの採血部位

カメで採血を行う部位は**頸静脈**，**背甲下静脈洞**，**背側尾椎静脈**，**上腕静脈**などである．体表で目視可能な血管は基本的に頸静脈のみであるが，頸静脈も視認できない場合も多い(**図5-98**)．視認できない血管からの採血は盲目的なアプローチになるため，解剖学的な知識を必要とする．多くの爬虫類では静脈と対でリンパ管が近接して並走するため，採血時にリンパ液の混入が起こりやすい[45]．頸静脈はリンパ液の混入の可能性が最も少ない部位であるため，しばしば選択される(**図5-99**)．

頸静脈から採血する際には，まず頭部を確保して頸部を牽引して保定する．助手はカメの体を持ち，前肢を外尾側へ伸展し，甲羅に密着するように保定する．採血者が頸部を進展した後，採血を行う側面を上にして側臥位に体位を固定する(**図5-100**)．助手が頸部尾側を駆血するか，体を30度程傾けて頭部を下にすることで血管が怒張し視認しやすくなる[43](**図5-101**)．採血後は血腫を防ぐために，

図5-100　頸静脈採血の保定
頭部を牽引して採血する側を上にして保定する．

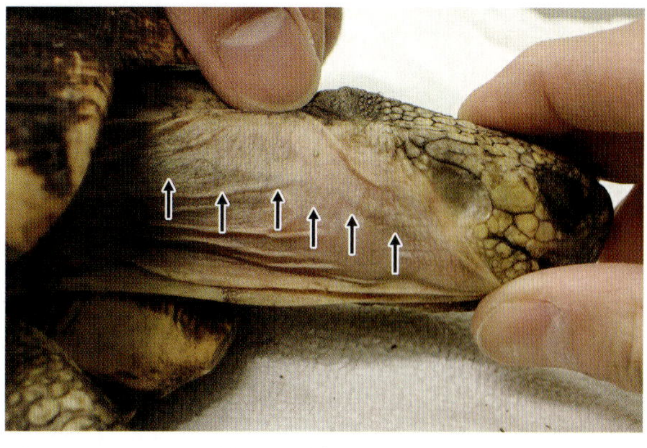

図5-101　カメの外頸静脈(矢印)
頸静脈を視認できる場合もある．

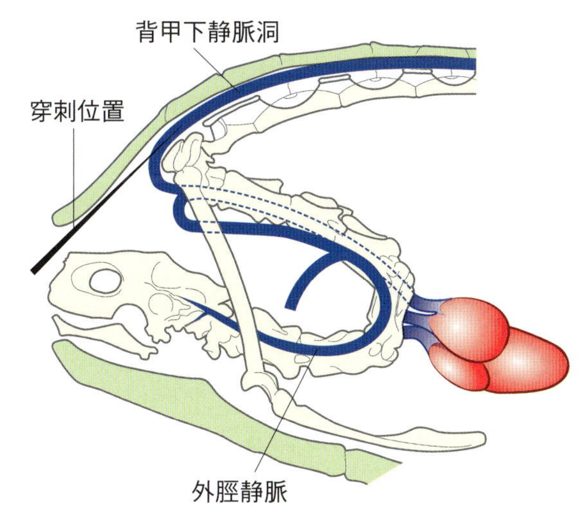

図5-102　カメの背甲下静脈洞(参考文献46, 47引用・改変)
背甲下静脈洞は背甲の項甲板尾側の第8頸椎の位置にある．

図5-103　ミシシッピニオイガメの背甲下静脈洞からの採血
頭部を引き出せない個体でも採血できる．

図5-104　ミシシッピアカミミガメの背側尾椎静脈採血
大型や暴れたりする個体からも採血できる部位である．

頭部を上にしてしばらく採血部位を圧迫する[43]．

背甲下静脈洞は第8頸椎と背甲の付着部付近に位置しており，頸部の背側正中を背甲入り口から背甲の腹側面対して約60度で穿刺する(**図5-102**)．頸部が伸びた状態でも，頸部が引き込んだ状態でも採血できるため，頸部や前肢を引き出せない個体や暴れる個体でも採血可能である(**図5-103**)．前肢と頭をまとめて甲羅の中に押し込んだ状態の方が採血しやすいため，タオルで頭と前肢を押し込んで保定する．この部位での採血はリンパ液が混入する可能性が高いことがデメリットである[48]．

背側尾椎静脈は尾の背側中央に位置しており，真っ直ぐに伸ばした尾の出来る限り付け根の背側正中を尾椎に対して45～90度で穿刺する[43](**図5-104**)．保定者は後肢を甲羅の中に押さえ込み保定する．この部位からの採血は，大型の種類や暴れたり攻撃的な個体でも行うことができるが，リンパ液が混入する可能性が高く，椎間腔から脊髄神経を誤穿刺するリスクがある[48]．誤穿刺時に，感染

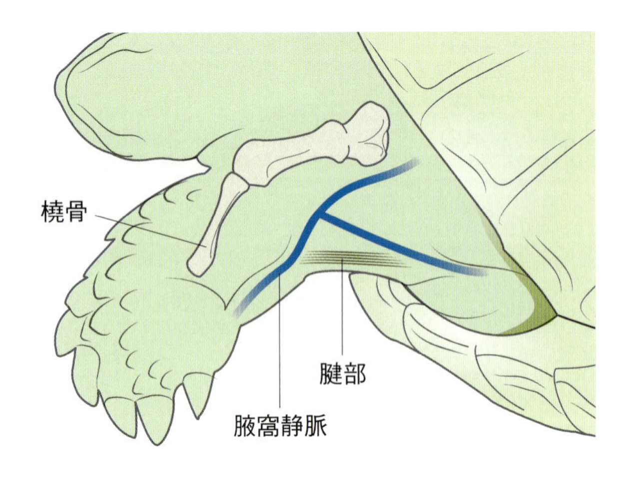

図5-105　カメの左上腕静脈(参考文献46引用・改変)
血管は二頭筋腱と肘関節の間に存在する．

図5-106　ホウシャガメの左上腕静脈採血
大型種で選択することが多い．

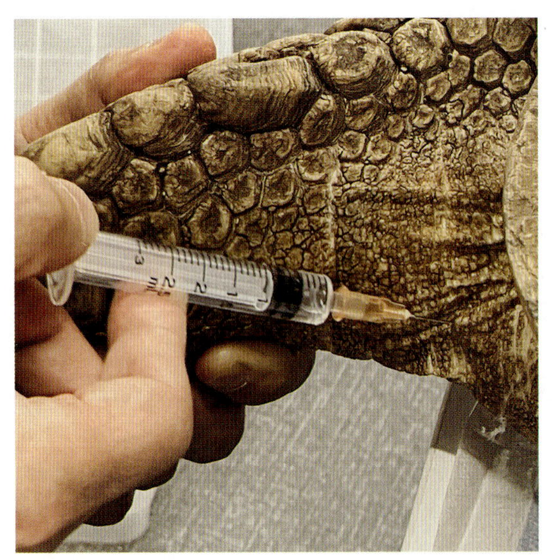

図5-107　ケヅメリクガメの左上腕静脈採血
血液ではなくリンパ液が採取されている．リンパ液の混入が多い部位である．

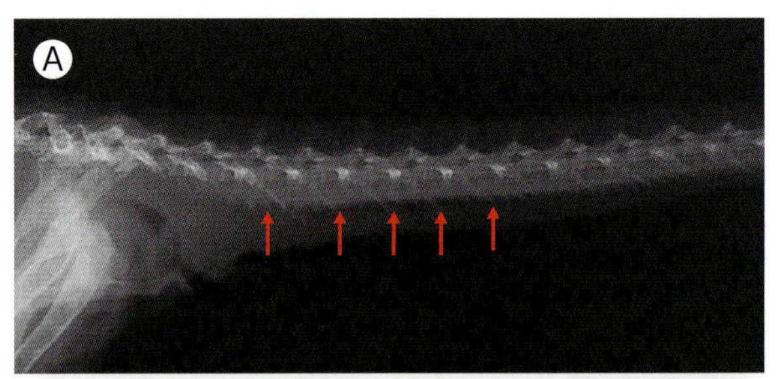

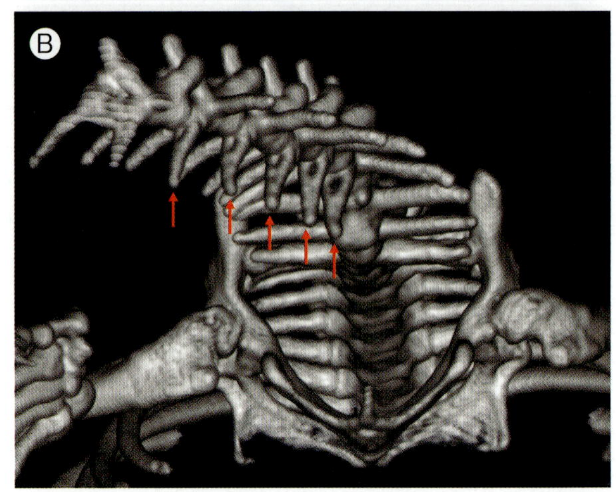

図5-108　フトアゴヒゲトカゲの尾のX線ラテラル像(A)およびCT画像(B)
腹側棘突起(矢印)に保護されて腹側尾静脈は尾椎の腹側中央を走行している．

を起こさないようにするために，穿刺前にしっかり消毒する．

上腕静脈(上腕静脈叢または尺骨静脈叢とも呼ばれる)は肘関節の屈筋表面を走行している血管である．肘関節の屈筋表面では二頭筋腱が目立って触知でき，二頭筋腱と肘関節の間に上腕静脈が位置する[27](**図5-105**)．保定者は前肢を伸ばして，頭側に外転させて保定する．関節部に対し垂直に穿刺するが，盲目的な採血になるため経験によるところが大きい(**図5-106**)．この部位からの採血もリンパ液が混入することが多い(**図5-107**)．大型のリクガメにおいては頸部および尾へのアプローチが困難で，背甲下静脈洞も困難な場合は無麻酔下での唯一の採血部位となる．

トカゲの採血部位

トカゲでは**腹側尾静脈**からの採血が一般的である．腹側尾静脈は尾椎の腹側中央を走行しているが，部分的に腹側棘突起により保護されている[27](**図5-108**)．鱗が硬い種類(オニプレートトカゲやアオジタトカゲなど)では，鱗の隙間を狙って穿刺する必要がある．採血は腹側または側方からアプローチできるが，腹側の方がより一般的である．腹側からのアプローチでは中～大型のトカゲではテーブル

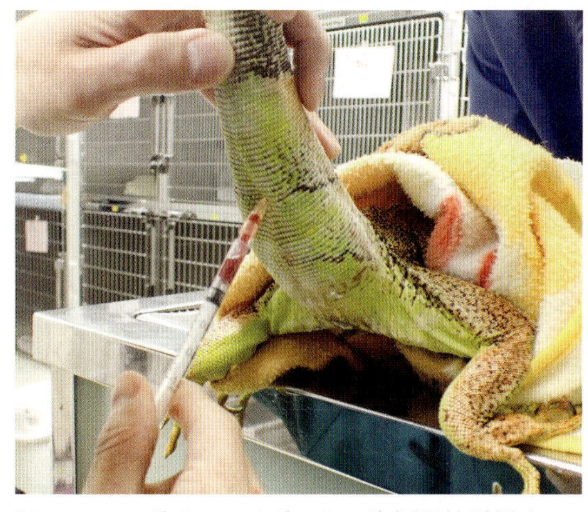

図5-109　グリーンイグアナの腹側尾静脈採血
腹側からアプローチし採血している．

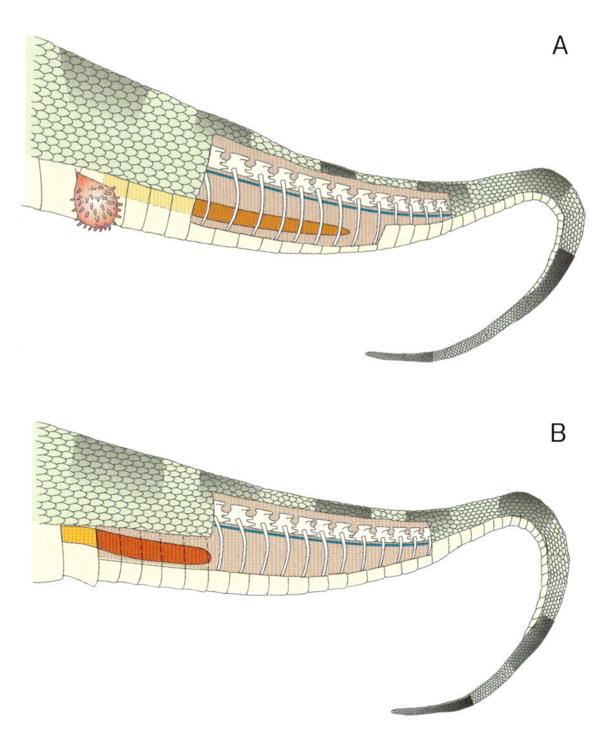

図5-110　ヘビの腹側尾静脈(参考文献50引用・改変)
A：オス，B：メス
腹側尾静脈(青色)は二股に分かれた腹側突起の間を走行する．オスでは総排泄孔から12個尾側の鱗の部分にまでクロアカサックが存在し，メスでは総排泄孔から5個尾側の鱗の部分にまでクロアカサックの痕跡が存在する．

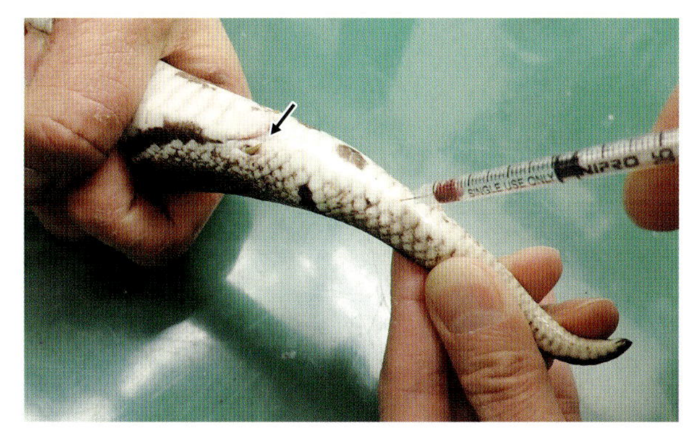

図5-111　ボールパイソンの腹側尾静脈採血
総排泄孔(矢印)から尾の先端までの距離の1／2～1／3の距離の正中を穿刺する．

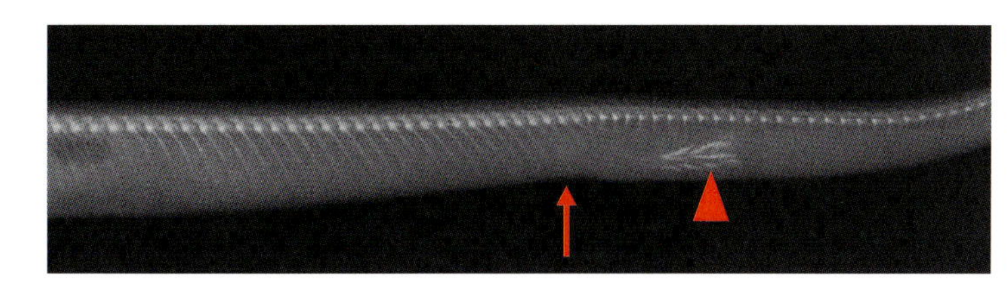

図5-112　コーンスネークのオスのX線右ラテラル像
総排泄孔(矢印)の尾側にヘミペニス(矢頭)が存在することが確認できる．ヘビのヘミペニスは多数の棘状突起があり，棘状突起はX線不透過性である．

の上で保定し，尾だけをテーブルの端から出した状態にする(**図5-109**)．大型の個体や暴れたり，攻撃的で採血に非協力的な個体ではバスタオルやブランケットなどで体躯をくるみ保定することもできる．小型のトカゲは全身を持って仰臥位に保定する．採血者は尾を持って固定し，採血を行う．特にヤモリなど尾を自切する種類では鎮静下で行うのが望ましい[45, 49]．大型のトカゲでは側方アプローチの方が腹側アプローチより血管までの距離が短く，有用な場合がある[43]．側方アプローチを行う場合は台の上で起立位のまま保定するか，横臥位にして保定する．トカゲはカメと比較するとリンパ液が混入する可能性が低いが，腹側アプローチより側方アプローチの方がリンパ液が混入しやすい[49]．

ヘビの採血部位

ヘビでは**腹側尾静脈**または**心臓**からの採血が一般的である[45]．腹側尾静脈は二股に分かれた腹側突起の間を走行している(**図5-110**)．腹側尾静脈から採血する場合は，保定者はヘビを仰臥位で保定し，片方の手で総排泄孔の頭側あたりを固定する．採血者が尾を保定し腹側から穿刺する．総排泄孔の尾側にヘミペニス(オスのみ)と臭腺が対で存在するため，総排泄孔から尾の先端までの距離の1/3～1/2の間の正中を穿刺する(**図5-111, 112**)．血液が少量しか来ない場合は，体を垂直に保定することで重力を利用して静脈血流を促進することができる[27, 43].

ヘビの心臓は体の頭側1/4～1/3の位置にあり，拍動する心臓を触知でき，心臓の鼓動を鱗の動きで確認できる．心拍が確認できない場合は超音波により場所を確認する．採血の際には保定者はヘビを仰臥位に保定し頭部や尾部を体が動かないように抑え込む．採血者が片手で人差し指と親指で心臓を挟むようにして，心臓が動かないように固定して採血する．心尖部を目掛けて穿刺し，心室から採血を行う．急速な吸引は致命的な心室の虚脱を起こす可能性があるため，拍動により受動的に採血する方が望ましい．刺穿しても血液を採取できない場合は，針を抜いて新しい針に変えて穿刺し直す．心室や心膜の裂傷により重篤な出血を起こす可能性があるため，血液が来ない場合でも血流を探して刺したままで針を動かしてはならない．針を抜いた後は1分間程圧迫をする．この手技はどのような大きさのヘビでも安全と言われているが，300 g以上の体重のヘビでのみ実施を推奨している人もいる[43, 50]．ボールパイソンに心臓穿刺を繰り返し行った研究では，臨床的な合併症はなかったとされている[51]．しかしながら，裂傷，出血や心タンポナーデなどを引き起こすリスクはあり，適切な保定と採血者の技術が必要で，中には鎮静を必ず用いるべきと提案する人もいる[43].
腹側尾静脈からの採血はリスクは低いが，保定が困難で採血できる血液量にも限りがある．ヘビは心拍は遅くて血圧も低く，心筋も厚いため心臓採血は比較的安全と考えている．

血液検査

CBC

哺乳類と同様に赤血球，白血球，栓球(哺乳類での血小板にあたる)を評価する．爬虫類の赤血球と栓球は有核のため自動血球計算器では測定できない．犬猫同様CBCと生化学を評価する[52]．PCVは血液を採取したヘマトクリット管を遠心分離し評価する．総白血球数は血球計算盤などを使用して目視で評価する必要がある．簡易的には，血液塗抹標本を400倍にて10視野の白血球数をカウントし，その数を10で割って平均値を求め，それを2,000倍した数が1 μ/Lあたりの推定総白血球数となる[53].
しかし，血液塗抹標本に基づく推定総白血球数は正確性に欠けるため，白血球数の減少，正常範囲または増加と判断する程度の判断に留める[54]．また，血液塗抹標本では，白血球百分比と栓球を含めた血球の形態学的評価も行う．特に白血球の形態学的評価は，血液検査において重要である[52, 55]．実際には1回の検査による総白血球数や百分比を重要視するよりも，継続的な検査により値の変動を観察することの方が重要である[45].

爬虫類のCBCは種類，年齢，性別などの内的要因(生理学的要因)および，飼育温度や季節，飼育に伴うストレス，採血部位などの外的要因(環境要因)により影響を受ける[56]．例えば，基本的にはオスの方がメスよりも赤血球数が多い[56].

爬虫類ではPCVの高値は，メスのイグアナで多血症が報告されているが脱水が原因となっている可能性が高い[45, 54]．実際にはPCVの低値に遭遇することが多く，爬虫類の貧血の原因は哺乳類と同様に再生性と非再生性に分類できる[54, 56]．再生性貧血には，外傷などによる急性出血，重金属中毒や血球寄生虫などの溶血性疾患，微小血管疾患，および著しい低リン血症が挙げられる[54]．非再生性貧血には全身感染症，慢性炎症，腎疾患，腫瘍などが挙げられる[54].

爬虫類の白血球は基本的にヘテロフィル(哺乳類の好中球に相当)，好酸球，好塩基球，リンパ球および単球で構成され，哺乳類の白血球と同様の機能を持つと考えられている[54]．爬虫類では単球よりもやや小型で，好塩基性の細胞質にアズール好性の顆粒を持つアズロフィル(Azurophil)と呼ばれる血球もある．アズロフィルは機能的にカメとトカゲでは単球と類似し，ヘビでは哺乳類の好中球と類似するため，最近ではカメとトカゲでは単球として分類され，ヘビではアズロフィルとして他の白血球とは区別される[54, 55]．爬虫類では加齢とともに白血球数が減少する傾向がある[54]．爬虫類の白血球は通常リンパ球が主体であり，健康な爬虫類では白血球分画の最大80％をリンパ球が占めることもある[52, 54, 55,57].

総白血球数が30,000個/μL以上の場合は感染などに関連した炎症を疑うが，炎症反応は総白血球数の増加よりも白血球百分比の割合の変化を引き起こすと考えられている[52, 54]．特に，ヘテロフィルと単球の増加が認められる[55]．しかしながら，上記のような反応がなくてもヘテロフィルの中毒性変化は敗血症などによる重度な炎症の存在が示唆される[52].

栓球は血液塗抹標本により評価して，増加，正常，減少と主観的に判断する[27,54].

生化学検査

爬虫類の血液生化学値も種類，年齢，性別，栄養状態，発情などの内的要因(生理学的要因)および，飼育温度や季節などの外的要因(環境要因)により影響を受ける[27,58,59]．しかしながら，これらの因子をすべて考慮して評価することは困難であるため，実際には検査結果と報告されている種類ごとの参考値を比較して評価するしかない．動物種によっては幼体，成体，季節や性別により異なる参考値が報告されている[60,61].

爬虫類のほとんどの組織においてGGTの活性はほぼなく，ALPとALTの活性は低く，LDHとASTの活性は中程度であり，CKの活性は骨格筋と心筋で高いと報告されている[59]. 以上のことから，GGT，ALP，ALTは爬虫類の血液生化学検査では一般的に有用性が低いとされている．

総蛋白

爬虫類ではアルブミンとグロブリンは哺乳類と異なり，アルブミンよりもグロブリンの方が高いことが通常である[58].

総蛋白の評価は哺乳類や鳥類の場合と同様であり，高値の原因には脱水や慢性炎症性疾患に関連する高グロブリン血症などがある．低値の原因としては，慢性的な栄養失調が多く，他にも消化吸収不良，蛋白質漏出性腸症(内部寄生虫に関連)，重度の出血，慢性肝疾患または慢性腎疾患などが挙げられる．また，急性炎症の反応として，哺乳類ではアルブミンが10～30%減少するが，爬虫類でもアルブミンが低下することが示唆されている[57,58,62].

爬虫類特有の状態としては，メスでは卵黄形成に伴って顕著にアルブミンが上昇するため，総蛋白が上昇する[58]．この場合はカルシウムとリンも一般的に高値となる[53].

カルシウム

通常の生化学的検査で測定されるカルシウム値は季節，性別，および発情など生理学的要因により変化が起こるため，生理学的活性を持つイオン化カルシウム(iCa)の測定が推奨されている[27,58,59,63].

高値の原因としては経口または非経口カルシウムとビタミンD_3の過剰摂取による医原性が一般的である[59]．他には，肉芽腫性疾患，骨溶解性骨疾患，原発性上皮小体機能亢進症などがある[27,59]．また，メスでは卵黄形成に伴い生理的にカルシウムが高値となり，リンも高値となる[58,59]．この際の高カルシウム血症は蛋白結合性カルシウムの増加に起因するため，イオン化カルシウム(iCa)は上昇しない[27,59].

低値の原因としては，食餌中のカルシウムおよびビタミンD_3の欠乏，食餌中のリンの過剰，低アルブミン血症，または上皮小体機能低下症，栄養性二次性上皮小体機能亢進症(特に草食性種)，UVBの供給不足，腎疾患などが挙げられる[53,58,59,63].

リン

高リン血症は哺乳類と同様に爬虫類でも腎不全に関連するより一貫した所見であり，通常はカルシウムとリンの逆転を引き起こす[27,53,63]．メスでは卵黄形成に伴い生理的にリンが高値となるが，腎不全時とは逆にカルシウムも上昇する．他の高値の原因としてはビタミンD_3の過剰投与，若齢，栄養性二次性上皮小体機能亢進性，重度の組織外傷や骨溶解性骨疾患などがある[59,64].

低値は食欲不振や栄養不良が挙げられる．また，長期間の絶食時に多量の栄養価のある食餌を給餌した際に低リン，低カリウム血症が発生することがあり，リフィーディング症候群(refeeding syndrome)と呼ばれる．多量のインスリンが短時間に分泌されることで，リンとカリウムがグルコースと一緒に血中から細胞内に移動するためである．

クレアチニン

哺乳類で腎機能の評価として用いられるクレアチニンは，ほとんどの爬虫類で産生量は乏しいため爬虫類では腎機能の指標としては用いられない[59,63].

尿酸(UA)

哺乳類と異なり，爬虫類の腎臓から排出される窒素老廃物には尿酸，尿素，アンモニアが含まれ，その割合は生息環境や種類により様々である．水棲カメは様々な割合の尿素，アンモニア，そして一部の種類では尿酸を排泄する．リクガメなどの陸棲種は水分を節約するために，主に尿酸や尿酸塩の形で排出する．そのため，尿酸の高値は腎疾患に関連していることがあるため，一般的に測定される．高尿酸血症に関連する腎疾患には，重度の腎炎，腎石灰化症，腎毒性などがある[59]．しかしながら，腎疾患における高尿酸血症は感度，特異度ともに高くなく，腎機能の2/3以上喪失しないと高尿酸血症にならない可能性が高い[58, 59]．

また，尿酸は主に尿細管分泌によって排出されるため，尿酸値は糸球体濾過率とは関係がなく，尿酸値は腎疾患の重症度と相関しない[27, 63]．

他にも，高尿酸血症は脱水，痛風や高蛋白食の摂取とも関連している．そのため，肉食性種は草食性種よりも血中尿酸濃度が高くなる傾向があり，肉食性種では血漿尿酸濃度は食後1日でピークに達し，尿酸値が食前の1.5～2.0倍増加する[59, 63]．

低値は重度の肝疾患，肉食性種の栄養失調が挙げられる[65]．

尿素窒素

尿素窒素は，爬虫類の腎臓病の指標としては不十分と考えられているが，主に尿素を排泄する水棲種の腎臓の評価には役立つ場合がある[58, 59]．陸棲種は主に尿酸排泄であるため，正常な尿素窒素濃度は15 mg/dL未満だが，砂漠棲種のカメの尿素窒素濃度は30～100 mg/dLと幅が大きい．これは，血漿浸透圧を高めて体内の水分損失を減らすメカニズムであると考えられている[59]．

高値は重度の腎疾患，脱水の可能性があるが確実に上昇するわけではない[53, 59]．

活性酵素(AST，CK)

アスパラギン酸アミノトランスフェラーゼ(AST)は肝臓，骨格筋と腎臓に存在するが，肝細胞内に高濃度で存在するため，爬虫類では肝細胞障害を評価するために最も一般的に使用される項目である[59, 63]．肝細胞障害と筋肉の損傷を区別するために，ASTはクレアチンキナーゼ(CK)と併せて評価する．

クレアチンキナーゼまたはホスホキナーゼ(CKまたはCPK)は一般的に筋肉損傷(骨格筋細胞，心筋細胞，平滑筋細胞)に起因するとされているが，脳でも有意なCK活性が発生する(骨格筋の約10%)[58]．

ASTが上昇していてCKが正常である場合は，ある程度の肝障害が示唆され，CKが上昇していてASTが正常である場合は，筋損傷によるものと考えられる．AST，CKともに上昇している場合は解釈が難しく，肝臓障害の有無にかかわらず組織障害を示している[63]．

胆汁酸(BA)

肝臓で抱合された胆汁酸は胆汁に排泄され小腸に達すると，門脈血に再吸収されて肝臓へ戻る．肝臓が正常な場合には胆汁酸は肝細胞によって取り込まれるため循環血中にはほとんど存在しないが，病的な肝臓では胆汁酸を吸収できず循環血中に多量に胆汁酸が存在するようになるため，血中濃度が上昇する．そのため，胆汁酸の高値は肝臓疾患や肝機能不全を示唆する所見とされている[64, 66, 67]．肝硬変，脂肪肝および肝臓腫瘍に罹患しているイグアナにおいて，胆汁酸の1種である3α-ヒドロキシ胆汁酸が優位に上昇している報告もある[65]．しかしながら，実際には肝疾患が存在しても必ず胆汁酸が上昇するわけではなく，現時点では信頼性は低いと考えられている[58, 63, 66]．

ビリルビン

爬虫類はビリベルジン還元酵素を欠いており，ビリルビンの代わりにビリベルジンを排泄するため，血液生化学検査でのビリルビンは有用ではないとされている[27]．しかしながら，ヘビやグリーンイグアナなどの有鱗目では血漿中にビリルビンが存在するため，有鱗目はビリルビンが産生できると考えられている[58, 67]．肝リピドーシスのパンサーカメレオンにおけるビリルビンの上昇が報告されている[68]．そのため，今後有鱗目ではビリルビンの測定は有用となる可能性がある．

血糖値

血糖値は種類，栄養状態，飼育環境により生理学的に変動し，性別，健康状態，気温，季節，その他多くの要因が血糖値に影響を与える．例えば，温度が上昇するとカメは低血糖になる[59]．水棲種では，潜水に伴う低酸素による嫌気性解糖により高血糖になる[59, 69]．野生のカメでは血糖値に性差がみられ，オスの方がメスよりも血糖値が高い[59]．

高値の原因としては，ストレスやグルココルチコイドの過剰投与による医原性が挙げられる．グリーンイグアナや様々な種類のカメで糖尿病が報告されているが，非常に稀と考えられる[63]．フトアゴヒゲ

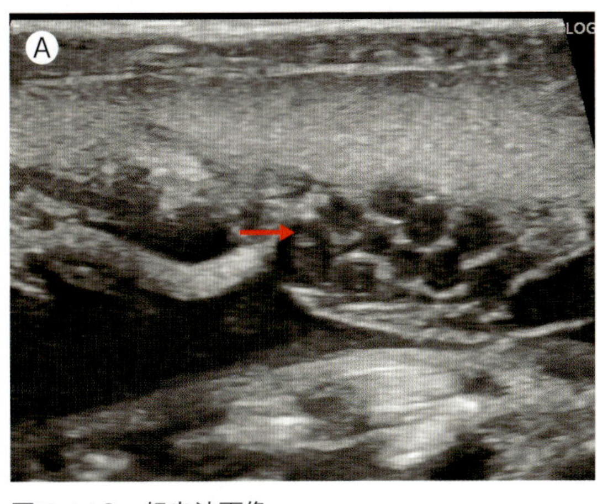

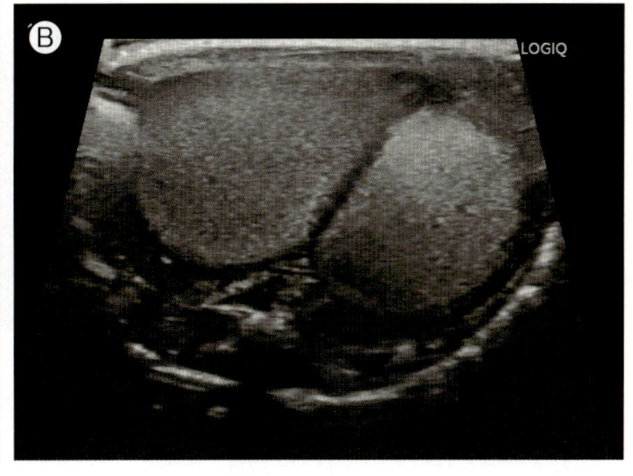

図5-113　超音波画像
A：フトアゴヒゲトカゲの卵巣(矢印)　B：ヒョウモントカゲモドキの卵胞
雌雄判別や卵胞の状態確認に超音波検査は有用である．卵胞の大きさは発情期や発育時期に応じて様々である．

トカゲでは胃の神経内分泌癌に伴う高血糖が数例報告されている[70, 71]．

低値の原因には長期の食欲不振，消化吸収不良，重度の肝疾患，敗血症などが挙げられる．

電解質

爬虫類も生理的に電解質を恒常的に維持しているが，爬虫類の腎臓には哺乳類の腎臓とは異なり電解質の調節機能と排泄機能はほとんどない．そのため，多くの爬虫類は腎臓以外にも塩類腺，副腎，消化管などの複数の臓器を使用して電解質を調整している[58]．これらの臓器の異常などにより電解質の不均衡が生じるが，電解質異常の解釈は基本的に哺乳類と同様である[69]．

ナトリウムの高値は塩類腺疾患，重度の脱水，塩分の過剰摂取など，低値は水分の過剰摂取，胃腸疾患または腎臓疾患による喪失などが原因となる．カリウムの高値は腎臓からの排泄低下，食餌からの過剰摂取，重度のアシドーシスなどが原因となり，低値は食餌からの摂取不足，消化管からの喪失，腎臓からの喪失，重度のアルカローシスなどが原因となる．クロールの高値は脱水と塩類腺障害などが原因となり，低値は尿細管疾患，水分の過剰摂取が原因となるが稀である．

脂質(コレステロール，トリグリセリド)

爬虫類ではコレステロールとトリグリセリドは性別，年齢や季節により生理的に変動する[58, 59]．

哺乳類ではコレステロール値は胆管閉塞時に上昇し，肝不全では低下する．しかしながら爬虫類では同じ病態でもコレステロール値に異常は認められない場合もあると報告されており，肝臓疾患の指標にはならない[69]．

卵黄形成中のメスではコレステロールとトリグリセリドが上昇するが，メスでの持続的な上昇またはオスでの上昇は脂肪肝の可能性がある[58, 64, 72]．

コレステロールとトリグリセリドはストレスにより低下する傾向がある[58]．

超音波検査

超音波検査は体腔内臓器のサイズ，位置関係，構造や体腔内腫瘤，体腔内液貯留の有無などの評価において哺乳類と同様に爬虫類でも有用な検査である．しかし，解剖学的に哺乳類とは大きく異なり，カメ，トカゲ，ヘビでも異なるのはもちろん，近縁種でも，種類によっても異なる点がある(トカゲの種類による膀胱の有無など)ことを認識した上で，検査を行う必要がある[73〜75]．

爬虫類では疾病以外にも雌雄判別や卵胞の状態の確認に用いられることも多い[37, 40, 73〜76](図5-113)．検査自体はほとんどの爬虫類で比較的問題なく行うことができるが，攻撃的な症例では鎮静が必要となることもある[37, 40, 74]．

超音波プローブと周波数は検査する動物の種類とサイズにより選択する．一般的にカメではプローブが大きいと甲羅の隙間に入らず検査できないためコンベックスプローブ，トカゲとヘビではリニアプローブが推奨されている[73, 75]．周波数は高くなるほど分解能が向上するが，診断距離が短くな

図5-114　カメにおける超音波検査
温水で満たしたラッテクスグローブを間に介することで，良い画像が得られる．

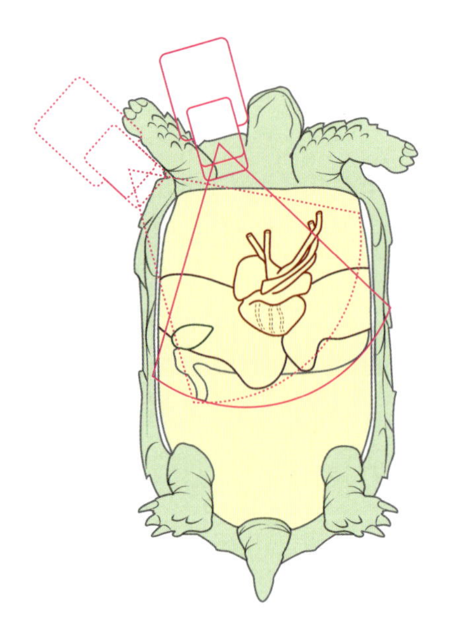

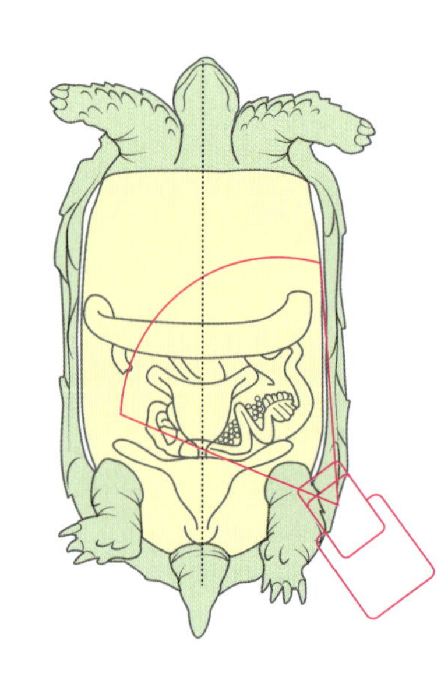

図5-115　カメにおける超音波検査のアプローチ法（参考文献78引用・改変）
アプローチ部位は3箇所に限定される．

り深部の観察は困難となる．小～中型のカメでは7～12 MHz，大型のカメでは2.5～5 MHz，小型トカゲでは10～18 MHz，大型トカゲ（イグアナ，オオトカゲ）では7.5～12 MHz，ヘビでは7.5～10 MHzが推奨されている[37, 73～75]．

爬虫類では硬い鱗や，鱗と鱗の隙間の空気により良質な画像を描出しづらいため，良い画像を得るための工夫が必要となる[77]．通常は哺乳類と同様に超音波ゼリーを用いる方法で行うが，哺乳類では体温により超音波ゼリーの液化が起こるが，爬虫類は外温動物であり液化が起こりにくいため，温めた超音波ゼリーを用いるようにする[77]．他にも，検査前の20～30分間の温浴により，皮膚がわずかに膨張し鱗間の空気がなくなるため画質が大幅に向上することが報告されている[37, 77]．超音波ゼリーを塗布する前に検査部位を水で濡らすことも，プローブの接触が改善されトラップされる気泡が減少するため，画質改善の効果がある[73, 75, 77]．特に200 g以下の小型の爬虫類では超音波ゼリーまたは温水で満たしたラテックスグローブをプローブと検査部位の間に介してプローブを当てる方法も，推奨されている[37, 73, 75, 77]（**図5-114**）．検査部位や症例によっては水中での検査も良い方法である[74, 77]．

カメの超音波検査

カメでは甲羅があるため頸上腕部（頸部基部），腋窩および前大腿窩の3箇所に限定され，場所により抽出できる臓器および抽出角度も限られる[40, 73, 75, 78]（**図5-115**）．一般的に心臓と肝臓の評価には上述した頭側の2箇所から実施し，消化管，生殖器および泌尿器の評価は前大腿窩から実施するが，柔らかい甲羅を持つスッポンとパンケーキガメでは腹甲を通してアプローチできる[73, 74, 77, 79]．また，甲羅がまだ柔らかい時期の幼体や，代謝性骨疾患などの疾患に

図5-116　カメの頸上腕部からのアプローチ
頭部と前肢を保定して検査する．

図5-117　カメの前大腿窩からのアプローチ
後肢を尾側に牽引して保定する．

図5-118　トカゲの腹側アプローチ
頭部を上に垂直に保定をして検査する．

図5-119　ヒョウモントカゲモドキでの超音波検査
小型のトカゲの場合は一人で検査することもできる．

より病的に腹甲が柔らかくなっている個体でも腹甲を介してアプローチできることもある[73, 75]．頸上腕部からアプローチする場合は頭部を頭側に牽引して保定し，前肢が妨げにならないように前肢も尾側に牽引する（**図5-116**）．腋窩からのアプローチでは前肢を頭側に牽引して保定し，前大腿窩からのアプローチでは後肢を尾側に牽引して保定する（**図5-117**）．

ケヅメリクガメなどの大型のリクガメ，甲羅を閉じることのできるハコガメなどでは鎮静や全身麻酔が必要となることが多い[79]．仰臥位や体を過剰に傾けることで，空気を含んだ肺野が体腔内臓器に押されて移動して画像の描出が妨げられると記載されているが，そのように感じることはほとんどない[77]．そのため，筆者は状況により，起立位，仰臥位のどちらもでも検査を行っている．

トカゲの超音波検査

トカゲでは体腔内臓器に対する腹側アプローチ，腎臓に対する背側アプローチ，心臓に対する腋窩アプローチがある[77]．腹側アプローチの場合は基本的には保定者が頭部を上にして垂直に保定して検査を行う（**図5-118**）．小型のトカゲは片手で保定して一人で検査することもできる（**図5-119**）．大型の種類や個体では起立位のまま検査を行ったり，仰臥位にしっかり保定をして行うこともある[73, 75, 77]．背側アプローチや腋窩アプローチは起立位や伏臥位に保定

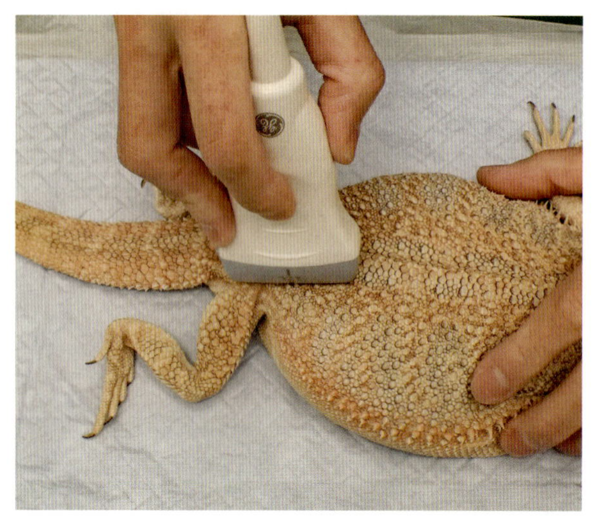

図5-120　トカゲでの背側アプローチ
腎臓を抽出する場合に行う.

表5-2　ヘビでの超音波検査の目安(参考文献75引用・改変)

ボア科の体長(吻端から総排泄孔)に対する割合	
心臓	約25%
肺	約25～45%
気嚢	肺の尾側に隣接し, 最大約65%, 変動が激しい
肝臓	約35～60%
胃	約50～70%
小腸	約60～80%
大腸	約80%
腎臓	左腎は頭側にあり, 右腎は尾側にある, 約65～80%

上記の表が検査部位の目安となる.

して行う(**図5-120**). トカゲでは種類により鱗の形状が異なり, アオジタトカゲのように硬い鱗を持つ種類や脱皮時は皮膚の層の空間がリンパ液で満たされているため, 良質な画像が得づらい[37, 40].

ヘビの超音波検査

ヘビでは全身が硬い鱗に覆われているが腹側が一番柔らかいため, 腹側からのアプローチが最も良い画像が得られる[80](**図5-121**). また, ヘビは肋骨がかなり尾側まで存在するため, 腹側からのアプローチは肋骨が干渉しないメリットもある. ヘビは外観から臓器の位置を特定しづらいため, まずは心臓を探して心臓をランドマークにして他の臓器を検出するが, ある程度の目安が報告されているためそれらも参考にして検出する(**表5-2**).

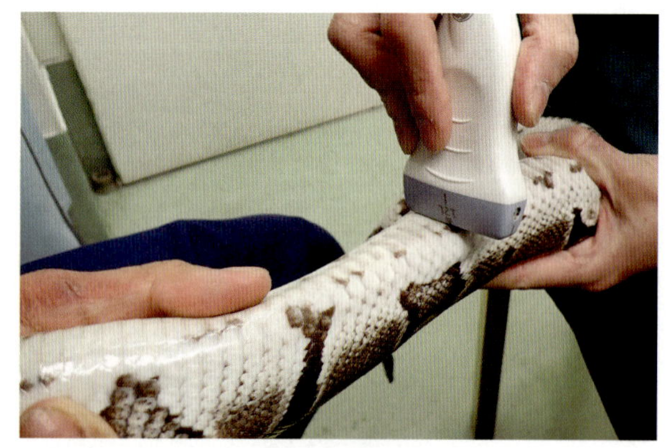

図5-121　ヘビでの超音波検査
ヘビでは仰向けで保定し, 腹側からアプローチする.

ヘビではプローブで過度に腹部を圧迫すると, 臓器の位置がずれるため圧迫しすぎないように注意する[73, 77].

CT検査

CT検査ではX線断層像を撮影することできるため, X線画像とは異なり臓器の重なりを排除して体腔内を詳細に評価できる. また, 矢状断像, 横断像, 冠状断像の3方向から同時に評価することができ, 3D画像を構築することもできるため爬虫類でも有用な検査である. 特に硬い甲羅を持つカメや硬い鱗のトカゲは, X線画像では甲羅や鱗により画像の評価に大きな制限が出るため, CT検査の有用性はより高い[81, 82](**図5-122**).

装置やスライス幅によるが通常のCT撮影は最長で90秒程であるが, 体格が小さい程に短時間で終了する[82]. 基本的には体動によるアーチファクトを防止して良い画像を得るために, 鎮静や短時間麻酔が推奨されている[37, 40, 83]. しかしながら, カメでは体腔内の撮影であれば, 台などにテープで体を固定して動けないようにして撮影することもできる[37, 81](**図5-123**). マイクロCTと呼ばれる中, 小型動物用の装置では, より短時間の約18秒で撮影が終了するものもあるため, 症例によっては無麻酔で検査することもできる. しかし, ケヅメリクガメやイグアナなど大型種は装置内に入らないため, マイクロCTでは検査できない.

CT画像は哺乳類と同様に骨や肺の病変の検出には特に精度が高く, 卵胞や石灰化病変なども確認できるが軟部組織はコントラストがつきにくいため精度が劣る[40](**図5-124**). 軟部組織のコントラスト

図5-122　オニプレートトカゲのX線DV画像
鱗が硬いトカゲではX線画像で鱗が明瞭に認められる．

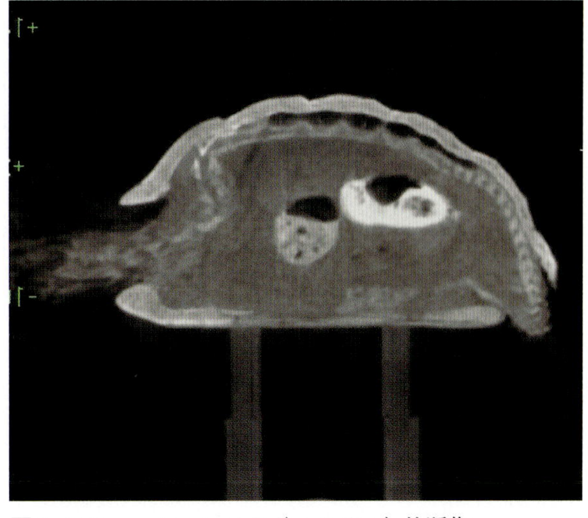

図5-123　ヘルマンリクガメのCT矢状断像
カメでは台に乗せてテープで固定すれば撮影できることもある．

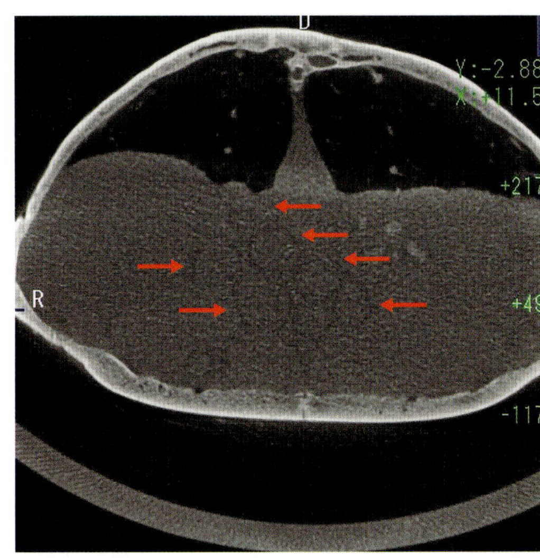

図5-124　ミシシッピアカミミガメのCT横断像
X線検査では確認できない卵胞(矢印)が，CT検査では造影しなくても確認できる．

をつけるためには爬虫類でも造影剤の投与が必要となる．しかし，爬虫類の種類や大きさによっては静脈内投与は困難であり，静脈内投与を行う場合は鎮静や全身麻酔が必要となることが多い．また，爬虫類は哺乳類より代謝が遅いため，静脈内投与5～10分後に組織の最大増強が認められると報告されており，環境温度によっても代謝率が異なるため注意が必要である[37, 84]．

また，CT画像では組織のX線吸収率をCT値と呼ばれる数値で定量的に評価することができる．CT値はハウンズフィールド単位(HU)で表され，水は0 HU，空気は－1,000 HUとCT値の基準が決まっており，CT値が正常と大きく異なっていれば病的変化が疑われる．爬虫類の軟部組織のCT値は30～80 HUであるが，例えば肝臓では脂肪肝により50～70HUが－10～－40 HUに低下する[37, 84, 85]．カメの甲羅のCT値は950～1,300 HUであるが代謝性骨疾患では350～550 HUとなる[37]．他にも内臓痛風や肺炎でのCT値の増加が認められており，病的な変化が主観的な画像所見のみではなく客観的に評価できる所がCT検査の利点である[37, 82, 84](**図5-125**)．

鎮静，麻酔

爬虫類においても鎮静および麻酔は哺乳類と同様の器具や薬剤を用いて実施できるが，安全で効率的に行うためには爬虫類特有の解剖学的および生理学的特徴を理解しておく必要がある．そのため，鎮静および麻酔を実施するにあたり知っておくべき呼吸器，循環器の解剖生理についても記載する．

爬虫類には筋性の横隔膜はないため，周囲の筋肉

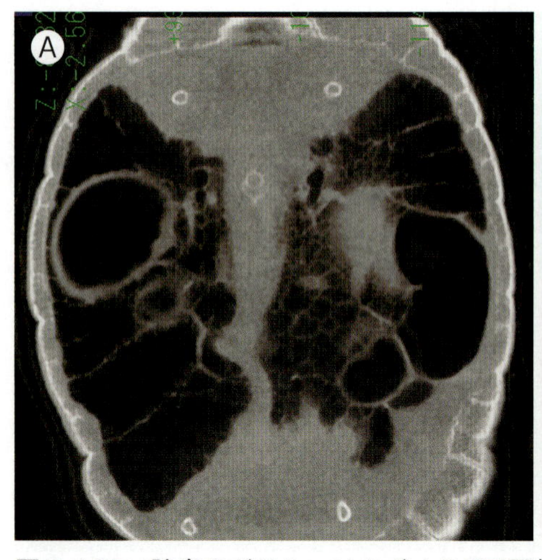

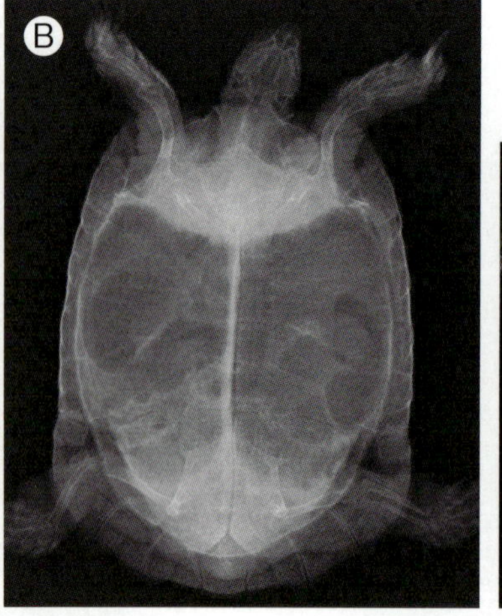

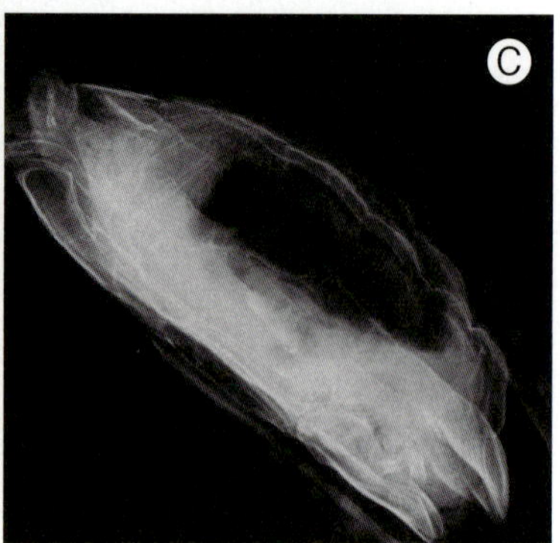

図5-125　肺炎のギリシャリクガメのCT画像冠状断像(A)
X線画像(B，C)では確認できない肺野の不透過性が，CT画像(A)では確認できる．

により肺を伸展収縮させることで呼吸を行っている．一部のトカゲでは肺にも平滑筋があるため，開腹時にも呼吸ができる[86]．爬虫類は同じ体格の哺乳類よりも肺の容積は大きいが，肺は哺乳類のような肺胞ではなく肺嚢胞であることと，種類によっては肺の尾側部分は気嚢になっていることから，実際に酸素交換できる表面積は同じ大きさの哺乳類の肺より小さい[86, 87]．

爬虫類には喉頭蓋はなく声門は舌根部にあるため容易に視認できるが，トカゲとヘビに比較してカメではやや尾側にある(**図5-126**)．気管はトカゲとヘビは不完全な軟骨輪だが，カメは完全な軟骨輪であるため，カメではカフなしの気管チューブを用いる必要がある[87, 88]．潜頸亜目のカメは特に気管は短いため，気管挿管時に深く入れすぎないように注意する．

ほとんどの爬虫類は外温性動物であり(オサガメは例外)，体温は環境温度により大きく変動する．そのため，様々な身体的機能と同様に麻酔薬の代謝も環境温度に依存している．つまり適切な温度管理を行っていないと薬物を適切に代謝できなくなり，麻酔の導入から覚醒までの時間が延長する．また，呼吸は哺乳類と同様にO_2とCO_2の血中濃度に応じて調節されるが，爬虫類は低O_2と高CO_2により呼吸がコントロールされ，ほとんどの爬虫類では低O_2により呼吸回数の増加が起こり，高CO_2により一回換気量の増加が引き起こされる[86, 89]．カメは例外で甲羅により換気量の増加を効率的に行えないため，低O_2により呼吸回数が減少し，高CO_2により呼吸回数が増加する[86]．

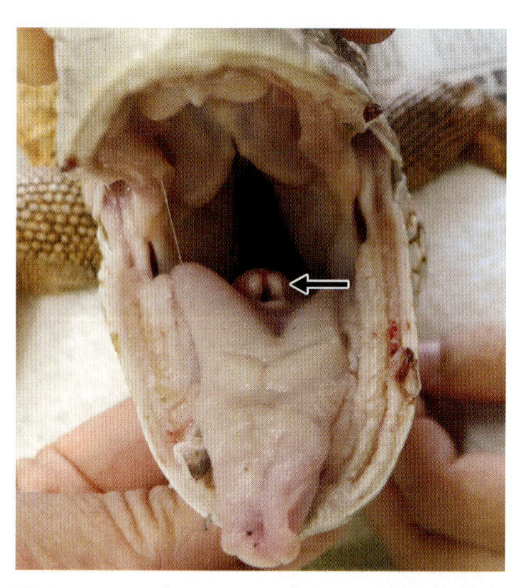

図5-126　グリーンイグアナの声門(矢印)
舌根部に確認できる．

爬虫類は高CO_2よりも低O_2に対する感受性が高いため，呼吸刺激は血中の低O_2分圧により引き起こされ，酸素供給による高酸素下では呼吸回数と一回換気量の両方の減少が観察される[86]．

ほとんどの爬虫類は肺呼吸により酸素を体内へ取り込んでいるが，一部の水棲種では皮膚呼吸，咽頭呼吸，総排泄腔呼吸も行う[87]．これらの水棲種は嫌気性代謝に切り替えることもでき，息継ぎをせず水中で何時間も過ごすことができる．そのため，これらの種類にフェイスマスクや導入チャンバーを用いて吸入麻酔で導入することは時間がかかり現実的ではない．

ワニ類以外の爬虫類の心臓は左右の心房と不完全に別れた心室からなる2心房1心室であるが，実際には心室を2つに分ける壁が存在しオオトカゲ，ヘビ，その他のトカゲ，カメの順によりその壁が不完

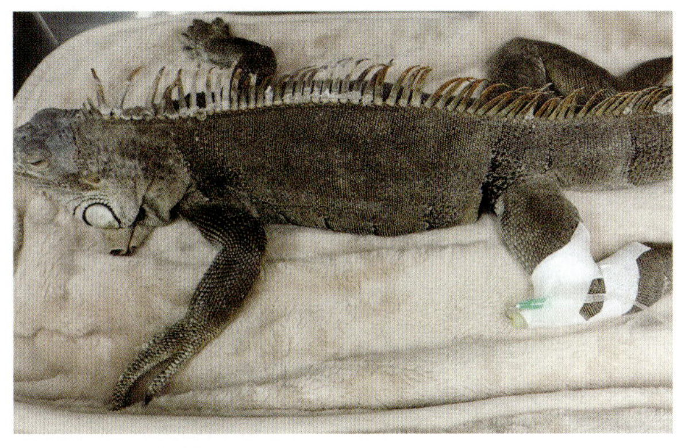

図5-127　左脛骨に骨内カテーテルを留置しているグリーンイグアナ
骨内カテーテルから輸液を行っている．

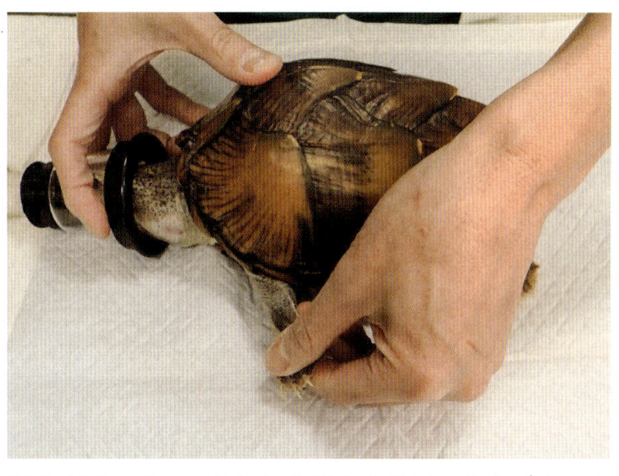

図5-128　イソフルランを吸入させているカブトニオイガメ
前肢を伸ばしたり引っ込めたりすることで人工換気を行い，イソフルランを吸入させている．

全となる[87]．ワニ類以外の爬虫類でも静脈血と動脈血の様々な程度の分離を可能にするひだ状構造物により，心室内腔はさらに肺腔，静脈腔，動脈腔と呼ばれる3つの構造に分類され，機能的に心臓は5つの腔を持つ．この静脈血と動脈血が混合する循環と嫌気性代謝により，一部の爬虫類では数時間肺呼吸をしなくても問題は起こらない[87]．しかしながら，水棲種であっても合併症や覚醒遅延を防止するために，麻酔中は換気を行う必要はある．

麻酔前には哺乳類と同様に身体検査のみではなく血液検査やX線検査を行いリスク判定を行うべきであるが，動物種によっては特に血液検査が困難な場合もある．麻酔の維持やモニタリング時に有用であるため，麻酔前の安静時に心拍数と呼吸数を測定しておく[87]．麻酔前には24～72時間の絶食が望ましく，中～大型のヘビは嘔吐しやすいため72時間以上の絶食が必要である[86, 87, 90]．脱水があり麻酔前に改善できる場合は，改善しておく．術中は静脈内(IV)または骨内(IO)カテーテルによる輸液も行える．この際の輸液流量は，3時間以内であれば5 mL／kg／hr で投与できるが，通常は2 mL／kg／hr で投与する[87, 88]．IO 留置はトカゲとカメで実施でき，トカゲでは脛骨，カメでは上腕骨に留置するがトカゲに比較してカメではやや困難である[87]（**図5-127**）．カメを用いた研究では頸静脈への輸液に比較すると，上腕骨内への輸液が全身循環に分布する割合は約80％であり，甲羅内への輸液では約40％であったため，IO からの輸液でも有効であると考えられている[91]．

導入薬や鎮静薬としてプロポフォール，アルファキサロン，ケタミンとメデトミジンなどが用いられる．麻酔導入としては筋肉内投与が一般的に選択され，アルファキサロン，ケタミンとメデトミジンなどが投与できる[87, 92]．プロポフォールやアルファキサロンの IV 投与による導入も行われるが，カメでは頸静脈に留置を確保して投与する．一方，トカゲやヘビでは静脈留置が容易ではないため，静脈留置を確保せずに直接静脈内投与する．継続的に静脈にアプローチするために，留置針のかわりに通常の注射針や翼状針を用いて静脈経路を確保する方法もある[87]．筆者はケタミン(5 mg／kg)とメデトミジン(0.1 mg／kg)の筋肉内投与を主に使用している．トカゲとヘビでは吸入麻酔薬(イソフルラン，セボフルラン)での導入もできる[87, 92]．水棲，半水棲の爬虫類は通常，匂いを嗅ぐと息を止めるため吸入麻酔薬での導入は困難である．しかしながら，カメ類では肢を伸ばしたり引っ込めたりすることで気管挿管をしていなくても人工換気ができるため，吸入麻酔薬を嗅がせながら人工換気を行うことで吸入麻酔薬を吸入させることができる[93]（**図5-128**）．導入チャンバーなどの密封容器に入れて導入を開始するが，3％程度で導入する方が，より高い濃度で導入するよりも速く，ストレスが少なく導入できる[87]（**図5-129**）．一般的にはイソフルランとセボフルランの臨床的な差異はない[87]．

吸入麻酔を維持するため，導入後に気管挿管を行う．爬虫類は口を開ければ声門は視認できる位置にあるが，水棲のカメで舌根部に軟部組織があり声門を視認できない場合は，声門を下顎部の腹側から押すことで声門を露出できるため，タイミングを見て

図5-129　麻酔導入中のカーペットパイソン
プラスチックケージ内でイソフルランにより導入している．

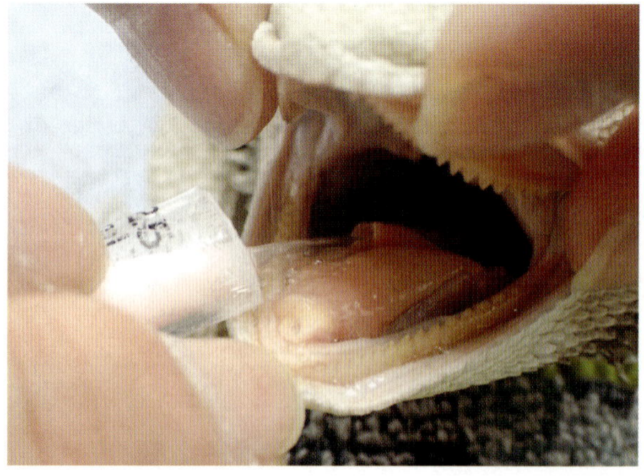

図5-130　気管挿管
フトアゴヒゲトカゲに気管挿管をしているところ．栄養カテーテルを気管チューブとして，シリンジの外套をバイトブロックとして用いている．

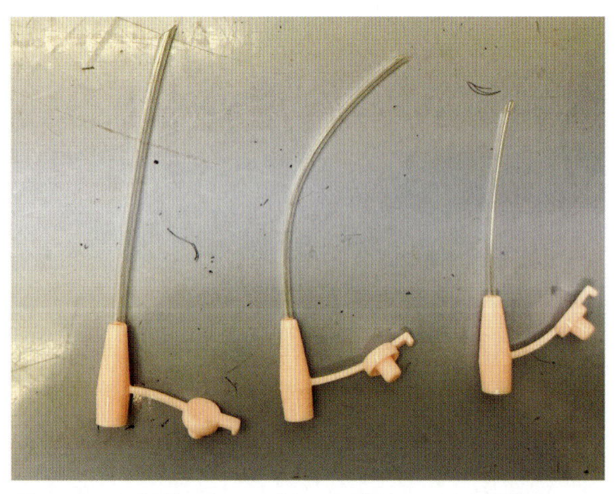

図5-131　気管チューブとして用いている栄養カテーテル
様々なサイズ，長さを用意している．

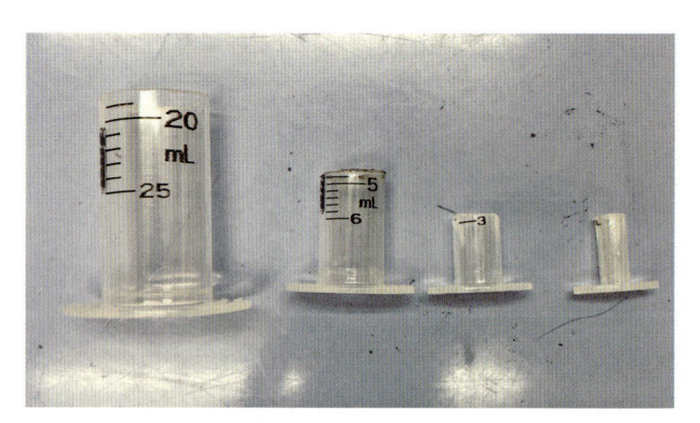

図5-132　バイトブロックとして用いているシリンジ外套
様々なサイズ，長さを用意している．

挿管する[89](**図5-130**)．哺乳類などと同様に症例の大きさに合わせて気管チューブを選択するが，前述のようにカメではカフなしの気管チューブを用いる．小型爬虫類では通常に市販されている気管チューブでは大きすぎるため，筆者は栄養カテーテルを気管チューブとして用いている(**図5-131**)．気管チューブを咬み切られないようにバイトブロックを用いる(**図5-132**)．

麻酔の維持はイソフルランであれば2～2.5％程が適切なことが多いが，症例により判断する[87, 92]．また，麻酔が長期に及ぶ場合は麻酔深度が深くならないように，麻酔時間の経過とともにイソフルラン濃度を調節する必要があり，ブピバカインやリドカインなどの局所麻酔を併用することで，イソフルランの濃度を低下させることができる[94]．

自発呼吸が認められない場合は補助換気を行う．換気の頻度は麻酔前評価で確認した安静時呼吸数で行う．麻酔前評価で呼吸回数が測定できなかった場合は，10～30秒ごとに10 cmH_2O 以下の圧力(50～75 mL／kg に相当)で換気する[87, 89, 90]．補助換気を行わないと，多くの爬虫類，特に水棲カメは嫌気性代謝に移行するため，吸入による麻酔維持が不可能になる[87, 88]．爬虫類の酸素消費量は哺乳類よりも少ないため，酸素流量は大型の爬虫類の場合は1.0～2.0L／分，中型～小型であれば0.5～1.0L／分で十分である[87, 88]．自発呼吸時には人工換気時よりも高い酸素流量が必要である[87]．

麻酔導入による筋弛緩は基本的に頭側から始まり尾側に移行し，覚醒時は逆に尾側から頭側へ回復して行く[94]．様々な反射の確認は麻酔深度のモニタリングに有効であり，反射の中で正向反射は最初に消失し最後に回復する．適切な外科的麻酔深度では，角膜反射と総排泄孔反射以外の反射は消失している[87, 89, 94]．角膜反射が消失している場合は

表5-3　麻酔深度の評価(参考文献90引用・改変)

麻酔深度	所見	ステージ
↓	前肢の脱力	導入
	後肢の脱力	
	頸部の脱力	
	正向反射(立ち直り反射)の消失	
	顎の緊張の消失	鎮静
	四肢の引き込み反射の消失	
	尾の脱力	
	眼瞼反射の消失	外科的深度
	総排泄孔反射の消失	
	角膜反射の消失	過度な麻酔深度

麻酔深度の評価には脱力の程度や反射を用いる.

過度な麻酔深度である(**表5-3**).カメでは麻酔深度が浅くても,呼吸回数の減少や自発呼吸の消失が認められる[89].そのため,呼吸状態は麻酔深度を評価する指標にはならない.心拍数も体温や酸素化などの複数の要因により影響を受けるため,麻酔深度の指標としての信頼性は低い[89].

体温は麻酔導入前からその種類のPOTZに維持しておく.上述のように,低体温では麻酔導入時間および麻酔覚醒時間が延長し,周術期の合併症のリスクも高くなり,薬剤の代謝にも影響を与えるため麻酔中も食道または総排泄腔プローブを使用して体温の監視を行う[87].爬虫類は外温性動物であるため,通常の体温計では体温が低すぎて測定できない[90].そのため,麻酔モニターに付属する体温プローブやプローブ状の温度計(室温計)を用いて測定する.哺乳類と同様にヒートマットや温風式加温装置などを用いて,低体温にならないように注意する.

爬虫類の覚醒は鳥類や哺乳類に比較して時間がかかるが,特に体温が覚醒時間に大きく影響するため,覚醒時もPOTZに保つようにする.覚醒中は呼吸状態をよく確認し,反射が戻り,自発呼吸が認められるまでは,抜管は行わずに補助呼吸を継続する.肺内の酸素濃度が高いと,覚醒時に自発呼吸の回復が大幅に遅れることがグリーンイグアナで確認されているため,覚醒中の陽圧換気には100%酸素よりも,室内空気の方が良いとされている[87, 88, 92-95].このため,アンビューバッグを用いて換気することが推奨されている(**図5-133**).抜管後も小動物用

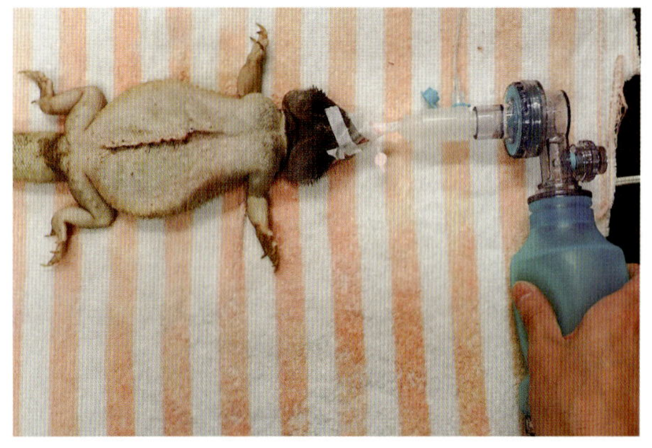

図5-133　術後覚醒中のフトアゴヒゲトカゲ
アンビューバッグを用いて換気している.

ICUや保温球とサーモスタットなどで体温管理を行う.

入院管理と看護

爬虫類も哺乳類と同様に入院治療が必要になる場合がある.一般状態が悪化しているということは,飼育環境が不適切な可能性が高く,そのままの飼育環境では改善しない可能性が高い.また,爬虫類は内服薬の投薬も困難なことも多く,病院での注射や点滴が治療として必要となり,通院自体も移動中の振動や温度変化などがストレスとなる.爬虫類はストレスにより拒食になることがあり,実際に様々に因子がストレスとなり得て,それに対する反応も様々である[96].以上のことを考慮して入院が必要かを判断する.しかしながら,不適切な入院環境だと状態をより悪化させてしまうだけではなく,治療の反応性も悪くなり,新たな問題も引き起こす可能性がある[97, 98].そのため,入院させる動物にとってどのような環境で管理するのが一番良いかを症例ごとに考える必要がある.

入院ケージは様々な物を用いることができる.アクリルケージや衣装ケース,レプタイルボックスなどを使用するが症例の大きさや中に設置するものにより選択する.小さい個体であればプラスチックケージ,大型のカメやトカゲでは犬猫用の犬舎も使用できる(**図5-134**).どのような入院ケージを用いるとしても,特にヘビでは逃亡しないように蓋をした上からテープで止めたり,鍵をかけたりする.症例の状態によってはインキュベーターを用いて一定の温度を継続して管理することもある.床材は健

図5-134　入院ケージの一例
部屋全体の温度やその個体の状態により判断する必要がある．

図5-135　状態が悪く頭を落としているミシシッピアカミミガメ
このような状態では半水棲種でも水位をかなり低くしておく．

図5-136　水棲，半水棲種の入院ケージ例
ケージを斜めにすることで，場所により水位が変わる．

康管理および衛生管理の点で，新聞紙，ペットシーツやタオルなどがよい．水棲種や半水棲種のカメでは水を入れておくが，状態によっては溺れる可能性がある．状態が悪い場合は水位を低くして溺れないように配慮する（**図5-135**）．また，ケージ片方の下にタオルなどを置いて床が斜めになるようにすると，場所により水位を変えることができる（**図5-136**）．神経質な個体や種類によってはシェルターなどの隠れられる場所を設置する．しかしながら，状態が悪いのに隠れていると状態がより悪化した場合に気づくのが遅れてしまうため，そのように心配な症例では隠れ家を用意せずにケージの半分をブランケットなどで覆って対応することもある．

一番重要な点は温度管理で，適切な温度と温度勾配を維持することは爬虫類を健康に飼育する上で不可欠であり，それは入院中の爬虫類にも当てはまる．特に適切な温度下でなければ，薬物代謝に悪影響を及ぼし治療効果が減少する[97]．種類により適切な温度は異なるが，エアコンや赤外線ライトなどを使って温度管理を行い，必要に応じてバスキングライトも用いる．しかしながら，かなり状態が悪くほとんど動かない症例では至適環境温度域（POTZ）の上端で安定した温度での管理が推奨されている[97]．また，そのような症例ではバスキングライトが必要な種類でも，バスキングライト下で動かずに熱中症になるリスクもあるため，バスキングライトは用いないで管理をする．温度はデジタル温度計により確認し，できれば最高最低温度計を用いるのがよい．紫外線照射が必要な種類は紫外線ライトも設置する．約12時間ごとで昼夜のサイクルが来るようにすべての電球を管理するが，実際は部屋自体の蛍光灯もあるため爬虫類専用の入院室がないと困難である[98]．

ほとんどの爬虫類は捕食者だが，一般的な小動物の患者（犬や猫）と比較すると被食者のカテゴリーに分類されるため，ケージの置き場所も気を付ける必要がある[98]．人が頻繁に通る場所ではなく，犬や猫の鳴き声が聞こえない場所が望ましい．また爬虫類同士を近くの場所に置くとしても，お互いの視覚に入らないように配慮する必要があり，特にヘビは他の爬虫類の視覚に入らないように配置したり，ブランケットなどをケージにかけてストレスを回避する．

日々の看護では哺乳類と比較すると爬虫類は治療の反応や状態の変化がゆっくりであるため，その変化を見逃さないようにする[97]．哺乳類と同様に体重，食欲，排泄物や環境温度，および環境湿度を1日1～2回記録する[97]．特に非常に小さい個体もいるため，体重の微々たる変化でも，点滴や投薬時の過剰投与につながるため確実に確認する．また，その時に過剰な取り扱いをしないことでストレスを最小限に抑えることが不可欠である[98]．

爬虫類のエネルギー要求量は活動性だけでなく環境温度によっても異なるが，体重に応じて上昇し同等サイズの哺乳類や鳥類と比較するとかなり低く，爬虫類の標準代謝率(standard metabolic rate：SMR)は同じ大きさの哺乳類のわずか25～35%程である[9, 51, 99]．そのため，感覚で給餌をしていると想像以上にカロリーを摂取させることが起こり得る．標準的な爬虫類の室温30度でのSMRは32×(体重 $kg^{0.75}$) kCalで計算される[51, 100]．そうすると，1 kgの爬虫類のSMRは32 kcal／dayとなり，爬虫類の1日エネルギー摂取量はSMRの1.1～4倍であるため，1 kgの爬虫類では1日に35～128 kcalが必要カロリー量と考えられる[51, 100]．しかしながら，1日必要カロリー(daily energy requirement: DER)は絶食中，活動性の低下，周囲温度の低下などにより減少し，活動性の増加，発情，成長，病気の治癒過程などでは増加するため，状況によって変化することを知っておく必要がある．動物の状態が良好であれば，1日の推定必要カロリーの約75～100%を目安に給餌する[51]．例えば，体重 300 gのフトアゴヒゲトカゲのSMRは約13 kcal／日であり，状態が良好な場合は1日の供給量は10～52 kcalとなる．以上を踏まえて，食餌については食べるなら普段通り与えるが，入院している症例では食欲がないことが多い．食欲がなく全く食べない場合は状況や動物種により，強制給餌や食道瘻チューブによる給餌を検討する．しかしながら，慢性的な食欲不振の患者に食餌を再開する場合には，爬虫類もリフィーディング症候群を引き起こす可能性があるため，まずは食餌を再開する前に数日かけて点滴により水和を行う[51, 98, 101～103]．それから食餌を再開するが，最初は非常に少量(DERの約10%)から始め，徐々に増やして行くのがポイントである[97, 102, 103]．

その他処置

強制給餌

強制給餌は生理的拒食が否定され，適切な飼育環境の提供，充分な水和が行われていても採食行動が認められない場合に実施する．

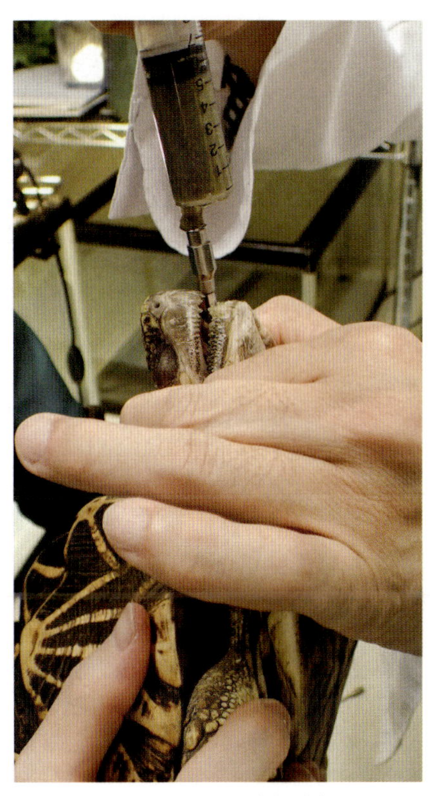

図5-137　ホシガメの強制給餌
最初はゆっくり給餌を行い，問題がないことを確認しながら給餌する．

カメでは頭を伸ばした状態で保持して開口器を上顎と下顎の隙間に挿入して，ゆっくりと回転させることで口を開けることができる．しかしながら，小型のカメでは嘴や顎を損傷するリスクがあり，大型のカメでは困難なことも多い．開口器などで口を開けたら，ゾンデなどを用いて胃内に流動食を給餌する(**図5-137**)．事前に口から胃の位置である腹甲の中間点までの距離を確認して，どこまで挿入するか決めておく[104](**図5-138**)．草食性ではウサギなど草食性哺乳類に用いられる強制給餌用の流動食を用いることができ，雑食性ではカメ用のペレットを擦って粉末にした物を水で溶いて使用する(**図5-139**)．大型で強制給餌が困難な種類や，繰り返し強制給餌が必要な症例には食道瘻チューブの設置を検討する(**図5-140**)．流動食の給餌の1回の最大投与量は5～15 mL／kgである[104]．

トカゲでは口周りを触ると威嚇して口を開く個体もいるが，開かない個体では上顎と肉垂(デューラップ)または下顎の皮膚をゆっくり引っ張り開口させる(**図5-141**)．口を開かない個体では，鉗子を口角にゆっくり押し当てて口の中に滑らせて挿入する．口の中に鉗子が入ったら，鉗子をゆっくり開いて口を開け

図5-138　ゾンデの挿入前の位置の確認
挿入前にどこまで挿入するか確認している．

図5-139　草食性爬虫類の強制給餌に用いる粉末ペレットの例
ウサギなど草食性哺乳類用の粉末ペレットも用いることができる．

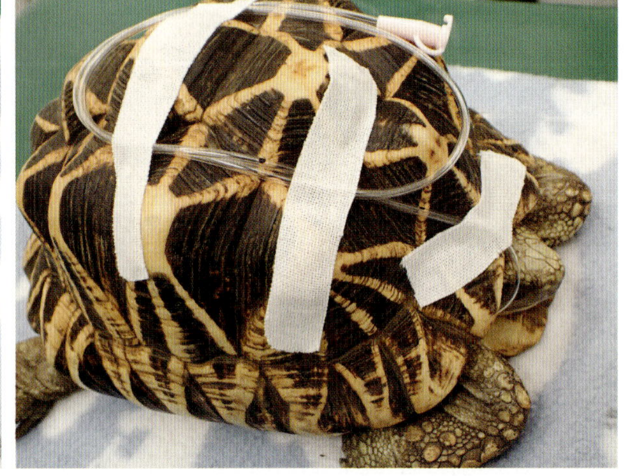

図5-140　食道瘻チューブを設置したホシガメ
繰り返しの強制給餌が必要な場合は，食道瘻チューブ設置を検討する．

る（**図5-142**）．しかし，これらの開口させる行為は歯，顎や顎骨の損傷の原因となる可能性があるため，慎重に行う．口が開いたら，コオロギなどの固形物を与える場合は直接口腔内に入れる．流動食を与える場合は，ゾンデや栄養チューブを挿入する．流動食の給餌の1回の最大投与量は10～20 mL／kgである[104]．

ヘビの強制給餌は適切なサイズの餌用マウスを食道内へ押し込む方法と，太めの栄養カテーテルを胃内まで挿入して流動食を投与する方法がある．マウスを強制給餌する場合は，通常時与えているより小さなマウスを口を開けて，くわえさせて手を離す．そのまま飲み込む個体もいるが，この状態で飲み込まない場合は，用手もしくはゾンデや鉗子を用いてマウスを喉の奥まで押し込んでいく．カテーテルを使う場合は，栄養カテーテルやゴム製のチューブを用いる．ヘビの胃は頭から胴体長の60～70%の位置にあるが，遠位食道にまでカテーテルが入っていれば問題なく給餌できるため，実際は胃までの長さの半分以上入っていればよい[105]．カメやトカゲのように開口器や鉗子を用いて口を開いてカテーテルを挿入する（**図5-143**）．喉頭はかなり吻側に位置し視認しやすいが，間違って気管内へ挿管しないように注意する（**図5-144**）．ヘビでは開口させなく

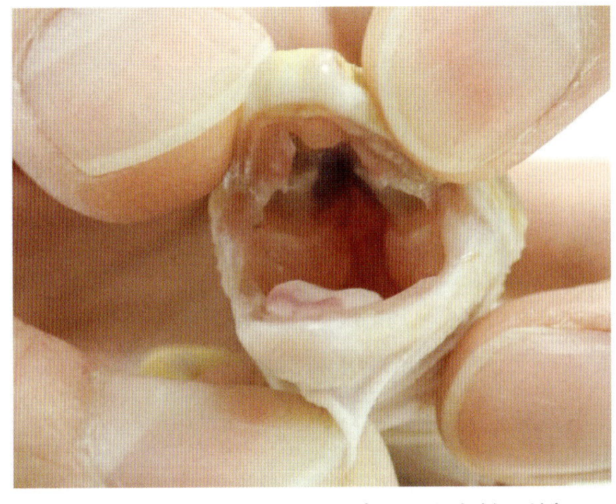

図5-141　開口させているヒョウモントカゲモドキ
上顎と下顎の皮膚をゆっくり引っ張り開口させる．

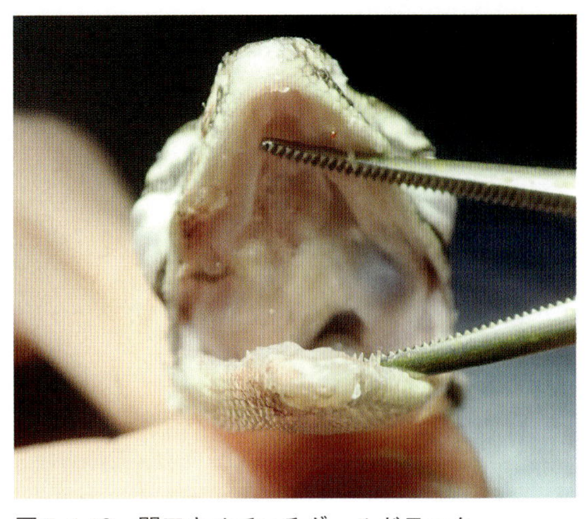

図5-142　開口させているグールドモニター
鉗子を用いて開口させているが，歯や顎を損傷しないように注意する．

図5-143　開口させているボールパイソン
ヘビはカメとトカゲと比べると，開口させやすい．

図5-144　コーンスネークの喉頭(矢印)
ヘビの喉頭はかなり吻側にあり，視認しやすい．

ても左右の歯の間からで盲目的に挿入することもできるが，チューブを引き抜く時に歯に引っかけないように注意が必要である．流動食の給餌の1回の最大投与量は15～30 mL/kgである[104]．犬猫用の高栄養缶詰，高栄養流動食，経腸栄養食などを用いることができる(**図5-145**)．これらは，爬虫類に与えるにはプリン体とビタミンAの含有量が高いと懸念されることもあるが，腎疾患でなければ問題ないと考えられている[106]．

注射，点滴

爬虫類で利用できる主な注射部位として皮下，筋肉，体腔内がある．他にも血管内投与として静脈内，骨髄内および心臓内投与が行われることがある．爬虫類には腎門脈が存在するため，昔から注射部位の選択に注意が必要とされてきた．後躯の血流は全身循環に入る前に腎門脈を経て，直接腎臓に流入する．このため，尾や後肢など体幹尾側に注射された薬剤は全身循環に入る前に腎臓から排泄され血中濃度が上昇しないと考えられている．また腎毒性のある薬剤の体幹尾側への投与は腎障害のリスクが懸念される．そのため基本的には体幹頭側に注射を行うことが推奨されている．しかしながら，最近の様々な研究では注射部位によって薬剤の血中濃度に有意差は出ておらず，注射部位の選択については今後も議論が必要である[107]．現時点では上記を考慮し，原則，体幹尾側や後肢への注射は避けるようにする．

多くの場合，皮下注射を選択するが，筋肉内注射と比較すると薬物の吸収速度は緩徐であり，即効性を期待する際には筋肉内注射の方がよい．しかし，筋肉内注射は多量の薬液の投与はできず，注射時に

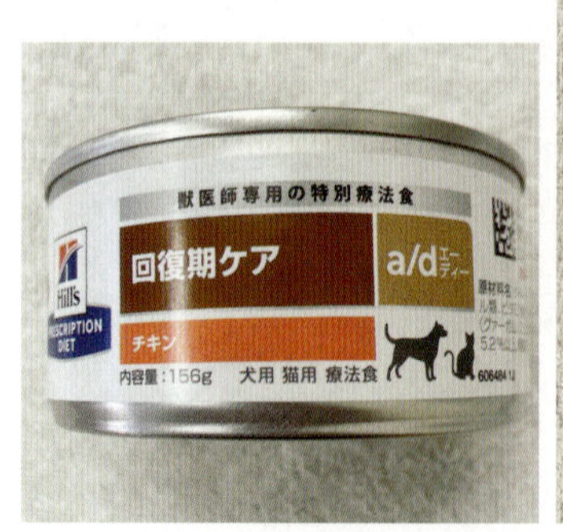

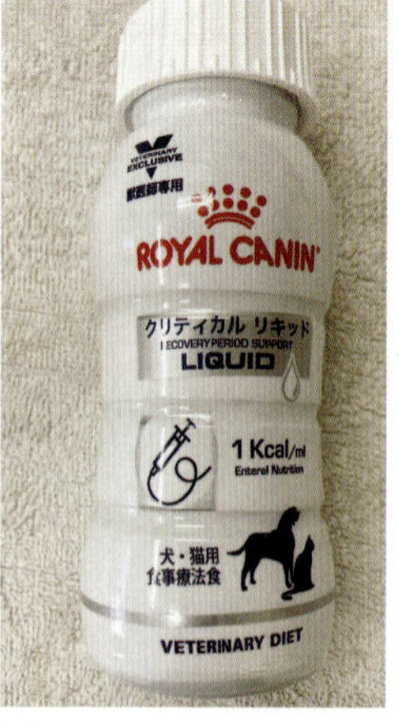

図5-145　ヘビに用いる強制給餌用のフードの例
犬猫用の高栄養缶詰や高栄養流動食などを用いることができる．

図5-146　エボシカメレオンの皮下注射部位の色素変化
カメレオンでは皮下注射を行うと，注射部位が顕著に黒色化する．基本的に時間が経つと自然と元に戻る．

図5-147　アブロニアの皮下投与
腋窩部に皮下投与を行っている．

図5-148　ボールパイソンの皮下投与
皮下注射部位（矢印）が膨らんでいるのが確認できる．

より強い疼痛を伴う．点滴は皮下または体腔内に行うが，多量に投与する場合は体腔内を選択する．カメでは点滴は体腔内に投与するが，代替的に体腔外にも投与もできる[28, 48, 104]．体腔内投与は点滴には非常に適しているが，薬剤の多くは体腔膜からの吸収が不安定であるため，薬物のみ注射することは推奨されない[51]．体腔内投与時は体温が低下しないように輸液剤をやや温めておく．

皮下投与

爬虫類の皮下組織は血管が乏しく，症例（個体）の状態により吸収率も変動するため，薬液の吸収は不安定である[51, 108]．哺乳類より皮膚は伸縮性に乏しく，皮下に多量に薬液を投与すると穿刺部から漏出するため，穿刺後に穿刺部位を圧迫する．カメレオンでは注射部位に黒色素胞のメラニン顆粒が移動し，注射部位の皮膚の黒色変化がみられるが，時間経過とともに元に戻る（**図5-146**）．カメレオン以外のトカゲでもカメレオン程顕著ではないが，同様の色素変化が起こることがある[51]．皮下点滴も利用できるが，多量の輸液剤を一度に投与できないため脱水が軽度な場合のみとし，脱水が重度な場合は体腔内，静脈内または骨内の投与経路を選択する[28]．哺乳類のように皮膚を引っ張り上げれないため，皮下に注射針をそのまま穿刺する．穿刺後，陰圧を軽くかけて血液が来ないことを確認してから，注射針先で皮膚を少し持ち上げるイメージで皮下投与する．

皮下投与部位はカメでは前肢と頸の間，腋窩や鼠径部の皮下に投与できる．トカゲでは肩甲骨外側や腋窩領域，体幹部側面に投与する（**図5-147**）．ヘビでは体幹頭側の傍脊椎に注射する[51, 109]（**図5-148**）．ヘビの皮下は他の爬虫類よりもより伸縮性に乏しいため，皮下点滴を行う場合は1個所ではなく複数個所に分けて投与する．正しく注入された場合は，皮

図5-149　ヒョウモントカゲモドキの筋肉内投与
筆者は基本的に前肢に投与している．

図5-150　トウブハコガメの体腔内点滴
仰臥位に保定して，前大腿窩から投与している．

図5-151　ヒナタヨロイトカゲの体腔内投与
内蔵を損傷しないように注意して行う．小型個体や種類では体位による臓器損傷のリスクは変わらないため，一番落ち着く腹臥位で行っている．

下を頭尾側に向かって液体が移動する様子を確認することができる．トカゲでは10 mL／kg，ヘビでは5～10 mL／kg まで皮下投与できるとされている[104, 110]．

筋肉内投与

カメとトカゲでは基本的に四肢の筋肉に注射できるが，腎門脈を考慮し前肢(特に上腕三頭筋)への投与が推奨されている(**図5-149**)．しかしながら，小さい個体では前肢への注射が困難で後肢に投与せざるを得ない場合もある．ヘビでは脊椎と平行に走行する最長筋に注射する．他の爬虫類同様に腎門脈を考慮して，頭側1／3への投与が推奨されている[104]．

体腔内投与

体腔は吸収性が良い体腔膜で裏打ちされた大きな空間であり，内臓の漿膜表面も吸収性がよい[28]．吸収も緩徐なため，点滴を行う部位として有用であり，刺激性のある薬液を点滴液と混合して投与しても問題とならないことがほとんどである[104]．穿刺時に臓器の損傷リスクがあるため皮下注射よりも慎重な操作が必要であり，保定も重要になる[104]．爬虫類には筋性の横隔膜がなく，多量の体腔内投与は肺の圧迫を引き起こす可能性があるため，特にカメでは過剰に投与しないようにする[28, 104]．最大投与量はカメで30 mL／kg，ヘビでは25 mL／kg とされている[48, 110]．前述のようなリスクがあるため体腔内投与を推奨しない人もいる[111]．

カメでは前大腿窩から体腔内へ投与する(**図5-150**)．重力で臓器が注射部位から離れるように，頭を下にした仰臥位や横臥位で保定をする．後肢は邪魔にならないように後方に牽引しておく．このような注意を行っても，深く穿刺し過ぎると膀胱を損傷する可能性があり，背甲に向けて角度をつけて深く穿刺すると肺を損傷するリスクがある．腹甲側は1対の腹静脈(abdominal vein)が走行しているので注意する．穿刺後に陰圧をかけて，腸内容物，空気，血液が吸引されないことを確認した後に投与する．また，事故などで肺の損傷が疑われる場合には体腔内投与は実施しない．

トカゲでは横臥位または仰臥位に保定して，腹部正中に走行している腹側腹静脈(ventral abdominal vein)を避けて体の尾側1／4の腹側に注射する(**図5-151**)．針は頭側に向けて体壁に沿わせるくらいに鋭角に穿刺し，内臓損傷のリスクを軽減するため深さも浅くする[104]．横臥位や特に仰臥位に保定することで，重力により内臓が注射部位から引き離されれることになる．

ボアやパイソンは機能的な肺が左右にあるが，

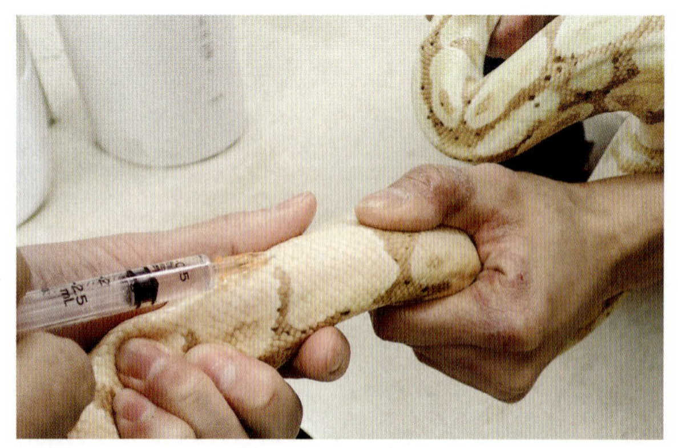

図5-152　ボールパイソンの体腔内投与
穿刺後に吸引をして，問題がないことを確認してから投与する．

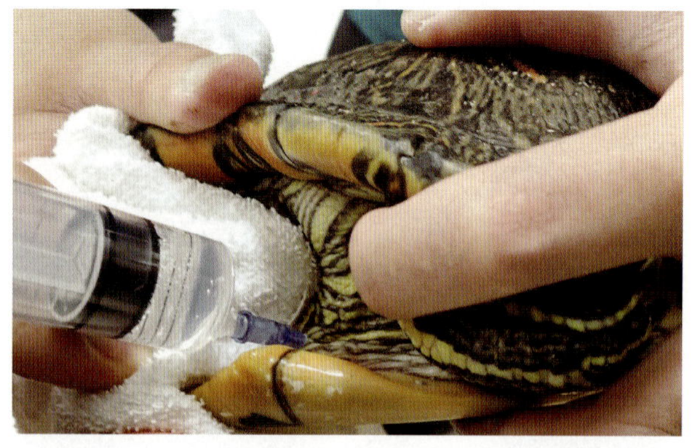

図5-153　ミシシッピアカミミガメの体腔外投与
頸と左前肢の間に投与している．

他の多くのヘビは機能的な左肺がなく，肺の末端にある気嚢は胴体長の70%くらいまで拡張する[28, 110, 112, 113]．このため，ヘビでは仰臥位または側臥位に保定して，尾側1/3〜1/4の左側体壁に穿刺する[28, 110]（**図5-152**）．体鱗の第1列と第2列の間を体の長軸に対して30度で穿刺する[110]．

体腔外投与

体腔外投与はカメでのみ用いられる方法であり，体腔内投与の代替として行われる．体腔外は腹甲と体腔膜の間のスペースであり，頸と前肢の間から容易に投与できる[48, 114]（**図5-153**）．このスペースは心膜や他の体液貯留部位と連絡しているため，多量の輸液剤を投与でき，吸収も比較的早い[48, 114]．腹甲背側と胸筋の腹側の間に腹甲に平行に穿刺して投与する[114]．頸と前肢は伸ばしていても曲げていても投与ができる．骨内や体腔内への輸液と比較しても，効果的な投与経路と考えられている[114]．

輸液量の計算

輸液療法の最も重要な目的は体液の恒常性を維持することである．輸液療法は疾患そのものを治す治療ではなく，支持療法の1つである．哺乳類と同様に爬虫類においても重症患者の安定化，慢性疾患による脱水の再水和，および腎機能のサポートには輸液療法は効果的な治療法である．

一般的に爬虫類の維持輸液量（1日の必要水分量）は10〜15 mL/kg/日とされており，これは小型哺乳類に比較して著しく低い[3]．輸液量の計算には，維持輸液量に水分不足量（脱水量）を加えるが，水分不足量は3〜4日以上かけて補う[3]．また，水分喪失が進行性にある場合は，輸液量をさらに追加する必要がある．爬虫類では急性の水分喪失に遭遇することは少ないが，そのような例としては重度の下痢，嘔吐，事故などによる出血，やけどによる皮膚損傷などが挙げられる．爬虫類は輸液により過水和になることが非常に多く，40 mL/kg/日以上の輸液は避けるべきとされている[115]．

実際の計算としては輸液量＝維持量＋脱水量＋喪失量となるため，1日の総輸液量（mL）は体重（kg）×（10〜15）＋水分不足量（mL）×（0.25〜0.33）＋喪失量となる．300 gの爬虫類で眼球の陥没，沈うつがあるため10%ほどの脱水（水分不足量は30 mL）と仮定し，下痢，嘔吐や失血がない症例で4日間かけて点滴する場合は0.3（kg）×（10〜15）＋30×0.25＋0となり，1日の投与量は10.5〜12 mLとなり，これは33.3〜40/mL/kgである．実際に計算すると以上のようになるが，重度の脱水や進行性の水分喪失を計算通りに補うことを試みると，総輸液量が40 mL/kg/日を超えてしまうこともある．そのため，実際の輸液量は各々の判断に委ねられるが，経験則として1日の投与量は10〜30 mL/kgと記載されていることが多い[51, 104]．爬虫類では哺乳類比べると水和に必要な時間は長期に及ぶ傾向にある[116]．

note 病院への連れて行きかた

動物を入れる容器としては昆虫飼育用のプラスチックケース，タッパー，衣装ケース，バケツや犬猫用のキャリーバックなどが利用できるが，動物の種類や大きさにより選択する（**図5-154, 155**）．カメであればいずれも利用できるが，トカゲやヘビは密閉され逃げ出せない容器がよい．タッパーを用いる場合は蓋に空気穴を開けておく（**図5-156**）．ヘビの場合はさらに洗濯ネットやピローバッグや布袋などに入れて，より逃げ出せない環境を作り移動する．トカゲやヘビでは体が密着するくらいの大きさの方が落ち着くため，それくらいの大きさの容器が望ましい．カメは移動中に排泄することも多いため，容器の中に布やペットシーツなどを敷いておくとよい．

半水棲種のカメの場合は容器に水を含ま

図5-154　移動用容器①
様々な容器が使われている．

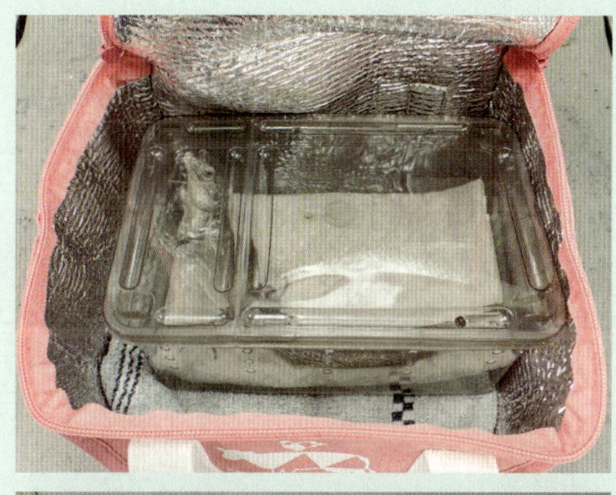

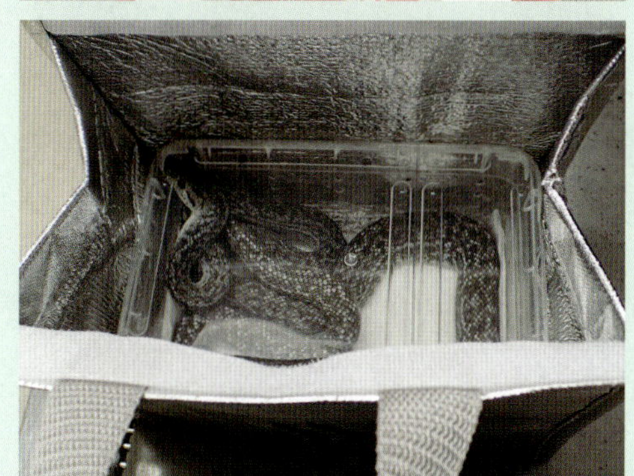

図5-155　移動用容器②
様々な容器が使われている．

図5-156　アオジタトカゲの移動用容器の例
密封容器では空気穴を開けておく.

せ固く絞ったタオルなどを敷いておくか，水を入れる場合でも薄く水を張る程度でよい．移動時に水を十分に入れておくと，重くなり持ち運びが大変になるだけではなく，移動中に水面が激しく波打つことでカメが息継ぎをしづらくなる．また，体を安定させることができないため，バランスを取ろうとして動き回ることで無駄に体力を消耗したり，水中でひっくり返ったままになってしまうこともある．完全水棲種のカメでも長時間の移動でなければ，同様の方法でよい．移動中の乾燥が気になる場合は，ペットボトルなどで水も一緒に持ち運び，時々水をかけることで対処する．容器に水を入れて持ち運びたい場合でも，甲羅の高さの半分以下の水深で十分である．

密封された容器の場合，夏では容器内

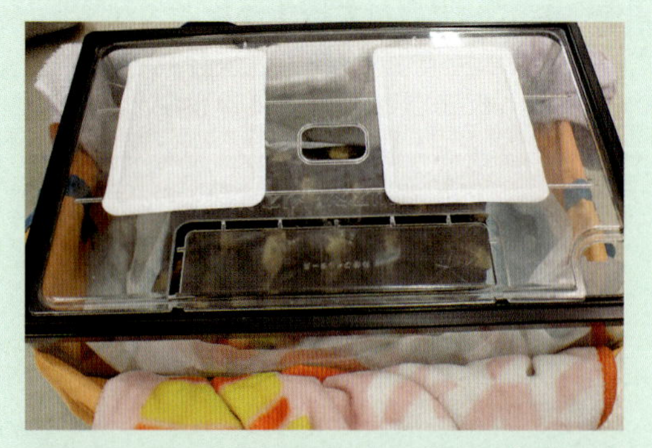

図5-157　マルギナータリクガメの移動用容器の例
気温によってはカイロなどで保温するようにする.

の温度が上昇し過ぎないように通気を良くし，冬では温度が下がり過ぎないように，容器の外側にカイロを貼ったり，温めたお湯を入れたペットボトルを置いたりして，移動容器を温めながら移動する（図5-157）．カイロは熱を発生する際に酸素を消費するため，カイロを使用する場合は容器の外側に貼り，密封しすぎないようにしないと酸素不足になる可能性がある．いずれの場合も，移動中に容器の中の温度が適切に保たれているか定期的に確認するようにする．温度の確認のためには温度計を用いるのが確実である．特に春から秋にかけては移動中に保温していると，容器内の温度が高くなり過ぎていることがあるため注意が必要である．

参考文献

1. Divers S.J. (1999): Clinical Evaluation of Reptiles. *Vet Clin Exot Anim*, 2: 291-331
2. DiGeronimo P.M., Brandão J. (2019): Orthopedics in Reptiles and Amphibians. *Vet Clin Exot Anim*, 22: 285-300
3. Petritz O.A., Tina Son T. (2019): Emergency and Critacal Care. In: Mader's Reptile and Amphibian Medicine and Surgery (Divers S.J., Stahl S.J. eds.), 3rd ed., 967-976, Elsevier
4. Girling S. (2003): An Overview of Reptile and Amphibian Therapeutics. In: Veterinary Nursing of Exotiv Pets, 175-192, Blackwell Publishing
5. Music M.K., Strunk A. (2016): Reptile Critical Care and Common Emergencies. *Vet Clin Exot Anim*, 19: 591-612
6. Latney L.V. (2023): Nutritive Support for Critical Exotic Patients. *Vet Clin Exot Anim*, 26: 711-735
7. O'Malley B. (2005): Lizards. In: Clinical Anatomy and Physiology of Exotic Species, 57-75, Elsevier
8. 小家山仁 (2019): ヒョウモントカゲモドキを迎え入れる準備 . In: ヒョウモントカゲモドキの健康と病気 , 21-46, 誠文堂新光社
9. Rendle M. (2019): Nutrition. In: BSAVA Manual of Reptiles (Girling S.J., Raiti P. eds.), 3rd ed.,49-69, British Small Animal Veterinary Association
10. 小家山仁 (2019): ヒョウモントカゲモドキを購入する時の注意点 . In: ヒョウモントカゲモドキの健康と病気 , 17-20, 誠文堂新光社
11. 西村政晃 (2019): カメの嘴過長 . In: エキゾチック臨床 vol. 18 爬虫類の診療 , 18-22, 学窓社
12. Chitty J., Raftery A. (2013): Shell Deformities. In: Essentials of TORTOISE MEDICINE AND SURGERY, 309-312, WILEY Blackwell

13. Chitty J., Raftery A. (2013): Shell Disease. In: Essentials of TORTOISE MEDICINE AND SURGERY, 275-279, WILEY Blackwell
14. Boyer T.H., Scott P.W. (2019): Nutritional Diseases. In: Mader's Reptile and Amphibian Medicine and Surgery (Divers S.J., Stahl S.J. eds.), 3rd ed., 932-950, Elsevier
15. 西村政晃 (2019): 爬虫類の皮膚疾患 . In: エキゾチック臨床 vol. 18 爬虫類の診療 , 204-215, 学窓社
16. Chitty J., Raftery A. (2013): Peeling Skin or Shell. In: Essentials of TORTOISE MEDICINE AND SURGERY, 265-269, WILEY Blackwell
17. Meyer J., Selleri P. (2019): Dermatology-Shell. In: Mader's Reptile and Amphibian Medicine and Surgery (Divers S.J., Stahl S.J. eds.), 3rd ed., 712-720, Elsevier
18. 小家山仁 (2015): 検査と病気 . In: エキゾチック臨床 vol. 14 カメの診療 , 65-140, 学窓社
19. Coke R. (1998): Old World Chameleons: Captive Care and Breeding. *J Herpetol Med Surg*, 8: 4-10
20. Kubiak M. (2021): Chameleons. In: Handbook of Exotic Pet Medicine (Kubiak M. ed.), 263-281, Wiley Blackwell
21. Knafo S.E. (2019): Musculoskeletal System. In: Mader's Reptile and Amphibian Medicine and Surgery (Divers S.J., Stahl S.J. eds.), 3rd ed., 894-916, Elsevier
22. Kubiak M. (2021): Geckos. In: Handbook of Exotic Pet Medicine (Kubiak M. ed.), 241-262, Wiley Blackwell
23. Raftery A. (2019): Clinical examination. In: BSAVA Manual of Reptiles (Girling S.J., Raiti P. eds.), 3rd ed.,89-100, British Small Animal Veterinary Association
24. Wilson B. (2017): Lizards. In: Exotic Animal Medicine for Veterinary Technician (Ballard B., Cheek R. eds.), 3rd ed., 95-135, Wiley Blackwell
25. 松原且季 (2019): トカゲのクリプトスポリジウム症 . In: エキゾチック臨床 vol. 18 爬虫類の診療 , 135-140, 学窓社
26. Richter B., Rasim R., Pantchev N. et al. (2019): Cryptosporidiosis outbreak in captive chelonians (*Testudo hermanni*) with identification of two *Cryptosporidium* genotypes. *J Vet Diagn Invest*, 23: 591-595
27. Stacy N., Heard D., Wellehan J. (2019): Diagnostic sampling and laboratory tests. In: BSAVA Manual of Reptiles (Girling S.J., Raiti P. eds.), 3rd ed., 115-133, British Small Animal Veterinary Association
28. McArthhur S.D.J., Wilkinson R.J., Barrows M.G. (2001): Tortoises and turtles. In: BSAVA Manual of Exotic Pets (Meredith A., Redrobe S. eds.), 4th ed.,208-222, British Small Animal Veterinary Association
29. Holz P. (2018): Diseases of the Urinary Tract. In: Reptile Medicine and Surgery in Clinical Practice (Doneley B., Monks D., Johnson R., Carmel B. eds.), 323-330, Wiley Blackwell
30. Divers S.J., Innis C.J. (2019): Urology. In: Mader's Reptile and Amphibian Medicine and Surgery (Divers S.J., Stahl S.J. ed.), 3rd ed., 624-648, Elsevier
31. Redrobe S., MacDonald (1999): Sample collection and clinical pathology of reptiles. *Vet Clin Exot Anim*, 2: 709-730
32. Johnson J.D. (2019): Urogenital system. In: BSAVA Manual of Reptiles (Girling S.J., Raiti P. eds.), 3rd ed., 342-352, British Small Animal Veterinary Association
33. Wilkinson S.L., Divers S.J. (2020): Clinical Management of Reptile Renal Disease. *Vet Clin Exot Anim*, 23: 151-168
34. O'Malley B. (2005): General anatomy and physiology of reptiles. In: Clinical Anatomy and Physiology of Exotic Species, 17-39, Elsevier
35. Barten S., Simpson S. (2019): Lizard Taxonomy, Anatomy, and Physiology. In: Mader's Reptile and Amphibian Medicine and Surgery (Divers S.J., Stahl S.J. eds.), 3rd ed., 63-74, Elsevier
36. Holmes S.P., Divers S.J. (2019): Radiography-Chelonians. In: Mader's Reptile and Amphibian Medicine and Surgery (Divers S.J., Stahl S.J. eds.), 3rd ed., 514-527, Elsevier
37. Knotek Z., Simpson S., Martelli P. (2018): Diagnostic Imaging. In: Reptile Medicine and Surgery in Clinical Practice (Doneley B., Monks D., Johnson R., Carmel B. eds.), 145-158, Wiley Blackwell
38. Holmes S.P., Divers S.J. (2019): Radiography-Lizards. In: Mader's Reptile and Amphibian Medicine and Surgery (Divers S.J., Stahl S.J. eds.), 3rd ed., 491-502, Elsevier
39. Redrobe S., Wilkinson R.J. (2002): Reptile and amphibian anatomy and imaging. In: BSAVA Manual of Exotic Pets (Meredith A., Redrobe S., eds.), 4th ed., 193-207, British Small Animal Veterinary Association
40. Raiti P. (2019): Non-invasive imaging. In: BSAVA Manual of Reptiles (Girling S.J., Raiti P. eds.), 3rd ed., 134-159, British Small Animal Veterinary Association
41. Comolli J.R., Divers S.J. (2019): Radiography-Snakes. In: Mader's Reptile and Amphibian Medicine and Surgery (Divers S.J., Stahl S.J. eds.), 3rd ed., 503-513, Elsevier
42. Schilliger L. (2009): FROM A TO Z: HOW TO PERFORM A DIAGNOSTIC ULTRASOUND EXAMINATION IN REPTILES?. Proceeding of NAVC Conference 2009, 1802-1806
43. Divers S.J. (2019): Diagnostic Techniques and Sample Collection. In: Mader's Reptile and Amphibian Medicine and Surgery (Divers S.J., Stahl S.J. eds.), 3rd ed., 405-421, Elsevier
44. 小家山仁 (2015): 検査と病気 . In: エキゾチック臨床 vol. 14 カメの診療 , 65-140, 学窓社
45. Sykes Ⅳ J.M., Klaphake E. (2015): Reptile Hematology. *Vet Clin Exot Anim*, 18: 63-82
46. Barrows M., Mcarthur S., Wilkinson R. (2004): Diagnosis. In: Medicine and Surgery of Tortoises and Turtles (Mcarthur S., Wilkinson R., Meyer J. eds.), 109-140, Blackwell Publishing
47. Innis C. (2020): Tortoises and Freshwater Turtles. In: Exotic Animal Laboratory Diagnosis (Heatley. J.J., Russell. K.E. eds.), 255-289, WILEY Blackwell
48. Chitty J., Raftery A. (2013): Basic Techniques. In: Essentials of TORTOISE MEDICINE AND SURGERY, 80-113, WILEY Blackwell
49. Divers J.D., Camus M.S. (2020): Lizerds. In: Exotic Animal Laboratory Diagnosis (Heatley. J.J., Russell. K.E. eds.), 319-346, WILEY Blackwell
50. Brown J., Tristan T., Heatley J.J. (2020): Snakes. In: Exotic Animal Laboratory Diagnosis (Heatley. J.J., Russell. K.E. eds.), 291-317, WILEY Blackwell

51. Herrin K.V. (2018): Clinical Techniques and Supportive care. In: Reptile Medicine and Surgery in Clinical Practice (Doneley B., Monks D., Johnson R., Carmel B. eds.), 159-173, Wiley Blackwell
52. Campbell T.W. (2014): Cinical Pathology. In: Current Therapy in Reptile Medicine & Surgery (Mader D.R., Divers S.J. ed.), 70-92, Elsevier
53. Marschang R.E., Pasmans F., Hyndman T., Mitchell M., Martel A. (2018): Diagnostic Testing. In: Reptile Medicine and Surgery in Clinical Practice (Doneley B., Monks D., Johnson R., Carmel B. eds.), 135-144, Wiley Blackwell
54. Heatley J.J., Russell K.E. (2019): Hematology. In: Mader's Reptile and Amphibian Medicine and Surgery (Divers S.J., Stahl S.J. eds.), 3rd ed., 301-318, Elsevier
55. Stacy N.I., Alleman A.R., Sayler K.A. (2011): Diagnostic Hematology of Reptiles. *Clin Lab Med*, 31: 87-108
56. Campbell T.W. (2022): Hematology of Reptiles. In: Veterinary Hematology, Clinical Chemistry, and Cytology (Thrall M.A., Weiser G., Allison R.W., Campbell T.W. eds.), 3rd ed., 292-313, Wiley Blackwell
57. Allender M., Latney L. (2016): Blood Tests in Reptiles: Selecting and Interpreting the Best Tests for your Cases. *NAVC Conference 2016*, 1486-1490
58. Heatley J.J., Russell K.E. (2019): Clinical Chemistry. In: Mader's Reptile and Amphibian Medicine and Surgery (Divers S.J., Stahl S.J. eds.), 3rd ed., 319-332, Elsevier
59. Campbell T.W. (2022): Clinical Chemistry of Reptiles. In: Veterinary Hematology, Clinical Chemistry, and Cytology (Thrall M.A., Weiser G., Allison R.W., Campbell T.W. eds.), 3rd ed., 617-624, Wiley Blackwell
60. Tamukai K., Takami Y., Akabane Y., Kanazawa Y., Une Y. (2011): Plasma biochemical reference values in clinically healthy captive bearded dragons (*Pogona vitticeps*) and the effects of sex and season. *Vet Clin Pathol*, 1-6
61. Gibbons P.M., Whitaker B.R., Carpenter J.W., McDermott C.T., Klaphake E., Sladky K.K. (2019): Hematology and Biochemistry Tables. In: Mader's Reptile and Amphibian Medicine and Surgery (Divers S.J., Stahl S.J. eds.), 3rd ed., 333-350, Elsevier
62. Allison R.W. (2022): Laboratory Evaluation of Plasma and Serum Proteins. In: Veterinary Hematology, Clinical Chemistry, and Cytology (Thrall M.A., Weiser G., Allison R.W., Campbell T.W. eds.), 3rd ed., 484-497, Wiley Blackwell
63. Baldrey V., Ashpole I. (2012): Interpreting non-domesticated animal blood profiles - part three: reptiles. *Vet Times*
64. Chitty J., Raftery A. (2013): Clinical Pathology. In: Essentials of TORTOISE MEDICINE AND SURGERY, 150-162, WILEY Blackwell
65. Knotek Z., Knotkova Z., Hrda A., Dorrestein G.M. (2009): Plasma Bile Acids in Reptiles. *Proc ARAV*, 124-127
66. Knotkova Z., Dorrestein G.M., Jekl V., Janouskova J., Knotek Z. (2008): Fasting and postprandial serum bile acid concentrations in 10 healthy female red-eared terrapins (*Trachemys scripta elegans*). Vet Rec, 163: 510-514
67. Divers S.J. (2019): Hepatology. In: Mader's Reptile and Amphibian Medicine and Surgery (Divers S.J., Stahl S.J. eds.), 3rd ed., 649-668, Elsevier
68. Jones J.R., Ferguson G.W., Gehrmann W.H., Frye F.L. (1996): Hematology and Serum Chemistries of Captive-Raised Female Panther Chameleons, *Chamaeleo pardalis*, with Hepatocellular Lipidosis. *J Herp Med Surg*, 6: 10-13
69. Allender M., Latney L. (2016): Blood Tests in Reptiles: Selecting and Interpreting the Best Tests for your Cases. *NAVC Conference 2016*, 1486-1490
70. Ritter J.M., Garner M.M., Chilton J.A., Jacobson E.R., Kiupel M.(2009): Gastric Neuroendocrine Carcinomas in Bearded Dragon. *Vet Pathol*, 46: 1109-1116
71. Perpiñán D., Addante K., Driskell E. (2010): Gastrointestinal Disturbances in a Bearded Dragon (*Pogona vitticeps*). *J Herp Med Surg*, 20: 54-57
72. Divers S.J. (2019): Hepatic Lipidpsis. In: Mader's Reptile and Amphibian Medicine and Surgery (Divers S.J., Stahl S.J. eds.), 3rd ed., 1312-1313, Elsevier
73. Hochleithner C., Sharma A. (2019): Ultrasonography. In: Mader's Reptile and Amphibian Medicine and Surgery (Divers S.J., Stahl S.J. ed.), 3rd ed., 543-559, Elsevier
74. Hildebrandt T.B., Saragusty J. (2015): Use of Ultrasonography in Wildlife Species. In: Fowler's Zoo and Wild Animal Medicine Volume8 (Miller R.E., Fowler M.E. ed.), 714-723, Elsevier
75. Hochleithner C., Holland M. (2014): Ultrasonography. In: Current Therapy in Reptile Medicine & Surgery (Mader D.R., Divers S.J. ed.), 107-127, Elsevier
76. Urbanová D., Halán M. (2016): The Use of Ultrasonography in Diagnostic Imaging of Reptiles. *Folia Vet*, 60: 51-57
77. Pees M. (2011): Ultrasonography. In: Diagnostic Imaging of Exotic Pets; Birds, Small Mammals, Reptiles (Krautwald-Junghanns M., Pees M., Reese S., Tully T. ed.), 334-357, Schlütersche
78. Penninck D.G., Stewart J.S., Paul-Murphy J., Pion P. (1991): Ultrasonography of the California Desert Tortoise (*Xerobates agassizi*): Anatomy and Application. *Vet Radiol*, 32: 112-116
79. Redrobe S. (2006): Ultrasound of Exotic Species. In: Diagnostic Ultrasound in Small Animal Practice (Mannion P. ed.), 301-329, Blackwell Science
80. 岩井匠，三輪恭嗣 (2019): トカゲの代謝性骨疾患．In: エキゾチック臨床 vol. 18 爬虫類の診療，112-121, 学窓社
81. Gumpenberger M., Henninger W. (2001): The Use of Computed Tomography in Avian and Reptile Medicine. *Semin Avian Exotic Pet Med*, 10: 174-180
82. Kiefer I., Pees M. (2011): Computed Tomography (CT). In: Diagnostic Imaging of Exotic Pets; Birds, Small Mammals, Reptiles (Krautwald-Junghanns M., Pees M., Reese S., Tully T. ed.), 358-367, Schlütersche
83. Wyneken J. (2014): Computed Tomography and Magnetic Resonance Imaging. In: Current Therapy in Reptile Medicine & Surgery (Mader D.R., Divers S.J. ed.), 93-106, Elsevier
84. Gumpenberger M. (2011): Chelonians. In: Veterinary Computed Tomography (Schwarz T., Saunders J. ed.), 533-544, Wiley-Blackwell

85. Sharma A., Wyneken J. (2019): Computed Tomography. In: Mader's Reptile and Amphibian Medicine and Surgery (Divers S.J., Stahl S.J. ed.), 3rd ed., 560-570, Elsevier
86. Scheelings T.F. (2019): Anatomy and physiology. In: BSAVA Manual of Reptiles (Girling S.J., Raiti P. eds.), 3rd ed., 1-25, British Small Animal Veterinary Association
87. Perpiñán D. (2018): Reptile anaesthesia and analgesia. *Companion Animal*, 23: 2-9
88. Olsson A., Simpson M. (2018): Analgesia and Anaesthesia. In: Reptile Medicine and Surgery in Clinical Practice (Doneley B., Monks D., Johnson R., Carmel B. eds.), 369-381, Wiley Blackwell
89. Vigani A. (2014): Chelonia (Tortoises, Turtles, and Terrapins). In: Zoo Animal and Wildlife Immobilization and Anesthesia (West G., Heard D., Caulkett N. eds.) 2nd ed., 365-387, Wiley Blackwell
90. Bertelsen M.F. (2019): Anaesthesia and analgesia. In: BSAVA Manual of Reptiles (Girling S.J., Raiti P. eds.), 3rd ed., 200-209, British Small Animal Veterinary Association
91. Young B., Stegeman N., Norby B., Heatley JJ. (2012): Comparison of intraosseous and peripheral venous fluid dynamics in the desert tortoise (Gopherus agassizii). J Zoo Wildl Med, 43: 59-66
92. Schumacher J., Mans C. (2014): Anesthesia. In: Current Therapy in Reptile Medicine & Surgery (Mader D.R., Divers S.J. ed.), 134-153, Elsevier
93. Heard D.J. (2001): Reptile Anestheia. *Vet Clin Exot Anim*, 4: 83-117
94. Bertelsen M.F. (2014): Squamates (snakes and lizards). In: Zoo Animal and Wildlife Immobilization and Anesthesia (West G., Heard D., Caulkett N. eds.) 2nd ed., 351-363, Wiley Blackwell
95. Sladky K.K. (2010): Reptile Anesthesia: Wake me when it's over. *Proceeding of NAVC Conference 2010*, 1704-1707
96. Silvestre A.M. (2014): How to Assess Stress in Reptiles. *J Exo Pet Med*, 23: 240-243
97. Cutler D., Divers S.J. (2019): Hospitalization. In: Mader's Reptile and Amphibian Medicine and Surgery (Divers S.J., Stahl S.J. eds.), 3rd ed., 432-435, Elsevier
98. Fitzgerald G., Whitlock E. (2018): Nursing the Reptile Patient. In: Reptile Medicine and Surgery in Clinical Practice (Doneley B., Monks D., Johnson R., Carmel B. eds.), 441-448, Wiley Blackwell
99. Donoghue S., McKeown S. (1999): Nutrition of captive reptiles. *Vet Clin Exot Anim*, 2: 69-91
100. Donoghue S. (2006): Nutrition. In: Reptile and Amphibian Medicine and Surgery (Mader D.R. ed.), 2nd ed., 251-298, Saunders
101. Rendle M., Calvert I. (2019): Nutritional problems. In: BSAVA Manual of Reptiles (Girling S.J., Raiti P. eds.), 3rd ed., 365-396, British Small Animal Veterinary Association
102. Girling S. (2003): Reptile and Amphibian Nutrition. In: Veterinary Nursing of Exotiv Pets, 148-160, Blackwell Publishing
103. Boyer T.H., Scott P.W. (2019): Nutritional Therapy. In: Mader's Reptile and Amphibian Medicine and Surgery (Divers S.J., Stahl S.J. eds.), 3rd ed., 1173-1176, Elsevier
104. Knotek S. (2019): Therapeutics and medication. In: BSAVA Manual of Reptiles (Girling S.J., Raiti P. eds.), 3rd ed., 176-199, British Small Animal Veterinary Association
105. 田中 治，吉田 宗則 (2009): ヘビの臨床．In: 第8回 爬虫類・両生類の臨床と病理に関するワークショップ，93-117, 爬虫類・両生類の臨床と病理の研究会
106. Sladlky K.K., Klaphake E., Di Girolamo N., Carpenter J.W. (2023): Reptiles. In: Carpenter's Exotic Animal Formulary (Carpenter J.W., Harms C.A. eds.), 6th ed., 101-221, Elsevier
107. Holz P.H. (2020): Anatomy and Physiology of the Reptile Renal System. *Vet Clin Exot Anim*, 23: 103-114
108. Perry S.M., Mitchell M.A. (2019): Routes of Administration. In: Mader's Reptile and Amphibian Medicine and Surgery (Divers S.J., Stahl S.J. eds.), 3rd ed., 1130-1138, Elsevier
109. 鎮西弘 (1987): 毒蛇とその周辺．*化学と生物*．25: 130-140
110. Raiti P. (2010): Snakes. In: BSAVA Manual of Exotic Pets (Meredith A., Johnson-Delaney C. eds.), 5th ed., 294-315, British Small Animal Veterinary Association
111. Petritz O.A., Tina Son T. (2019): Emergency and Critacal Care. In: Mader's Reptile and Amphibian Medicine and Surgery (Divers S.J., Stahl S.J. eds.), 3rd ed., 967-976, Elsevier
112. Funk R.S., Bogan Jr. J.E. (2019): Snake Taxonomy, Anatomy, and Physiology. In: Mader's Reptile and Amphibian Medicine and Surgery (Divers S.J., Stahl S.J. eds.), 3rd ed., 50-62, Elsevier
113. Cheek R., Crane M. (2017): Snakes. In: Exotic Animal Medicine for the Veterinary Technician (Ballard B., Cheek R. eds.), 3rd ed., 137-181, Wiley Blackwell
114. McArthur S. (2004): Feeding Techniques and Fluids. In: Medicine and surgery of tortoises and turtles (McArthur S., Wilkinson R., Meyer J. eds.), 257-271, Blackwell Publishing
115. Music M.K., Strunk A. (2016): Reptile Critical Care and Common Emergencies. *Vet Clin Exot Anim*, 19: 591-612
116. Mitchell M.A. (2006): Therapeutics. In: Reptile and Amphibian Medicine and Surgery (Mader D.R. ed.), 2nd ed., 631-664, Saunders

第6章　主な疾患

はじめに

爬虫類にも様々な疾患があるが，多くの疾患が不適切な飼養管理に起因していることが多い．このため疾患を知っておくことも必要ではあるが，不適切な飼養管理を改善しなければ，その疾患自体の治療はただの対症療法に過ぎず，完治は見込めない．

逆を言えばどのような疾患であれ，とりあえず飼養管理を改善することで，その疾患の改善が見込める可能性があるということである．例えば，食欲不振に関しても，爬虫類では点滴や投薬をしなくても飼育環境を改善するのみで食欲が戻ることもよくある．さらに，爬虫類では生理的な拒食（冬期のボールパイソンや卵胞や卵が発育しているメスなど）がみられることもあり，時間が経過すれば自然と食べるようになる．このことを知らなければ，不必要な治療をすることになる．そのため，爬虫類を治療するにあたっては，治療する爬虫類に関する知識，適切な飼養管理の理解，および飼養管理の問題をあぶり出す問診能力がより重要である．

本章では代表的な疾患のみ記述するが，どの疾患も飼育環境の見直しや改善が必要となる．より詳細な内容や治療に関しては別号（『エキゾチック臨床vol.18 爬虫類の疾患と治療』）を参考にして頂きたい．

脱皮不全

脱皮不全とは古い表皮の外層が正常に剥がれない状態のことを指す（**図6-1**）．主な原因は環境中の湿度不足で，不適切な湿度や給水環境により全身の脱水や古い皮膚の脱水が起こり古い皮膚が剥がれにくくなり遺残する．また，環境中に脱皮時の引っ掛かりとなる木やシェルターなどがないことも原因となることがある．その他，代謝性骨疾患による骨格の異常，外傷，熱傷，腫瘤，外部寄生虫の寄生など様々な他疾患に続発して脱皮不全が起こることもある（**図6-2**）．脱皮不全は体幹部であれば大きな問題とならないことが多いが，指や尾の先端部，眼瞼部で脱皮不全を起こした場合に臨床的な問題が生じやすい．特にヤモリやスキンク類で多くみられ，指で脱皮不全が起きた場合には残存した脱皮片が乾燥し収縮することで組織が絞扼され虚血性壊死が起こり，指が欠損してしまうこともある（**図6-3**）．特にヒョウモントカゲモドキでは眼の周囲に古い皮膚が遺残し，それらの刺激により結膜炎や角膜炎が引き起こされ，羞明感や閉眼，眼部腫脹などの症状がみられる（**図6-4**）．慢性的に脱皮不全を繰り返すと古い皮膚が重積することで硬結が生じる．

治療には環境の確認および，飼養管理指導が必要

図6-1　脱皮不全のヒョウモントカゲモドキ
ヤモリは古い皮膚を丸ごと一度に脱皮するため，部分的に脱皮片が残っていれば脱皮不全である．

図6-2　脱皮不全のヒョウモントカゲモドキ
外傷に伴い脱皮不全（矢印）を起こしている．

図6-3　脱皮不全のアオジタトカゲ
四肢の脱皮不全により指が欠損(矢印)してる.

図6-4　脱皮不全のヒョウモントカゲモドキ
眼に脱皮片が遺残して閉眼している.

図6-5　ミズゴケを入れた容器に入っているヒョウモントカゲモドキ
ミズゴケを入れた容器を設置することで,加湿を促せる.

図6-6　脱皮片の除去
温浴をすることで,脱皮片を除去しやすくなる.

となる. 湿度不足が原因と疑われる場合は, 加湿器や霧発生器の使用, 定期的な霧吹き, 吸水性や保湿性が高いミズゴケなどの床材を入れた容器の設置, 市販のウエットシェルターの使用や濡らしたタオルをケージにかけるなどの方法で加湿を促す(**図6-5**). 温浴や直接個体に霧吹きをすることで乾燥し拘縮した脱皮片をふやかし, 剥がしやすくできる(**図6-6**). しかし, 脱皮直前の皮膚を濡らすと古い脱落する皮膚がその下層の新しい皮膚に張り付いてしまい, かえって脱皮不全に陥ってしまうこともあり, 特に皮膚の繊細なヤモリ類では注意が必要である.

代謝性骨疾患

代謝性骨疾患(Metabolic bone diseases: MBD)は骨細胞の代謝異常により骨の形成, 構造, 質および機能に悪影響を及ぼす疾患の総称で, 骨異栄養症(osteodystrophy)と呼ばれることもある. 一般的には栄養性, 内分泌性や中毒性などが原因として挙げられ, 具体的には栄養性二次性上皮小体機能亢進症(Nutritional secondary hyperparathyroidism: NSHP), 腎性二次性上皮小体機能亢進症(Renal secondary hyperparathyroidism: RSHP), くる病, 骨軟化症, 線維性骨異栄養症, 骨粗鬆症, 骨化石症(大理石骨病), 肥大性骨症などが含まれる. これらの疾患の中で爬虫類では栄養性が原因となる病気のみを指してNMBD(Nutritional metabolic bone diseases)と呼ばれることがある[1]. NMBDはトカゲとカメでの発症が一般的であり, 特に成長期のリクガメ, ヒョウモントカゲモドキ, フトアゴヒゲトカゲで多いと記載されているが, 飼育頭数の偏りが反映されているだけの可能性がある[2,3]. 他には, 成長期の個体や繁殖期のメス, 草食性や昆虫食性の種類が罹患しやすい. 一方, ヘビはマウスなどの小型哺乳類を丸ごと給餌されいることが多いため, 栄養的にカルシウムとビタミンD_3を適切に摂取しており発症は稀である[3,4]. NMBDは慢性的な低カルシウム血症により発症する. このため, NMBDの症例は低カルシウム血症を併発していると考えられる. 実際にNMBDの20頭の若齢のエボシカメレオンの血清カルシウム濃度が低かったことが証明されている[2,5]．また，ビタミンA過剰症はカルシトリオールに拮抗することでカルシウムの取り込みを阻害し，NMBDのリスクを高める可能性があるとされている[4]．

NSHP，くる病，骨軟化症，線維性骨異栄養症および骨粗鬆症は，栄養学的な問題による慢性的な低カルシウム血症やビタミンD欠乏に伴い発症する病気であるが，それぞれの病気による症状の差異や動物種や年齢により発症傾向は異なる．詳細な鑑別には骨病態の確認やパラトルモン（PTH）の測定が必要である．しかし，爬虫類のPTHは正確に評価できないことと，骨の病理検査の侵襲性やリスクおよび治療法が同じことを考慮すると，爬虫類では通常，これらの病気を鑑別する意義は低い[2]．RSHPは慢性腎不全に伴う低カルシウム血症およびビタミンD欠乏により発症する[4]．骨化石症は通常は遺伝性の疾患であり，肥大性骨症は肺疾患や腫瘍に伴い発症する疾患である．爬虫類ではNSHP，くる病，骨軟化症がほとんどであり，たまにRSHPもみられるとされている[2,3,4]．骨化石症と肥大性骨症は稀な疾患であるがトカゲで報告されている[2,4]．

NSHP，くる病，骨軟化症，線維性骨異栄養症および骨粗鬆症はカルシウム欠乏により発症し，低カルシウム，低ビタミンDおよび高リンの食餌または紫外線照射不足が原因となる．カルシウムの代謝にはビタミンD_3が必要であり，ビタミンD_3は食餌からの摂取のみではなく特に昼行性種はUV-Bの照射により体内で合成を行っている．このため，食餌内容，サプリメントの有無や種類だけではなく，紫外線ライトの有無や種類，照射時間，紫外線ライトの交換頻度を問診で確認する必要がある．また適切な温度帯（POTZ）でないとUV-Bを照射していても効率的にビタミンD_3が合成されないため，適切な温度管理がされているかの確認も重要である．

RSHPは慢性腎不全により発症し，腎不全では腎機能の低下によりビタミンDが作られなくなることや，腎臓からのリンの排泄が低下するため血中のリン濃度が上昇し，上昇したリンがカルシウムと結合するために血中カルシウム濃度が低下する．低下したカルシウム濃度を上昇させるために二次的に上皮小体ホルモンが過剰に分泌され，その結果，骨から多量のカルシウム，リンが溶け出し骨密度が減少する．

臨床症状はその個体や種により大きく異なる．骨の病変は骨密度が40～50％低下しないとX線検査で明らかにならない．このため，X線検査で異常が確認できた段階では重度の骨密度の低下となる[2]．そのため骨病変が発生するよりかなり早い段階で症状は認められ，一般的な徴候には食欲不振，活動性の低下，衰弱，成長不良および四肢に力が入らない状態などが含まれる．他にも骨や甲羅に関連した，病的骨折（特に下顎骨の骨折），背弯症，側弯症または前弯症といった脊椎の異常，筋骨格の変形，甲羅の変形や軟化，低カルシウム血症に関連した神経麻痺，指，四肢および筋肉の震戦や運動失調，痙攣発作も認められる[2,3]（**図6-7～9**）．カルシウムは消化管の

図6-7　痙攣発作が起こっているヒョウモントカゲモドキ
問診とX線検査により，代謝性骨疾患に伴う低カルシウム血症が疑われた．

図6-8　下顎骨骨折のニホンヤモリ
代謝性骨疾患に伴う病的骨折が疑われた．

図6-9　四肢の変形が認められるヒョウモントカゲモドキ
問診とX線検査から代謝性骨疾患が疑われた．

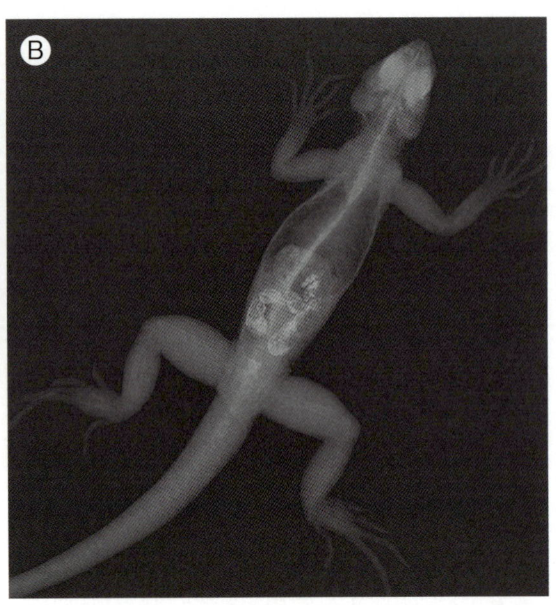

図6-10　代謝性骨疾患が疑われたグリーンイグアナ
(A)四肢に力が入らず，下顎の形状も不整である．(B)X線DV画像では骨全体の透過性亢進と，消化管内容物の不透過性亢進が認められた．

正常な蠕動にも関連しているため，消化管の運動性の低下に伴う鬱滞や便秘，総排泄孔からの臓器脱(総排泄腔，ペニスまたはヘミペニス，卵管，結腸)も起こすことがある[2,3]．

多くの場合は，身体検査により異常な姿勢や歩様状態などの臨床症状の確認と，問診時の食餌内容やカルシウム剤などの添加の有無，UVライトの設置や日光浴の有無などの飼育環境の問診によりNMBDを強く疑うことができる．問診と身体検査後に，X線検査により骨の状況を確認する．X線検査では，骨密度の低下，病的骨折，骨の湾曲や歪み，皮質骨の拡大，四肢を含む広範な軟組織の腫れ(線維性骨異栄養症)などを確認する[2,3](**図6-10, 11**)．カメでは線維性骨異栄養症は稀なため，皮質骨の拡大は認められない[2,3]．また，カメは骨の軟化よりも甲羅の軟化が主なため甲羅の透過性亢進をX線で確認するが，DV画像で甲羅と重なって写っている肩甲骨や上腕骨または骨盤部位の透過性亢進を確認する[2]．血液検査でのカルシウム値は，骨のカルシウムの貯蔵量が枯渇するまでは正常範囲内にあるため，明らかにNMBDを疑う症例でも正常値のこともある[2~4]．そのため，明らかな臨床徴候があればX線検査のみで血液検査でのカルシウム値の確認は必要ないとされている[2,3]．RSHPは臨床症状やX線画像と合わせて，血液検査により腎不全の確認が必要となる(**図6-12**)．MBDが疑われる症例では骨の脆弱化により医原性の骨折や損傷が容易に起こるため，検査時には細心の注意が必要である[4,6](**図6-13, 14**)．

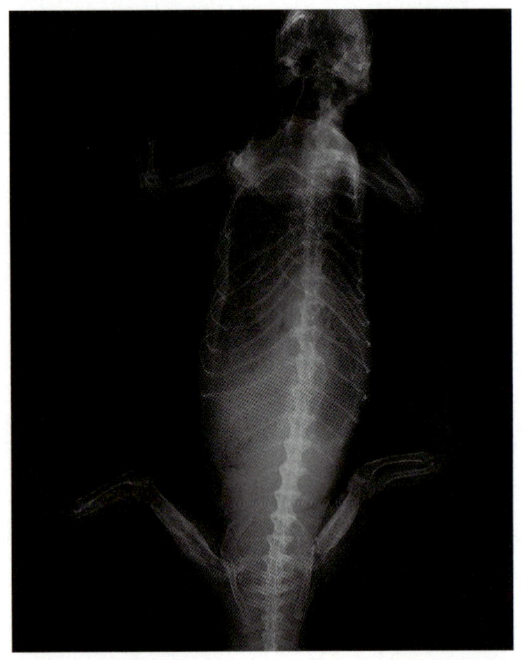

図6-11　腎不全のグリーンイグアナのX線DV画像
大腿骨および上腕骨の皮質骨の拡大および不整が認められた．腎不全があることから，腎性二次性上皮小体機能亢進症が疑われた．

様々な要因が関連してMBDを発症するため，治療にあたり原因となり得る単一の要素に注力するだけでなく，カルシウムやビタミンDなどの栄養面，紫外線照射，飼育温度など飼育上必要不可欠な要素の改善や，その個体に状態に合わせた総合的な治療が必要である(**図6-15**)．また，脱水や食欲不振に合わせた支持療法や対症療法も必要となる．

基本的には骨折や脊椎損傷を防ぐために，ケージレストを行い，慎重に取り扱う必要がある[2]．ケージ

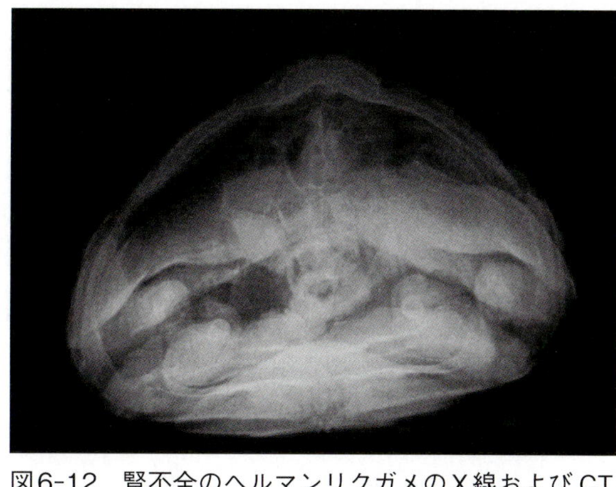

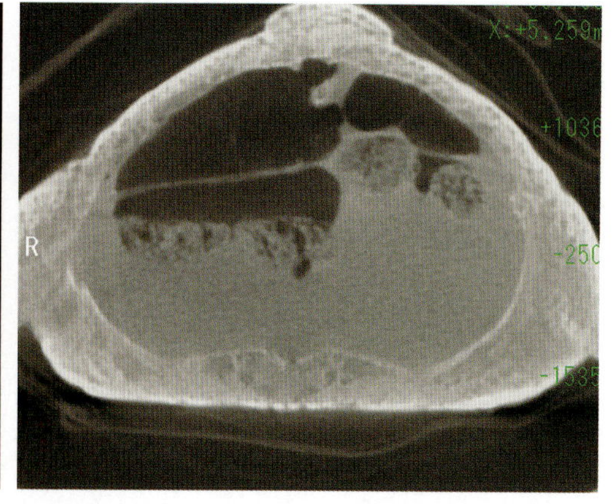

図6-12　腎不全のヘルマンリクガメのX線およびCT横断画像
X線画像では明らかな異常は認められないが，CT画像で甲羅全体のび漫性な透過性亢進が認められた．腎不全があることから，腎性二次性上皮小体機能亢進症が疑われた．

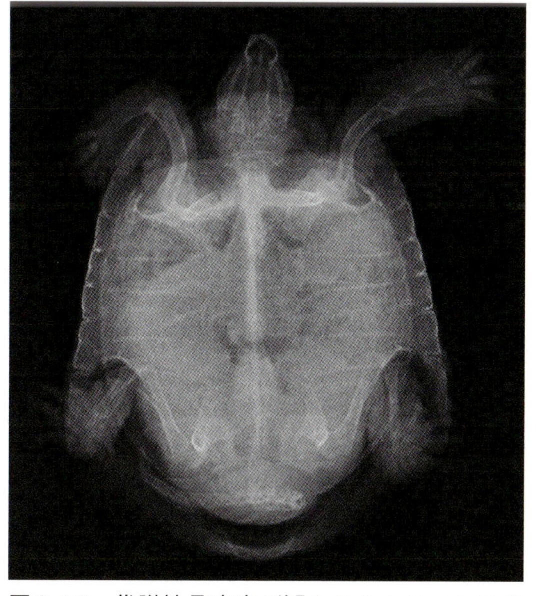

図6-13　代謝性骨疾患が疑われたヘルマンリクガメのX線DV画像
甲羅および骨全体の透過性亢進が認められ，特に骨盤領域が顕著である．

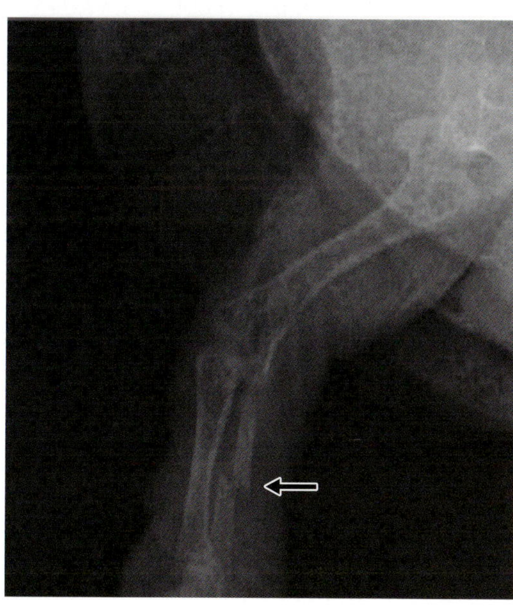

図6-14　右腓骨の骨折（矢印）が認められるヘルマンリクガメのX線画像（図6-13と同症例）
特に事故や外傷はなく骨折をしており，問診とX線画像から代謝性骨疾患に伴う病的骨折が疑われた．

内は簡易的なレイアウトに変更し，木や枝などはそこからの落下により骨折や外傷の原因となる可能性があるため，取り除くか出来る限り低い位置に設置する．

カルシウム摂取量を増やすために，重症度や状態によってはカルシウム剤を注射または経口的に投与する．日々の栄養管理としては，野菜などを食べる種類であれば餌である野菜などに直接カルシウム剤やビタミン剤をまぶして与える．昆虫を食べる種類であれば，餌である昆虫に直接カルシウム剤やビタミン剤をまぶしてから給餌するダスティングや，カルシウムやビタミンに富んだ餌を摂取した昆虫を給餌するガットローディングを行う．しかし，ガットローディングではカルシウム・リン比をどこまで改善できているかは不明のため，ダスティングも併用する方がより確実にカルシウム量を増加させることができる[7]．ダスティングの注意点として，時間が経つとまぶした粉が昆虫から落ちるためダスティング直後に採食させる必要がある．人工フードを食べる個体であれば，カルシウムが添加された人工フードを使うこともできる．

飼育下の個体で紫外線が不足する原因は，紫外線の照射が必要であることを知らずに紫外線を含まない照明や保温球のみで飼育されていること以外に，ガラス越しの照明や日光浴，UVライトの経年劣化による照射線量の低下，その種の紫外線要求量に不十分な照射線量のUVライトの使用，不適切な温度

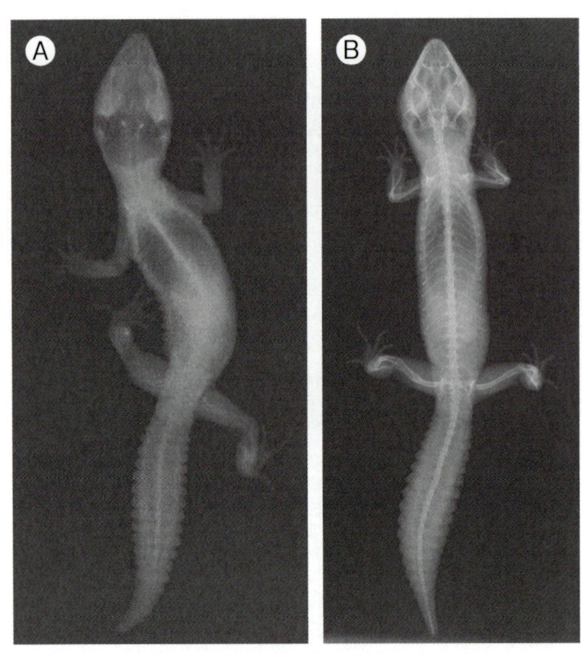

図6-15 代謝性骨疾患が疑われたヒョウモントカゲモドキのX線DV画像
A：治療前，B：治療1年後
栄養面の指導により治療を行ったところ，改善が認められた．治療後は骨が明瞭に確認できる．

図6-16 右手根関節の腫脹が認められるエボシカメレオン
FNAと細胞診を行い，痛風と診断した．

管理などがある．このため，問診により飼養管理を確認し，改善する必要があれば改善する．特に夜行性のヤモリではUVライトを設置していないことが多いが，夜行性のヤモリでもUVライトの使用が勧められている[4,8]．また，前述のようにUVライトは時間の経過により照射線量が低下するため，半年から1年ごとの交換が必要である[2,9]．

痛　風

痛風は尿酸の産生過剰または排泄不足を特徴とする代謝性疾患であり，その結果，高尿酸血症と尿酸ナトリウム(monosodium urate: MSU)の結晶が組織に沈着する疾患である．MSUの沈着した結節は痛風結節と呼ばれ，急性期にはヘテロフィルが誘導されるが，最終的には肉芽腫とMSU結晶の複合体で構成され，肉眼的には黄白色の塊として認められる[10～12]．痛風結節は腎臓，肺，心膜，肝臓，脾臓，漿膜，皮下組織，滑膜，関節液，腱，軟骨，脳など様々な部位に形成され，形成された部位により関節痛風と内臓痛風に大別される．関節痛風は内臓痛風に先行して形成されることが多い[10]．関節痛風では関節の腫脹や疼痛，内臓痛風では活動性低下や食欲不振などの非特異的な症状を示す(**図6-16**)．

爬虫類では窒素の最終代謝産物は尿酸，尿素，またはアンモニアのいずれかで排泄されるが，それぞれの代謝の割合は種によって異なる(**表6-1**)．トカゲやヘビを含む有鱗目は大多数が尿酸として排泄し，カメ目では陸棲種では尿酸と尿素で排泄するが，水棲種はアンモニアと尿素がほぼ等しい割合で排泄し，半水棲種ではアンモニアよりも尿素の比率が増加する傾向がある[13]．窒素代謝産物を尿酸として排泄する割合が多い種では痛風が発症しやすいと考えられている[11,14]．また，陸棲爬虫類ではプリン体は尿酸に代謝されるが，水棲爬虫類では水溶性であるアラントインにまで分解し排泄する[11]．

痛風の発症には様々な要因が関連しており，高尿酸血症を引き起こす尿酸の過剰産生は高蛋白食や過剰なプリン体の摂取，尿酸の排泄不足は脱水や腎臓病などが原因として挙げられる[4,10～12]．他にも，局所的な炎症や低い環境温度(MSU結晶は低温で形成されやすい)により痛風結節が形成されやすくなる[4,14]．高蛋白食と過剰なプリン体の摂取は，草食性爬虫類に動物性蛋白質を多く含む食餌(ドックフードやキャットフードなど)を与えた場合に問題となる[11,12,14]．脱水は低い環境湿度や利用可能な水の不足に伴う水分摂取不足，高すぎる環境温度などに関連してみられる．腎臓病はアミノグリコシド系の抗生剤やサルファ剤，アンホテリシンBなど腎毒性を引き起こす可能性がある薬剤の投与，ビタミンA欠乏症などにより引き起こる[10,11]．また，腎臓に痛風結節が形成された場合は尿細管が破壊され(尿酸塩ネフローゼ)，尿酸は尿細管から排泄される

表6-1　窒素の最終代謝産物の割合(文献16引用・改変)

品種	全窒素(%)		
	アンモニア	尿素	尿酸
カメ目			
アカミミガメ(*Trachemys scripta*)	4～44	45～95	1～24
クリイロハコヨコクビガメ(*Pelusios castaneus*)	19	24	5
カミツキガメ(*Chelydra serpentina*)	11	80	10
ヨーロッパヌマガメ(*Emys orbicularis*)	14	47	3
モリセオレガメ(*Kinixys erosa*)	6	61	4
ケヅメリクガメ(*Centrochelys sulcata*)	3	20	55
エジプトリクガメ(*Testudo kleinmanni*)	4	49	34
キアシガメ(*Chelonoidis denticulata*)	6	29	7
ギリシャリクガメ(*Testudo graeca*)	4	22	52
インドホシガメ(*Geochelone elegans*)	6	9	56
ニシキハコガメ(*Terrapene ornata*)	23	47	30
サバクゴファーガメ(*Gopherus agassizii*)	3～18	15～50	20～50
有鱗目(ヘビ目)			
アメリカレーサー(*Coluber constrictor*)	0	0	58
カンムリヘビ(*Spalerosophis diadema*)	4	2	69
ナイルスナボア(*Gongylophis colubrinus*)	6	0	63
有鱗目(トカゲ目)			
オオイワイグアナ(*Cyclura nubila*)	<1	1	98～99
グリーンアノール(*Anolis carolinensis*)	13	13	73
サンドフィッシュスキンク(*Scincus scincus*)	3	0	93

窒素の最終代謝産物の割合は種類により異なる.

ため痛風がより悪化する悪循環に陥る[11]. 特にヘビでは痛風の一次的要因は脱水であることが多いが, 他の臓器よりも腎臓に痛風結節が形成されやすく, 悪循環に陥りやすい[15]. 実際には, 痛風は腎不全または脱水症状を伴う慢性疾患の最終段階でみられることが多い[10].

確定診断には痛風結節内の尿酸塩の検出が必要であるが, 皮下組織や関節周囲にできた痛風結節および, 関節痛風により関節が腫脹している場合はFNAが有用であり, 採材物の細胞診により特徴的な針状結晶が観察できる(**図6-17**). またFNAを行うことで, 偽痛風, 膿瘍, 感染に伴う肉芽腫, 腫瘍などとの鑑別も行える. 血液検査による高尿酸血症の確認も有用ではあるが, 持続した高尿酸血症に伴って痛風結節が形成されていなければ痛風ではない. このため, 高尿酸血症のみで痛風とは診断できない. また, 尿酸値は長期的な食欲不振により低下する可能性もあり, 痛風の症例でも採血時に必ず異常値が検出できるとは限らず, 数値が正常化した後も痛風結節が存在している場合もある. 特に関節痛風の場合は尿酸値が正常範囲内である可能性がある[10]. 痛風結節はX線透過性であるため, X線検

図6-17　関節の腫脹が認められるエボシカメレオン
痛風の診断には腫脹した関節のFNAが有用である.

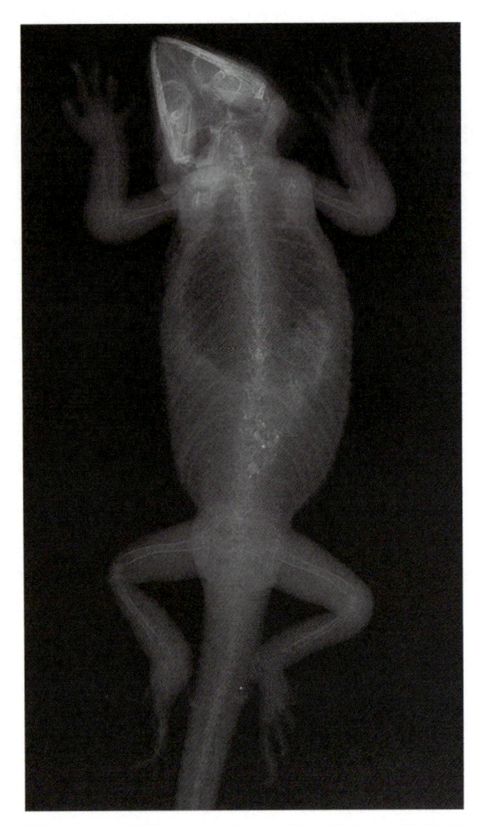

図6-18　痛風のフトアゴヒゲトカゲのX線DV画像
関節の腫脹および炎症による骨融解が認められる．不透過性物質は確認できない．

査では検出できないが，慢性病変ではカルシウムが沈着することで不透過物が認められる場合もある[14, 16]（**図6-18**）．超音波検査では後部音響陰影のない高超音波画像として，CT検査では結晶凝集体として確認できる[10, 14]．内臓痛風の診断は組織生検が必要となるが，尿酸塩結晶はホルマリン固定中に分解して洗い流される傾向があるため，痛風を疑った場合は組織を無水エタノールで固定する必要がある[10, 16]．

治療は高尿酸血症に対する治療と対症療法となる．輸液は脱水補正と尿酸値の低減のために推奨される．特に腎不全がある場合は，尿細管に尿酸が蓄積し尿細管を閉塞するため，溜まった尿酸を洗い流すためにも水和することが重要である[11]．尿酸生成抑制薬であるアロプリノールが尿酸生成を抑制する目的で使用される．疼痛管理も重要であるため，腎臓の評価に基づいて安全であると判断した場合にはNSAIDsを使用する[10]．孤立した関節痛風または関節周囲痛風は，断脚術も含めた外科的摘出も検討する[10]．

一般状態の改善，循環の改善，薬剤の代謝効率を良くするためにも適切な温度での管理は重要であるが，痛風結節を増大させない点でも低温にしないことは重要である．このため，治療中はその種類の至適温度上限での管理が望ましい[13]．また必要に応じて，環境湿度の改善，水容器の大きさや設置の見直しも行う．草食性の爬虫類では食餌内容も見直し，高蛋白質の食餌を与えていた場合は改善し，野菜ではエンドウ豆，ほうれん草，カリフラワーなどはプリン体が多いため控える[11]．

臓器脱（Cloacal Organ Prolapse）

臓器脱は総排泄孔から何らかの臓器が，持続的に脱出している病的な状態である．爬虫類では比較的遭遇する疾患であるが，臓器脱の背景にはより深刻な疾患が存在していたり，重度な衰弱を伴っていることが多いため単独の疾患というよりは臨床症状の一つとされている[17]．総排泄腔の解剖学的構造は爬虫類の種類によって異なるが，消化管，生殖器，尿路が総排泄腔に連絡することは同様であり，そのため腸管，卵管，陰茎/半陰茎が総排泄孔から脱出する可能性がある．さらに総排泄腔自体も反転し脱出することがある．総排泄孔からの組織の脱出は，急速な粘膜の失活と虚血性壊死を引き起こし，脱出した組織が保護されずに速やかに再灌流されないと組織が壊死し，状況によっては命に関わることもある[18]．臓器脱はどの種類の爬虫類でも発生する可能性はあるが，カメとカメレオンでの発生が多いとされている[19]．爬虫類の臓器脱に関する回顧的研究では発症率は1.9%であり，実際にヘビに比較してカメとトカゲでの発症率は3.4倍と報告されている[17, 20]．オスとメスでの全体的な発症率に有意差はなかったが，最も脱出しやすい臓器は陰茎/半陰茎（35.7%）であり総排出腔脱の発症率はメスはオスの7.5倍であった[17, 20]．

臓器脱の原因として腸炎，繁殖行動，卵の保有，膀胱結石，便秘，腫瘍，クリプトスポリジウム症，内部寄生虫症，低カルシウム血症などの報告がある．脱出臓器別に，陰茎脱は繁殖期のオス同士の闘争といった行動学的理由やカメでは甲羅の変形による体腔内圧上昇，神経学的原因，外傷，低カルシウム血症など潜在化した疾患に起因する場合や膀胱結石に続発する陰茎脱が報告されている．卵管脱は繁殖活動と密接に関連しており，カメとトカゲでよくみられ，膀胱脱は膀胱炎，尿路結石および体腔内圧の上

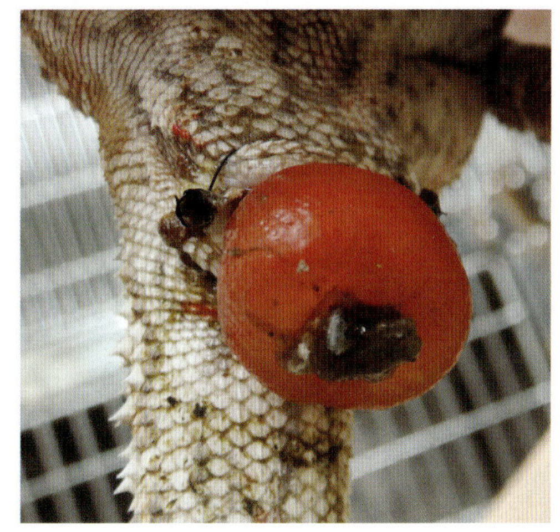
図6-19　フトアゴヒゲトカゲの直腸脱
内腔に便の貯留が認められる．

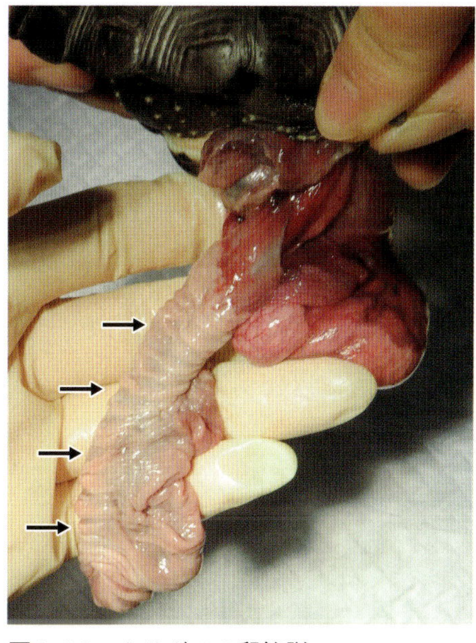
図6-20　クサガメの卵管脱
ひだ（矢印）が認められる．

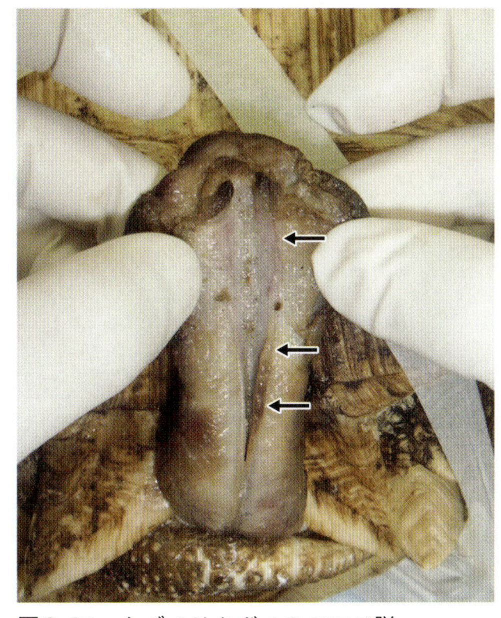
図6-21　ケヅメリクガメのペニス脱
背側正中に溝（矢印）が確認できる．

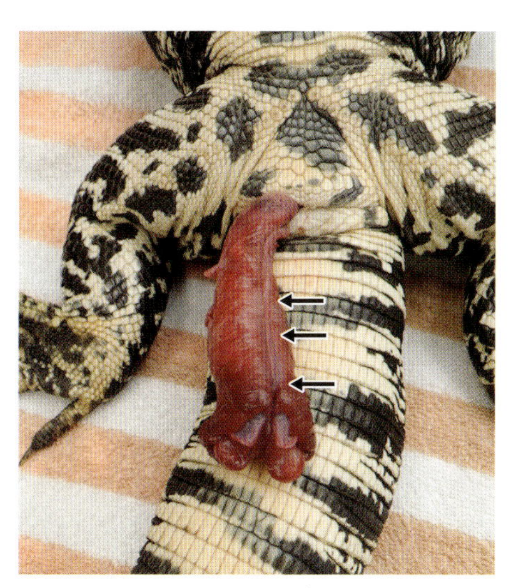
図6-22　アルゼンチンブラックアンドホワイトテグーのヘミペニス脱
トカゲとヘビのヘミペニスも精管はなく，表面の溝である精溝（矢印）が精液の通り道である．

昇が一般的な原因である[21]．また，他の疾患と同様に不適切な飼育環境も原因になっていると考えられている[17, 22]．

脱出している臓器の特定は，治療の選択肢と予後の両方に影響するため非常に重要である．しかしながら，長期間脱出した組織は重度の浮腫や外傷により変形しており，組織の特定が困難な場合もある．まずは性別を確認することで，卵管または陰茎/半陰茎のどちらの可能性があるかを念頭に入れるが，外観からは性別を判断できない種類も多い．内腔があるかを確認することにより卵管，腸管，総排泄腔と陰茎/半陰茎，膀胱に区別できる（**図6-19**）．膀胱はヘビと一部のトカゲには存在しない．卵管はひだ状で壁が薄く，そのひだは総排泄腔と消化管には存在しない[18]（**図6-20**）．カメの陰茎は総排泄孔の頭側に存在し背側正中に溝がある（**図6-21**）．カメに対してトカゲとヘビの半陰茎は総排泄孔の尾側に対で存在するため，トカゲとヘビでは総排泄孔の頭側，尾側のどちらから組織が脱出しているか確認することで半陰茎の可能性を判断できる（**図6-22**）．カメでは陰茎は生理的にも時折排泄孔から脱出するが，通常はすぐに総排泄腔内に収納される[18]．膀胱は全体が反転して脱出しているため，管腔構造はなく，通常は透けて見えるほどの薄い膜である[19, 21]

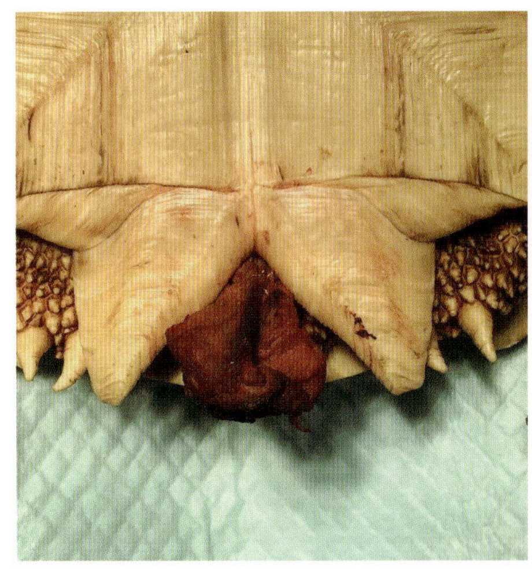

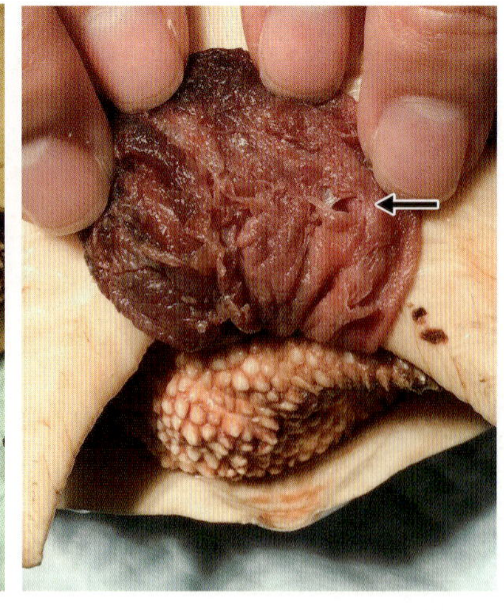

図6-23　ケヅメリクガメの膀胱脱
脱出した膀胱の一部に損傷(矢印)が認められる.

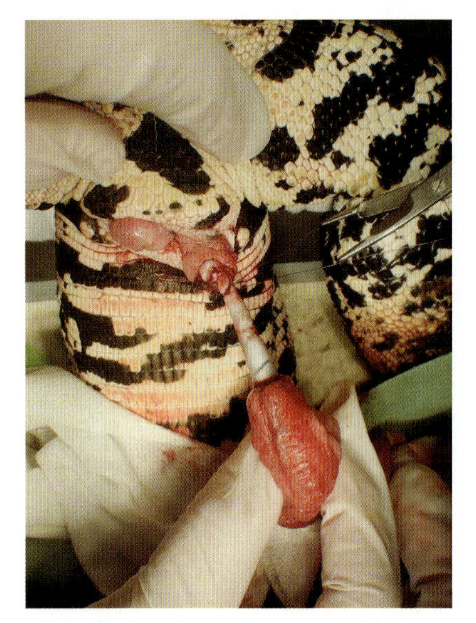

図6-24　テグーのヘミペニス脱
ヘミペニスは切除しても問題ないため，切除を行った.

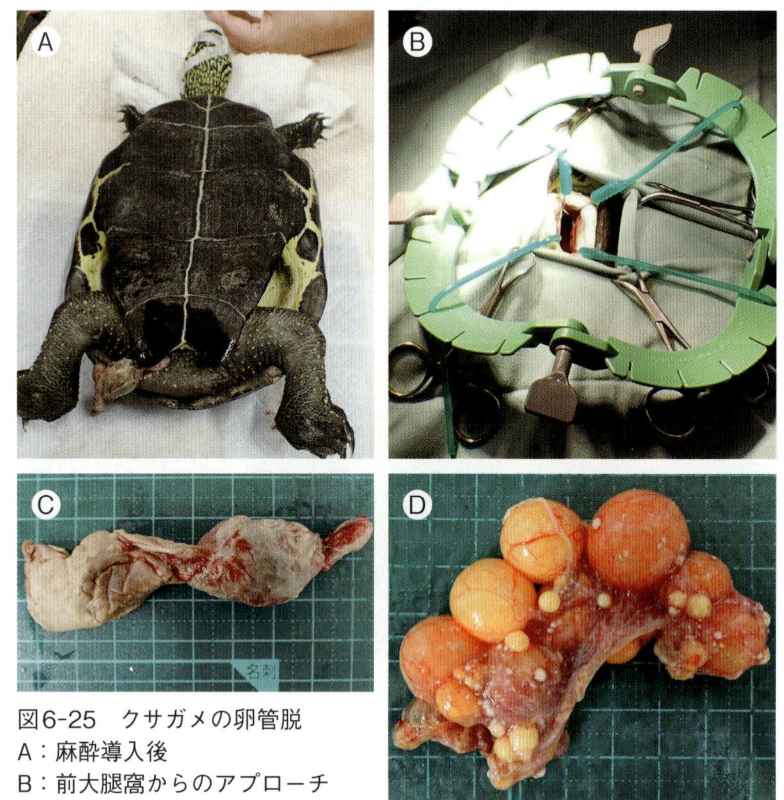

図6-25　クサガメの卵管脱
A：麻酔導入後
B：前大腿窩からのアプローチ
C：摘出した脱出部の卵管
D：摘出した卵胞の一部
前大腿窩からのアプローチにより，卵胞および卵巣の摘出を行った.

(**図6-23**)．実際の膀胱脱はカメでのみ報告されており，トカゲでは報告されていない[18].

根本的な原因を特定せずに脱出のみに対して治療した場合は寛解しなかったり，再発する可能性が高くなる．このため，臓器脱の原因追究のためにX線検査，血液検査や便検査を行う[17, 22]．X線検査では卵，尿路結石や消化管内異物の有無，便やガスの貯留の程度や代謝性骨疾患の可能性などを確認する．血液検査では全身状態や基礎疾患の有無を評価する．便検査では寄生虫などの有無を評価する．また，問診において飼育の環境の確認を行うことも忘れてはならない．

治療としては，脱出自体と根本的な原因の両方に対して行う必要がある．まずは脱出した組織の種類，組織の損傷の程度により，その組織を整復するか摘出するかを判断する．陰茎/半陰茎および卵管であれば切除しても問題はないが，卵管の場合は開腹術による卵巣卵管摘出術が推奨されている[18]（**図6-24, 25**）．膀胱も壊死しており整復不可能と判断した場合は切除を行う[21]．尿管は膀胱には直接

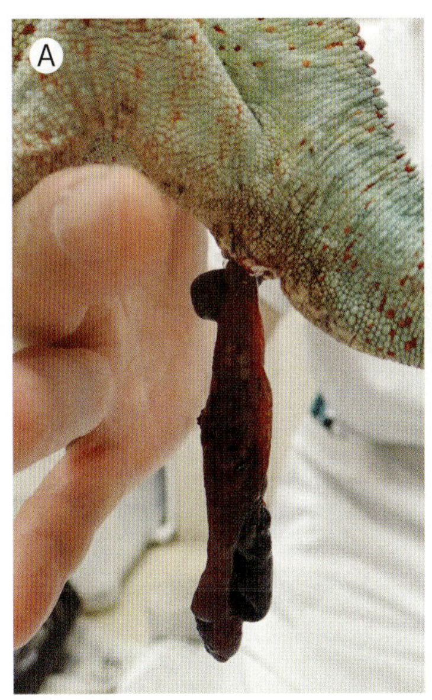

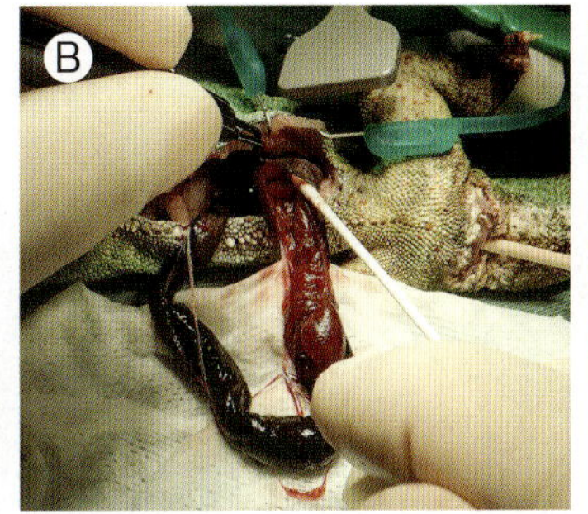

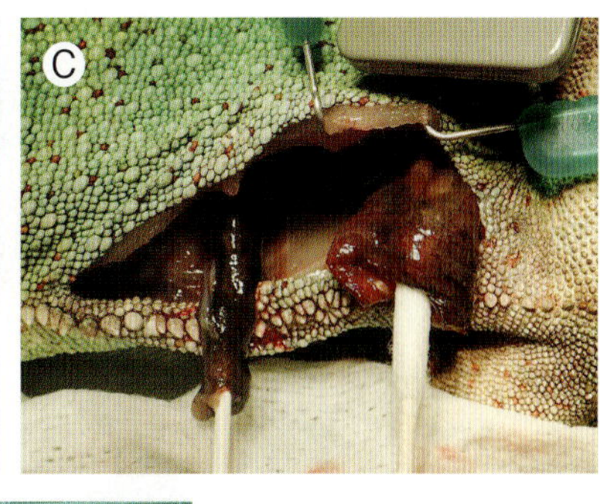

図6-26　パンサーカメレオンの腸管脱
A：外観　B：脱出部を整復　C：壊死した腸管摘出後の断端　D：摘出した腸管
試験開腹により，壊死部は摘出して腸管の端々吻合を行った．

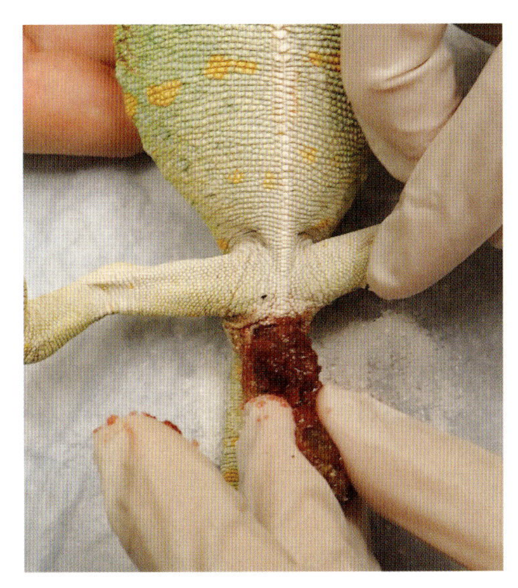

図6-27　エボシカメレオンの卵管脱
整復前に砂糖を塗布して浮腫を軽減している．

図6-28　クサガメの卵管脱
整復後に総排泄孔に2糸縫合している．

連絡しておらず，総排泄腔の尿生殖洞に連絡するため尿管の存在を気にする必要はない．腸管と総排泄腔の場合は切除のみでは問題になるため，整復不可能と判断した場合は開腹術を行う必要がある(**図6-26**)．整復する場合は，症例の状態により鎮静または全身麻酔を検討する．砂糖水を塗布して浮腫を軽減した後に，綿棒などを用いて優しく押し込み，組織を定位置に整復する[18, 22](**図6-27**)．整復後に組織の再脱出を予防するために，総排泄孔の両端を1糸ずつ縫合することが推奨されている[17](**図6-28**)．整復しても再発する場合は，摘出可能な組織の場合は摘出を検討するか，開腹術による整復術を検討する必要がある．

脱出してからの時間経過に伴い組織が損傷していくため，できる限り早期に治療を行った方がよい．組織の損傷を防ぐために治療を開始するまでの間も，生理食塩水で濡らしたガーゼとサランラップなどで組織を保護し，乾燥，移動による擦れや周囲環境からの汚染を起こさないようにする．床材も損傷要因になるため，床材も撤去する(**図6-29**)．

認められた原因に対して原因の治療を行う．これらに加えて輸液，抗生剤の投与，疼痛管理なども行う．

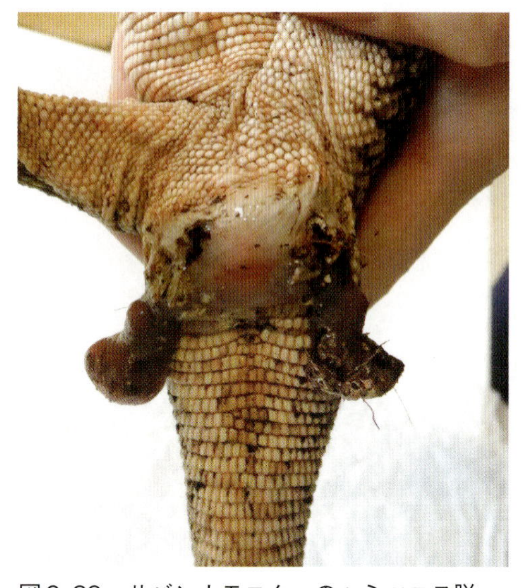
図6-29　サバンナモニターのヘミペニス脱
床材が脱出したヘミペニスに付着している．
床材が悪化因子となる．

図6-30　両側ともに眼瞼が腫れて閉眼しているミシシッピアカミミガメ
干しエビのみ与えられており，ビタミンA欠乏症が疑われた．

ビタミンA欠乏症

ビタミンA欠乏症はビタミンA含有量が少ない食餌を与え続けることや，長期間の食欲不振により発症する．カメレオンやヤモリなどの食虫性の爬虫類でもビタミンA欠乏症がみられることがあるが，特にカメは他の爬虫類よりもビタミンA欠乏症に罹患しやすい[23～26]．

カメの中でも雑食性と肉食性のカメ，特に飼育下の半水棲ガメでビタミンA欠乏症はよくみられる．肉食性のカメおよびアメリカハコガメ(*Terrapene* spp.)などの多くのカメではベータカロテンをビタミンAに変換する能力がほとんどないため，食餌中にビタミンAが含まれていなければならない．ほとんどの緑色植物はカロテノイドを十分に含んでおり，草食性のリクガメではカロテノイドをビタミンAに変換できる．このためリクガメで発症することは稀であるが，食餌内容がベータカロテンの少ない野菜(レタスやきゅうりなど)のみに制限されている場合にはビタミンA欠乏症になる可能性がある．

ビタミンAの主な役割は健常な上皮組織の生成と維持であり，視覚に関与する組織でも重要な役割を担っている．扁平上皮化生と上皮の過角化がビタミンA欠乏症の病態であり，呼吸器，眼，内分泌腺，消化管，泌尿生殖器の順に影響を受ける[24]．最も特徴的な症状は眼瞼浮腫および結膜炎である(**図6-30**)．カメではハーダー腺と涙腺が腫脹し眼が開かなくなり，慢性例では落屑した角化上皮や黄白色の細胞残渣(デブリ)が結膜嚢に蓄積する(**図6-31**)．二次感染し，膿が蓄積することも多い．これらの病変の多くは両側性でみられ，結果として閉眼により視覚を失い食欲不振に陥る．常に両側が同時に発症するわけではなく，片眼が発症した後にもう一方の眼が発症することもある．

図6-31　眼に落屑上皮が蓄積しているヒョウモントカゲモドキ
白色物のため，眼球が確認できない．

他には，舌や頬粘膜に潰瘍やプラークが形成され口内炎が疑われたり，耳管と鼓室胞の扁平上皮化生によりカメでは中耳炎が起こることもある(**図6-32**)．上部および下部の呼吸器感染症もビタミンA欠乏症と関連している可能性がある．その他，脱皮不全やトカゲではヘミペニスプラグ(栓子)

図6-32　中耳炎のミシシッピアカミミガメ
ビタミンA欠乏症は耳管および中耳の扁平上皮化生の原因となり，細菌の二次感染をもたらすことで中耳炎が発症する．

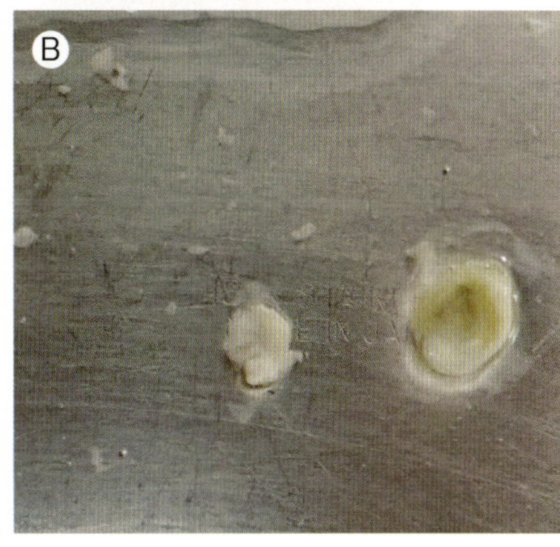

図6-33　眼洗浄
A：眼洗浄を行っているヒョウモントカゲモドキ
B：洗い流した落屑上皮
眼洗浄により落屑上皮を除去することで改善が期待できるが，眼洗浄は対症療法であり原疾患の治療も必要である．

の形成も関連している場合もあるが，これらの症状が単独で認められることは稀である．重症例では腎臓，膵臓などの臓器の導管や尿管などから落屑した上皮が閉塞し，臓器不全に陥ることがある．

確定診断は肝生検により肝臓内のビタミンA濃度の測定になるため，臨床的に通常は行われない．そのためビタミンA欠乏症の臨床的診断としては，食餌内容の聴取と臨床症状の確認および，ビタミンA製剤の投与に対する反応性による治療的診断となる．問診ではどのような餌をどのくらいの頻度で与えているかだけではなく，実際何を食べているか，餌の内容が偏っている場合にはどのくらいの期間偏った食餌になっていたかなど，詳細かつ具体的に聴取することが重要である．その他，総合ビタミン剤などの使用や使用している場合にはその内容や使用期間を確認する．

治療としては雑食性，肉食性，および食虫性の爬虫類の場合，食餌内容の聴取と臨床症状を確認したうえで，ビタミンA欠乏症が強く疑われた場合に試験的なビタミンAの投与を行う．草食性の爬虫類では数カ月に及ぶ食欲不振により肝臓のビタミンAが枯渇しない限り，通常はビタミンA欠乏症にはならない．そのため，草食性の爬虫類ではビタミンAの投与の判断は慎重に行うべきである．ビタミンAの投与により症状は通常2～4週間で徐々に改善するが，反応は重症度により異なる．ビタミンA欠乏症の症例では腸管上皮も障害されているため，経口投与では吸収が悪い可能性がある．投与経路に関係なく医原性ビタミンA過剰症のリスクがあるため，治療反応をしっかり確認する必要がある．特にリクガメではビタミンA中毒のリスクが高いため，ビタミンA欠乏症を疑った場合でも食欲がある場合は，カルテノイドを含む食餌を増やすことで反応を見るべきである．

結膜嚢に蓄積した落屑上皮や膿は眼洗浄により除去する（図6-33）．二次感染がみられる場合は抗生剤の点眼薬を用いる．呼吸器疾患が疑われる呼吸音の異常や鼻汁が認められる場合は全身的な抗生剤の投与を行うべきであるが，腎臓が障害を受けている可能性があるため，腎毒性がある薬剤の投与は避けるべきである．通常，眼瞼の浮腫が改善し視覚が回復しない限り食欲は戻らないため，栄養状態が悪い場合には必要に応じて強制給餌や食道カテーテルの設置を考慮する．

長期的な治療や予防としては草食性の爬虫類では

ベータカロテンを豊富に含んだ食餌を与える．ベータカロテン源として，ほうれん草，たんぽぽ，カブ，カラシ菜，チンゲン菜，ブロッコリー，かぼちゃ，人参，ピーマン，さつまいもなどの緑黄色野菜が推奨される．また，多くの市販のペレットは様々なビタミンを含有しておりビタミンAの補給源となるため，雑食性および肉食性の種類では市販のペレットを与えるようにする．

参考文献

1. Orós J., Camacho M., Luzardo O.P. (2021): Enviromental and Miscellaneous Toxicoses in Reptiles. In: Noninfectious Diseases and Pathology of Reptiles Color Atlas and Text Volume2 (Garner M.M., Jacobson E.R.), 273-330, CRC Press
2. Boyer T.H., Scott P.W. (2019): Nutritional Diseases. In: Mader's Reptile and Amphibian Medicine and Surgery (Divers S.J., Stahl S.J. eds.), 3rd ed., 932-950, Elsevier
3. Carmel B., Johnson R. (2018): Nutritional and Metabolic Diseases. In: Reptile Medicine and Surgery in Clinical Practice (Doneley B., Monks D., Johnson R., Carmel B. eds.), 185-196, Wiley Blackwell
4. Rendle M., Calvert I. (2019): Nutritional problems. In: BSAVA Manual of Reptiles (Girling S.J., Raiti P. eds.), 3rd ed., 365-396, British Small Animal Veterinary Association
5. Hoby S., Wenker C., Robert N., et al. (2010): Nutritional metabolic bone diseasein juvenile veiled chameleons (Chamaeleo calyptratus) and its prevention. *J Nutr*. 140: 1923–1933
6. 岩井匠，三輪恭嗣 (2019): トカゲの代謝性骨疾患．In: エキゾチック臨床 vol. 18 爬虫類の診療，112-121, 学窓社
7. Boyer T.H., Scott P.W. (2019): Nutrition. In: Mader's Reptile and Amphibian Medicine and Surgery (Divers S.J., Stahl S.J. eds.), 3rd ed., 201-223, Elsevier
8. 小家山仁 (2019): ヒョウモントカゲモドキを迎え入れる準備．In: ヒョウモントカゲモドキの健康と病気，21-46, 誠文堂新光社
9. Baines F.M. (2018): Lighting. In: Reptile Medicine and Surgery in Clinical Practice (Doneley B., Monks D., Johnson R., Carmel B. eds.), 75-90, Wiley Blackwell
10. Orós J. (2019): Gout. In: Mader's Reptile and Amphibian Medicine and Surgery (Divers S.J., Stahl S.J. eds.), 3rd ed., 1308-1309, Elsevier
11. Holz P. (2018): Diseases of the Urinary Tract. In: Reptile Medicine and Surgery in Clinical Practice (Doneley B., Monks D., Johnson R., Carmel B. eds.), 323-330, Wiley Blackwell
12. Reavill D.R., Schmidt R.E. (2010): Urinary Tract Diseases of Reptiles. *J Exo Pet Med*, 19: 280-289
13. 岩井匠，三輪恭嗣 (2019): 爬虫類の痛風．In: エキゾチック臨床 vol. 18 爬虫類の診療，216-219, 学窓社
14. McArthur S. (2004): PROBLEM-SOLVING APPROACH TO COMMON DISEASES OF TERRESTRIAL AND SEMIAQUATIC CHELONIANS. In: Medicine and surgery of tortoises and turtles (McArthur S., Wilkinson R., Meyer J. eds.), 309-377, Blackwell Publishing
15. Johnson Ⅲ J.G., Watson M.K. (2020): Diseases of the Reptile Renal System. *Vet Clin Exot Anim*, 23: 115-129
16. Divers S.J., Innis C.J. (2019): Urology. In: Mader's Reptile and Amphibian Medicine and Surgery (Divers S.J., Stahl S.J. ed.), 3rd ed., 624-648, Elsevier
17. McArthur S. Machin R.A. (2019): Cloacal Prolapse. In: Mader's Reptile and Amphibian Medicine and Surgery (Divers S.J., Stahl S.J. eds.), 3rd ed., 1297-1298 Elsevier
18. McArthur S. Machin R.A. (2019): Gastroenterology-Cloaca. In: Mader's Reptile and Amphibian Medicine and Surgery (Divers S.J., Stahl S.J. eds.), 3rd ed., 775-785, Elsevier
19. McArthur S., McLellan L., Brown S. (2004): Gastrointestinal system. In: BSAVA Manual of Reptiles (Girling S.J., Raiti P. eds.), 2nd ed., 210-229, British Small Animal Veterinary Association
20. Hedley J., Eatwell K. (2014): Cloacal prolapses in reptiles: A retrospective study of 56 cases. *J Small Anim Pract*. 55: 265–268
21. 高見義紀 (2019): カメの臓器脱 (陰茎，卵管，膀胱)．In: エキゾチック臨床 vol. 18 爬虫類の診療，91-96, 学窓社
22. Johnson R., Doneley B. (2018): Diseases of the Gastrointestinal System. In: Reptile Medicine and Surgery in Clinical Practice (Doneley B., Monks D., Johnson R., Carmel B. eds.), 273-285, Wiley Blackwell
23. Mans C., Braun J. (2014): Update on common nutritional disorders of captive reptiles. *Vet Clin Exot Anim*, 17: 369-395
24. Wiggans K.T., Guzman D.S., Reilly C.M. et al. (2018): Diagnosis, treatment, and outcome of and risk factors for ophthalmic disease in leopard geckos (*Eublepharis macularius*) at a veterinary teaching hospital: 52 cases (1985-2013). *J Am Vet Med Assoc*, 252: 316-323
25. Coke R., Ferguson G., Reavill D. et al. (2003): Chameleons and Vitamin A. *J Herp Med Surg*, 13: 23-31
26. Wiggans K.T., Moore B.A. (2022): Ophthalmology of Gekkota: Geckos. In: Wild and Exotic Animal Ophthalmology: Volume 1: Invertebrates, Fishes, Amphibians, Reptiles, and Birds (Montiani-Ferreira F., Moore B.A. Ben-Shlomo G. eds.), 167-181, Springer

索引

あ

か

さ

た

な

は

ま

や・ら

欧文

エキゾチック動物の飼養管理と看護
［爬虫類編］

定価（本体14,000円＋税）

2024年9月24日 第1刷発行

監修 三輪恭嗣
発行者 山口勝士
発行所 株式会社 学窓社
〒113-0024
東京都文京区西片2-16-28
TEL：03(3818)8701
FAX：03(3818)8704
e-mail：info@gakusosha.co.jp
http://www.gakusosha.com
印刷所 シナノパブリッシングプレス

Printed in Japan
ISBN 978-4-87362-794-6